自磨半自磨
磨矿工艺及应用

AG/SAG Grinding Technology and Application

杨松荣　编著

北　京
冶　金　工　业　出　版　社
2019

内 容 简 介

本书从工程应用的角度，结合生产实际，系统地介绍了自磨半自磨磨矿工艺的选择、工艺配置、磨矿设备的选择计算、磨机运行的影响因素、磨矿曲线及其应用等，并结合国内外生产实际情况对影响因素进行了详细地分析和论述。

本书可供矿物加工领域从事科研、工程设计，特别是矿山采用自磨半自磨磨矿工艺的技术人员以及高等院校有关专业的师生阅读或参考。

图书在版编目(CIP)数据

自磨半自磨磨矿工艺及应用/杨松荣编著．—北京：冶金工业出版社，2019．10

ISBN 978-7-5024-8218-3

Ⅰ．①自…　Ⅱ．①杨…　Ⅲ．①磨矿　Ⅳ．①TD921

中国版本图书馆 CIP 数据核字（2019）第 205224 号

出 版 人　谭学余
地　　址　北京市东城区嵩祝院北巷 39 号　邮编　100009　电话　(010)64027926
网　　址　www.cnmip.com.cn　电子信箱　yjcbs@cnmip.com.cn
责任编辑　张熙莹　王　双　美术编辑　郑小利　版式设计　孙跃红
责任校对　李　娜　责任印制　李玉山

ISBN 978-7-5024-8218-3

冶金工业出版社出版发行；各地新华书店经销；三河市双峰印刷装订有限公司印刷
2019 年 10 月第 1 版，2019 年 10 月第 1 次印刷
169mm×239mm；14 印张；268 千字；209 页

76.00 元

冶金工业出版社　投稿电话　(010)64027932　投稿信箱　tougao@cnmip.com.cn
冶金工业出版社营销中心　电话　(010)64044283　传真　(010)64027893
冶金工业出版社天猫旗舰店　yjgycbs.tmall.com

（本书如有印装质量问题，本社营销中心负责退换）

作者简介

杨松荣，1957年生，工学博士，教授级高级工程师，中国黄金集团建设有限公司原总工程师，先后就读于东北工学院（现东北大学）、中南大学。1982年大学毕业后分配至北京有色冶金设计研究总院（现中国恩菲工程技术有限公司）选矿室工作，一直从事冶金矿山工程的设计、咨询和试验研究工作，先后担任过室（所）副主任（副所长）、矿山分院副院长、院长、中国恩菲工程技术有限公司副总工程师，中铝海外控股有限公司技术总监。先后兼任中国黄金协会理事、北京金属学会理事、中国有色金属学会选矿学术委员会副主任委员、中国矿业联合会选矿委员会副主任委员、全国勘察设计注册采矿/矿物工程师（矿物加工）执业资格考试专家组组长。

30多年来，先后参加了中国德兴铜矿、巴基斯坦山达克铜金矿、伊朗米杜克铜矿和松贡铜矿、亚美尼亚铜工业规划、赞比亚谦比西铜矿、越南生权铜矿、中国冬瓜山铜矿、阿舍勒铜锌矿、尹格庄金矿、烟台黄金冶炼厂生物氧化厂、金川有色公司选矿厂和白音诺尔铅锌矿、蒙古奥云陶勒盖铜矿、中国白象山铁矿、普朗铜矿、多宝山铜矿、会宝岭铁矿、澳大利亚Sino铁矿、巴布亚新几内亚瑞木红土矿、中国金堆城钼矿、东沟钼矿、秘鲁Toromocho铜矿等多项大型矿山的选矿工程及20余项中小型选矿工程的咨询设计工作。曾获国家优秀设计奖银奖1项、铜奖1项，部级优秀设计奖一等奖1项、二等奖1项，国家科技进步奖一等奖1项，部级科技进步奖二等奖1项。在国内外发表论文多篇、英文及日文译文多篇，获国家发明专利1项、实用新型专利3项。出版了《含砷难处理金矿石生物氧化工艺及应用》《碎磨工艺及应用》《浮选工艺及应用》3部专著，作为总编编辑出版了《全国勘察设计注册采矿/矿物工程师执业资格考试辅导教材（矿物加工专业）》。

前　言

本书是作者对本人2013年出版的《碎磨工艺及应用》一书的补充，重点在于论述自磨半自磨磨矿工艺及其应用。

从20世纪80年代初开始，国外选矿厂的碎磨工艺开始进入以半自磨—球磨工艺为主的时期。90年代中期，当时的北京有色冶金设计研究总院（现中国恩菲工程技术有限公司）通过学习、了解，借鉴国外的经验，也开始尝试在矿山工程项目的可行性研究中把半自磨—球磨工艺纳入可行性研究的方案中。在几乎所有矿山项目可行性研究的碎磨工艺方案研究中，都把半自磨—球磨—顽石破碎工艺作为比较方案之一，但受当时我国的机械制造和工艺控制等多方面的因素影响，作为核心部分的半自磨机及其控制系统只能依赖于进口，因此，由于投资控制，该工艺在众多的矿山工程建设中只是在方案比较中出现。

1997年，在铜陵有色金属公司所属冬瓜山铜矿项目的可行性研究中，根据现场实际情况，经过综合比较，作为选矿工艺方案的审定者，作者建议在冬瓜山铜矿选矿厂采用半自磨—球磨工艺（由于冬瓜山矿石中含有磁铁矿和磁黄铁矿，因此没有顽石破碎）。在冬瓜山铜矿项目总设计师张文荣教授级高级工程师和铜陵有色金属公司的鼎力支持下，在冬瓜山铜矿选矿厂采用半自磨—球磨工艺的方案顺利通过。2004年10月，我国第一个半自磨—球磨回路在冬瓜山铜矿选矿厂建成投产。此后，采用半自磨机的碎磨工艺开始逐渐在国内的选矿厂应用。

我国第一个半自磨—球磨磨矿回路投产运行至今已经15年了。在此期间，作者也去过国内外一些安装有半自磨机的矿山了解半自磨机的运行情况。由于国内以前在半自磨机的应用上没有实践，没有经验沉淀累积，使用中会有许多波折，作者本人对半自磨机的运行性能认识也经历了一个从肤浅到深刻的认识过程。本书的编著，作者最大的意愿就是希望与读者一起分享交流对自磨半自磨磨矿工艺的认识和了解，以期能够对国内矿山的自磨机半自磨机的生产运行有所帮助。

本书根据内容的不同分为上、下篇：上篇（第1~4章）为自磨/半自磨磨矿工艺，结合工程应用，比较系统地介绍了自磨/半自磨磨矿工艺的选择、配置、磨矿设备选择计算、影响因素、磨矿曲线等与磨机运行密切相关的主要内容，对生产运行过程中的各个主要环节的内容进行了详细的论述；下篇（第5~9章）为工业实践，介绍了国外几个采用半自磨和自磨磨矿工艺的矿山如何解决该工艺应用中所出现问题的生产实践。

在本书的编写过程中，参阅了大量相关的国内外文献、书籍和会议论文，谨向本书中所涉及的参考资料的作者表示衷心的感谢！

由于作者水平所限，书中不足之处，敬请广大读者批评指正。

杨松荣

2019年5月12日

目　录

上篇　自磨/半自磨磨矿工艺

下篇 工业实践

上　篇

自磨/半自磨磨矿工艺

1 绪 论

1.1 自磨磨矿和半自磨磨矿的基本概念

自磨/半自磨是非常简单而又有效的磨矿工艺，但自磨机/半自磨机——磨机内部的运行机理却是非常复杂的，磨机运行的性能受众多因素的影响，如磨机转速、给矿类型、钢球规格、给矿粒度、充球率、磨机充填率和充填体的粒度分布以及磨机本身的结构因素等都对磨机的处理能力、产品粒度、功率输出等产生直接的影响，尤其是操作因素和工艺因素及其相互作用的可变性很高（见图 1-1)，其中给矿类型和磨矿相互作用的顺序用简单的逻辑顺序表示，则为：矿石变化→充填体变化→磨矿过程变化→回收率变化→回收率降低。因此，自磨/半自磨磨矿工艺的另一个特点是要求控制水平高。

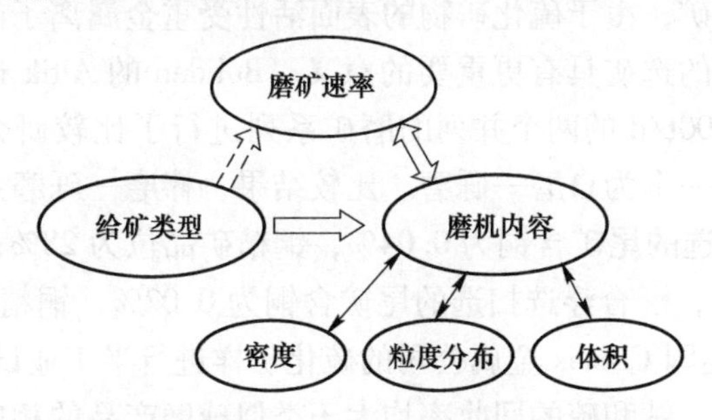

图 1-1 磨机运行的相互作用制衡因素[1]

1.1.1 自磨磨矿

自磨磨矿是指采用所需加工的矿石本身作为介质进行磨矿的过程，一般是把开采出的矿石破碎到 300~0mm 的物料作为自磨机的给矿。

自磨磨矿工艺应用的基本条件是所处理的矿石自身能够形成足够的磨矿介质。

自磨磨矿流程短，环节少，配置方便，易于管理，且以所磨矿石自身作为介质，降低了钢材的消耗。但自磨磨矿流程的一个最大的影响因素是所磨矿石自身物理性质的变化。

在自磨机磨矿过程中，磨矿介质的性能完全取决于矿石自身的物理特性。对于单一均质的矿石，其硬度和可磨性能够在短时间内形成稳定的磨矿介质，并达到平衡，才能取得稳定的产品粒度，得到满意的磨矿结果。而对于有色金属硫化矿，由于矿石的物理性质变化范围很大，导致自磨机的给矿粒度和产品粒度波动很大，给生产操作带来不稳定性，控制难度大，如对于硬度大的矿石，会造成介质积累，使自磨机给矿量降低，产量下降，自磨机的产品粒度变细，单位磨矿能耗增高；对软的矿石，会导致介质的缺少，自磨机研磨作用降低，产品的细粒级部分减少，粒度变粗。

自磨磨矿过程的特点是破碎比大；与钢球作为介质相比，矿石过磨的可能性小；与常规碎磨流程相比，特别适宜于含泥量高、水分大、黏性大的矿石；衬板的消耗量相对低；自磨工艺的另一个独特的特点是磨矿过程中没有外来铁离子等重金属离子的污染，这对一些多金属矿的选矿过程要求消除或降低铁离子对有用矿物的污染是非常有利的。在磨矿过程中，当钢球作为磨矿介质进行研磨时，剥蚀下来的 Fe^{2+} 易在矿浆中形成 $Fe(OH)_2$，$Fe(OH)_2$ 吸附到矿物表面，会使矿物表面的电化学性质发生变化而受到抑制，降低可浮性，从而影响矿物的回收。如 Boliden 公司的一个选矿厂，在采用自磨机处理金矿石后，金的回收率提高了 10%[2]。

对于金属硫化矿，由于硫化矿物的表面活性受重金属离子的影响大，从而使自磨工艺对硫化矿的选矿具有更重要的意义。Boliden 的 Aitik 选矿厂对处理矿石为 10000t/d 和 13000t/d 的两个并列的磨矿系列进行了比较研究，其中一个系列为棒磨—砾磨，另一个为自磨—砾磨。比较结果，棒磨—砾磨系列的铜回收率为 91%，混合浮选扫选的尾矿含铜为 0.04%，铜精矿品位为 28%；自磨—砾磨系列的铜回收率为 93%，混合浮选扫选的尾矿含铜为 0.02%，铜精矿品位为 30%[3]。I. Iwasaki 等人对美国 Climax 金属公司的硫化矿样进行半工业试验对比结果指出：自磨产品中铜、镍、钴和硫的回收率均大于类似球磨产品的相应指标，采用球磨时，即使增加捕收剂加入量，浮选尾矿中残存的硫也不会低于采用自磨时所达到的数值。从浮选产品的粒度分析特性和显微镜研究可以推测，是磨矿介质和硫化矿物之间的相互作用，而不是两种磨矿方式的破碎特性导致了自磨和球磨产品浮选性能的差异[4]。

采用自磨工艺，可以使碎磨流程大大简化，省去两段破碎和干式筛分作业，减少了多个物料转运过程，减少了粉尘污染，节省了占地面积。

自磨工艺的特点是适合于单一均质，且其硬度和可磨性能够在短时间内形成稳定的磨矿介质的矿石。

自磨工艺的缺点是由于矿石自身性质（如硬度、含泥量、含水量等）的不均匀性导致处理能力波动范围太大，对自动控制水平和生产操作水平要求高。

目前自磨工艺主要应用于铁矿石、金矿石、金刚石及铜矿石等的磨矿。

1.1.2 半自磨磨矿

半自磨磨矿则是在自磨机的基础上再添加一定比例的钢球（一般为8%~16%，最多可达20%）作为被磨矿石自身作为介质不足的补充进行磨矿的过程。一般是通过粗碎把矿石破碎到-250mm以下（200mm以下或更细）的粒度后作为半自磨机的给矿。

当时为了解决自磨流程生产过程中所暴露出来的问题，人们开始尝试在自磨机中添加部分介质（钢球或砾石）来解决矿石自身作为介质所产生的生产不稳定问题。由原设计为自磨机，而后添加钢球而形成的半自磨机，受原设计安装的驱动功率的限制，其钢球添加量受限，一般为3%~6%。相对于自磨机来说，半自磨机磨矿过程中的冲击和磨剥作用增强，研磨作用相对减弱，因而磨矿产品的粒度变粗，单位产品的磨矿能耗降低。

半自磨磨矿回路与其他碎磨回路的产品粒度分布比较如图1-2所示。从图中可以看到，半自磨机磨矿的一个明显的特点是其产品中细粒级的含量超过了球磨机。

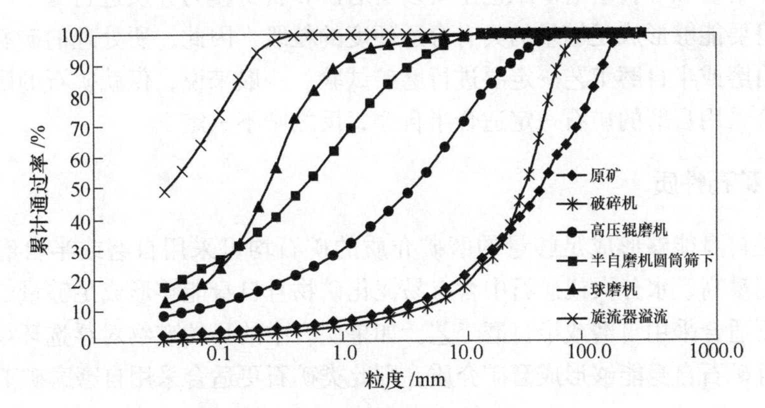

图1-2 不同碎磨产品的粒度分布[5]

20世纪80年代以前，国外建成的采用自磨/半自磨流程的有色金属选矿厂是自磨流程为主，80年代以后新建成的矿山除个别矿山（如Cerro Verde铜矿山、Boddington金矿山）采用常规碎磨流程外，则基本上是以半自磨流程为主。目前国内外部分矿山采用的自磨/半自磨机的应用情况见附表。

与自磨机相比，半自磨机对矿石性质变化的适应性，特别是对矿石硬度变化的适应性更强。如原来美国亚利桑那州的皮马铜矿选矿厂原采用常规破碎磨矿流程，其露天矿比较潮湿，尤其在夏季多雨季节更是如此，其高品位矿石产于露天矿底部的角页岩区，在此区域内常常出现断泥层与黏土矿物或滑石矿物，当常规碎磨设备遇到这种混合矿石时，由于潮湿的细粒矿石堵塞在给矿机、筛分机、排矿溜槽等处，产量会显著下降，这一问题严重到往往不得不减少球磨机的生产能力，因为破碎机无法维持正常生产。然而半自磨机则可以很容易地处理这类矿石，因此，皮马铜矿扩建的半自磨流程不仅大大超过设计能力，而且解决了许多常规流程中出现的棘手问题。

半自磨工艺具有与自磨工艺类似的特点，但半自磨回路比自磨回路更易于控制。由于半自磨是在自磨的基础上添加部分钢球辅助磨矿，如对 Fe^{2+} 敏感的有用矿物回收则有一定的影响。

目前半自磨工艺的应用范围与自磨工艺类似，但比自磨工艺应用更广泛。半自磨工艺已经广泛应用于铜、铅、锌、金、镍、铁、钼、铀、铂、钒、磷、石灰石、铝土矿、炉渣等各种矿物的磨矿。自动化水平的发展，也带动了选矿厂生产过程自动化控制水平的提高，促进了半自磨磨矿工艺的应用，除矿物选别的特殊要求外，国内外新建或改造的大型选矿厂多采用半自磨回路进行磨矿。

1.2 矿石性质对自磨/半自磨磨矿工艺选择的影响

由于自磨和半自磨磨矿工艺主要以所磨矿石自身作为介质进行磨矿，首先是矿石自身要能够形成足够量的具有合适硬度的粒级，因此，所处理的矿石是否适合采用自磨或半自磨工艺一定要进行磨矿试验。一般来说，仅就矿石的耐磨性而言，适合采用自磨的矿石一定适合半自磨，反之则不一定。

1.2.1 矿石性质

凡是自身能够形成足够量的磨矿介质的矿石均可采用自磨或半自磨磨矿工艺。含泥量高、水分大或矿石中含有易泥化矿物且自身能够形成足够量的磨矿介质的矿石适合采用自磨或半自磨工艺。如果矿石中的目的矿物对浮选环境中 Fe^{2+} 敏感，且矿石自身能够形成磨矿介质，则此类矿石更适合采用自磨磨矿工艺。

1.2.2 矿石耐磨性

矿石耐磨性是影响自磨/半自磨磨矿处理能力的最关键因素。矿石中是否能够形成足够量的磨矿介质，与矿石的耐磨性有直接的关系。如果矿石的耐磨性不足以维持磨矿过程中的介质需求，则需要添加钢球以维持正常的磨矿过程。如果矿石的耐磨性过高，则会在磨矿过程中形成过多的临界粒级的矿石，并在磨机中不断累积，导致磨矿效率下降，若不及时处理，则会导致磨机过负荷，最终需停止给矿进行磨矿过程的平衡处理。采用的措施有加快磨机转速、增大充球率进行处理、增加砾石窗排出由单独的顽石破碎系统处理。

矿石的耐磨性目前没有统一的衡量标准，以不同的试验方法有各自的测定值，如 JK 落重试验的冲击碎裂系数 A、b 和磨蚀碎裂系数 ta，邦德研磨指数 A_i，

SMC 试验的硬度系数 DW_i，邦德试验的功指数 W_i 以及 JKTech 公司和 SMC 公司共同开发提出的半自磨机回路比能耗系数 SCSE 等。

1.2.3 矿石硬度

由于自磨或半自磨磨矿兼顾冲击和磨剥两种主要作用方式，矿石硬度直接决定着冲击作用的效果，与自磨机或半自磨机的磨矿效率有着直接的关系。矿石硬度大，则破碎需要的冲量大，则能耗高。矿石硬度小，则破碎需要的冲量小，能耗也低。

1.2.4 矿石粒度

自磨或半自磨磨矿过程中，矿石粒度大，则矿石抛落过程中的冲量大，冲击作用强，破碎效果好。矿石粒度小，则矿石抛落过程中的冲量小，冲击作用弱，破碎效果也差。

1.2.5 矿石密度

矿石密度大，与当量粒径相同的其他颗粒相比，其质量大，从而在磨矿过程中其冲量也大，导致更好的破碎效果。矿石密度小，则其质量相对小，在磨矿过程中冲量也小，冲击的破碎效果也差。

1.2.6 临界粒度

在自磨或半自磨磨矿过程中，目的矿物或脉石矿物的矿石颗粒自身的形状对磨矿效率有着很大的影响，当多成分矿石由于自身耐磨性的不同在自磨机或半自磨机中磨到一定的粒度且成类似圆形颗粒时，则其破碎速率大为降低，该类粒级称为自磨/半自磨机中的临界粒级。该粒级的物料在磨机中累积，导致磨机的磨矿效率降低，循环负荷增大，不及时处理会导致磨机过负荷。

1.3 自磨/半自磨磨矿工艺的配置类型

1.3.1 重要的概念

在自磨/半自磨磨矿工艺的应用过程中，有几个与磨矿过程直接相关的概念需要熟悉，即充填体、闪停、磨矿曲线和浆池。

1.3.1.1 充填体

磨矿过程中磨机内的充填体是指磨机中由磨矿介质、所磨的矿石所组成的给料最大粒度以下的全粒级混合物料体，湿式磨矿则包括补加水。对于沿水平轴线做旋转运动的磨机，在磨机运行过程中，充填体的组成成分通过磨机内的衬板或提升棒的作用，依次提升到一定的高度后开始可控的抛落或瀑落运动，因而充填体的动态断面呈“肾”形（见图1-3）。

如图1-3所示，肾形充填体上部（右上角）物料开始下落的位置称为“肩部”，充填体下部（左下角）物料落入的位置称为“趾部”。磨机内充填体运动的理想状态是抛落的物料均落入趾部最远点以内的位置。

在半自磨机中，充填体中的矿石与钢球的比例（矿球比）是一个关键的控制指标。

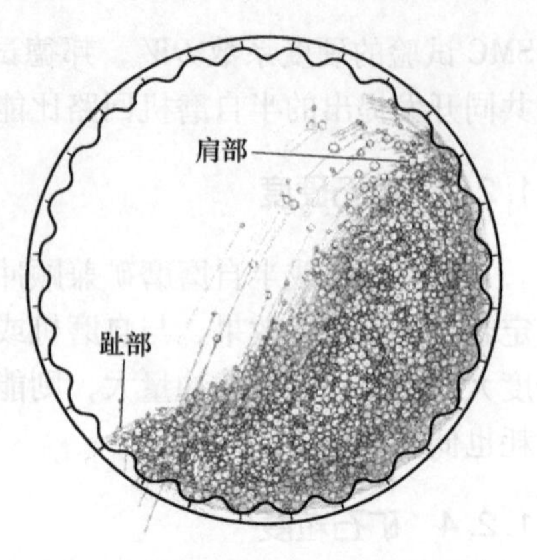

图1-3　磨机内充填体运动状态[6]

1.3.1.2　闪停

闪停[7]是指正常运行中的磨机、磨机给矿以及所有的磨机补加水同时停止。此处的“同时”必须是三者瞬间动作一起完成，不能理解为“差不多”的同时，因为一旦给矿停止，磨机只是在几转之内就能够排出绝大部分的滞留矿浆，使闪停变得没有意义。

通常闪停必须停止磨机，关闭补加水，停止与磨机闭路的旋流器给矿泵。还应当检查自动阀门上的皮带冲洗水，或者在闪停时手动关掉。自动开关的水阀应当事先检查，以保证在关停时间时正确关闭。有时必须先激活阀门，然后在它们几乎关闭时停止磨机。旋流器底流必须停止，砂泵池砂泵必须停止。当泵停止后敲击打开泵的排泄阀使矿浆排泄出来，防止发生堵塞。筛子的给矿可以维持，因为只有少量的筛上粒级返回到磨机入口，在磨机充填率的测量中可以忽略。

闪停的目的是为了测量磨机充填率和矿浆液位以及磨机内部尺寸，磨机充填率应当沿着磨机至少测定三个点，并且测定到磨机顶部的垂直高度（采用激光测距仪是最理想的）。矿浆液位则只需要测定一个点，因为矿浆是水平的。

1.3.1.3　磨矿曲线

磨矿曲线是指作为磨机充填率函数的处理能力曲线、功率曲线和磨矿细度曲线。这些曲线的作用是：（1）确定磨矿细度和处理能力需求的最佳充填率；（2）确定磨机运行的稳定区域以及在不同的充填率之间的变化趋势；（3）用于在处理不同的矿石类型时指导磨机如何运行。

1.3.1.4　浆池

浆池是指沿着磨机长度上方向上滞留的过量矿浆所形成的矿浆容积，浆池的形成区域一般是充填体的趾部位置，这里水平位置最低，又是主要的冲击破碎区域，浆池的存在会使抛落下的物料溅入浆池而不是直接冲击充填体趾部区的固体，因而导致冲击磨矿效果大幅度降低。提升到肩部的大部分的充填体通过层间剪切形成大量的研磨，这个作用是负责细粒物料的产生。浆池的存在造成矿浆稀释导致了黏度降低，因而使磨矿效率降低。此外，浆池沿磨机长度流动冲刷了悬浮的颗粒（在流动的矿浆中易于悬浮的颗粒粒度可以达 500μm）直接流出磨机。浆池占据充填体的对面的位置结果会产生一个逆转距导致磨机功率降低[7]。

一般情况下，磨机内矿浆的水平在闪停之后应当刚好低于充填体的水平。磨矿过程中存在浆池效应的总体效果是使磨机的处理能力降低、磨矿粒度变粗、输出功率下降。

1.3.2 自磨/半自磨磨矿工艺的配置类型

典型的自磨/半自磨磨矿流程，即原矿经粗碎后直接给入半自磨机/自磨机磨矿的流程,如图 1-4 所示。

自磨/半自磨流程依据所处理矿石性质的不同，又有所不同。常见的有：

（1）单段自磨（AG）流程（见图 1-5）；

（2）单段半自磨（SAG）流程（见图 1-5）；

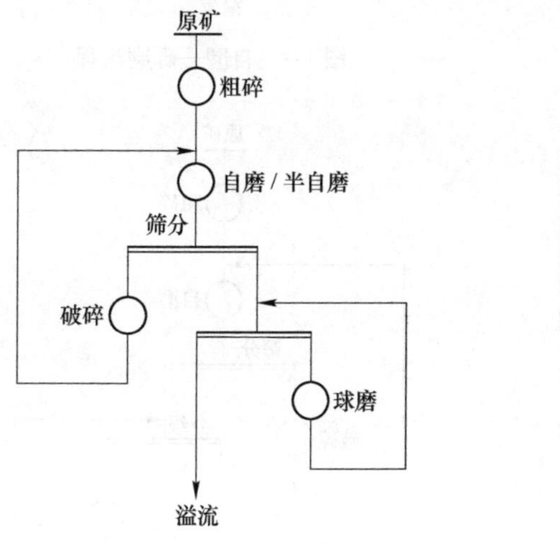

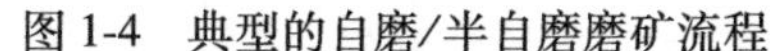
图 1-4 典型的自磨/半自磨磨矿流程

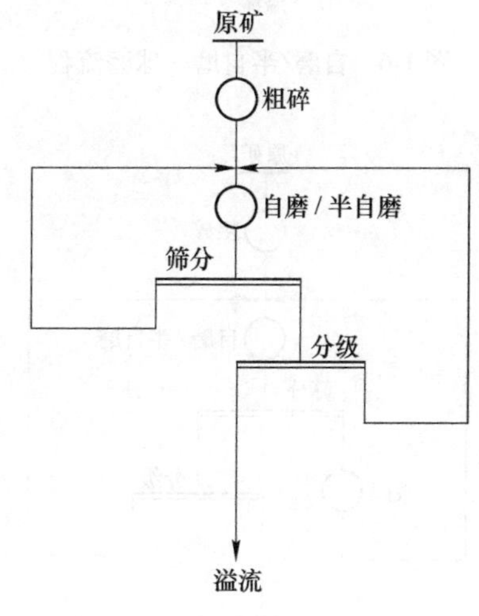

图 1-5 单段自磨/半自磨流程

（3）自磨—球磨（AB）流程（见图 1-6）；

（4）半自磨—球磨（SAB）流程（见图 1-6）；

（5）自磨—砾磨（AP）流程（见图 1-7）；

（6）自磨—顽石破碎（AC）流程（见图 1-8）；

（7）半自磨—顽石破碎（SAC）流程（见图 1-8）；

(8) 半自磨—球磨—顽石破碎（SABC）流程（见图1-4）；
(9) 自磨—球磨—顽石破碎（ABC）流程（见图1-4）；
(10) 自磨—砾磨—破碎（APC）流程（见图1-9）；
(11) 预破碎—半自磨—球磨—顽石破碎（暂且称为CSABC）流程（见图1-10）。

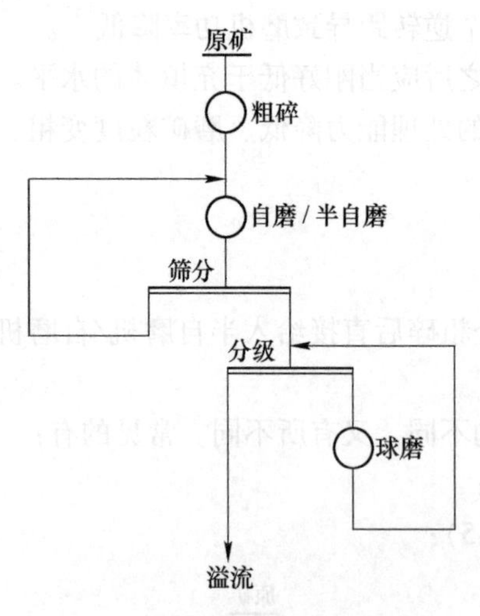

图1-6　自磨/半自磨—球磨流程

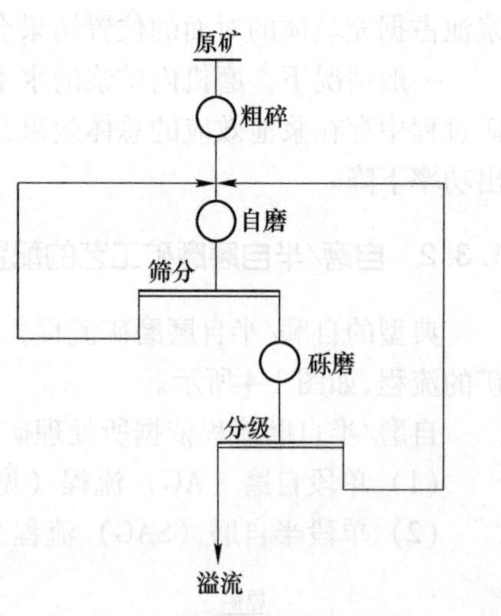

图1-7　自磨—砾磨流程

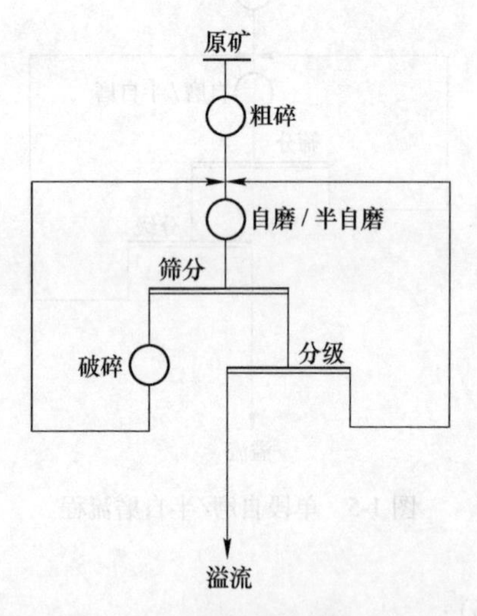

图1-8　自磨/半自磨—顽石破碎流程

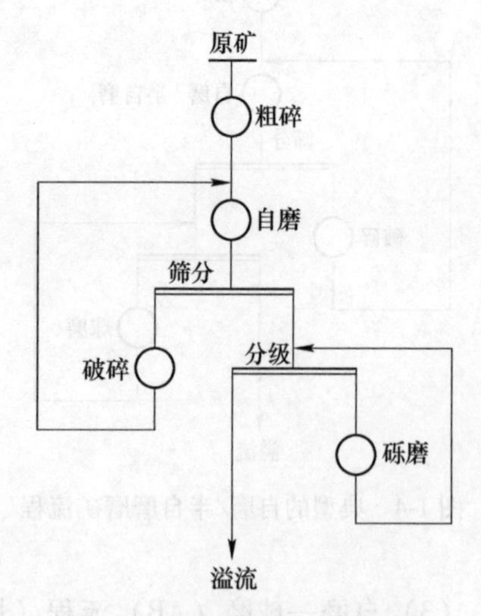

图1-9　自磨—砾磨—破碎流程

图1-10所示的预破碎—半自磨—球磨—顽石破碎流程是近年来部分矿山根据实际生产实践，又衍生出的部分原矿经二段（三段）破碎后给入半自磨磨矿回路的碎磨工艺。

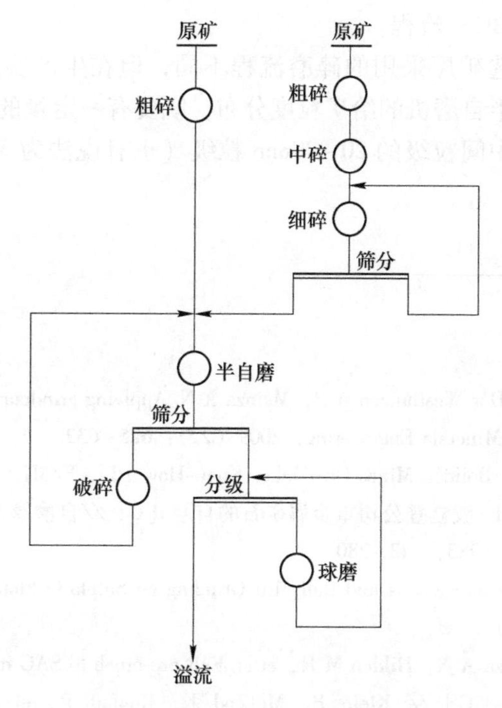

图 1-10 部分预先破碎—半自磨—球磨—顽石破碎流程

由于每个矿山的矿石性质都有自己的特点，其硬度、耐磨性、密度等物理性质不尽相同。因此，不同矿山在碎磨流程的采用上，并非千篇一律，而是根据各自矿石的特性，摸索试验出适合自己矿石性质的详细流程。如伊朗的 Gol-E-Gohar铁矿、刚果的 Mutanda 铜矿、科特迪瓦的 Bonikro 金矿、美国的 Henderson 钼矿、澳大利亚的 Lefroy 金矿、秘鲁的 Minera Yanacocha 金矿、南非的 Leeudoorn 金矿等都采用单段半自磨（SAG）磨矿流程；芬兰的 Kevitsa 铜多金属矿、土耳其的 Eti Bakir Murgul 铜矿、瑞典的 Aitik 铜矿、LKAB 铁矿、Boliden Mineral AB 铜铅锌矿、美国的 Empire 铁矿、Tilden 铁矿、澳大利亚的 Forrestania 镍矿等都采用了自磨—砾磨（AP）或自磨—砾磨—顽石破碎（APC）流程；加纳的 Chirano 金矿、Tarkwa 金矿、Damang 金矿、澳大利亚的 Granny Smith 金矿、巴布亚新几内亚的 Porgera Joint Venture 金矿、坦桑尼亚的 Geita 金矿、North Mara 金矿、加拿大的 Inmet Troilus 金铜矿、Goldex 金矿等都采用了两段或三段破碎—半自磨—球磨—顽石破碎（CSABC）流程；美国的 Round Mountain 金矿、智利的 El Soldado 铜矿则是单段半自磨—顽石破碎（SAC）流程；博茨瓦纳的 Karowe 金刚石矿、瑞典的 Ammeberg Mining AB 铅锌银矿、澳大利亚的 Mt Fisher 金矿等则为单段自磨—顽石破碎（AC）流程；澳大利亚的 Cannington 银铅锌矿则是采用了自磨—立磨—顽石破碎（AVC）流程，另有大多数的矿山则是采用半自磨—球磨—顽石破碎（SABC）流程。

尽管各个矿山选矿厂采用的碎磨流程不同，但在生产实践上有一点是共同的，就是自磨机或半自磨机的给矿粒度分布，既要有一定量的粗粒级，又要有一定量的细粒级，且中间粒级的20~90mm粒级（也有说法为30~80mm粒级）以少为宜。

参考文献

[1] Powell M S, Van Der Westhuizen A P, Mainza A N. Applying grindcurves to mill operation and optimization [J]. Minerals Engineering, 2009 (22): 625~632.

[2] Myine Robert J M. Boliden Mines Ore Makes Know-How [J]. E/MJ, 1990 (8).

[3] 法尔施特勒姆P H. 波立登公司重金属矿石的自磨 [C] //自磨磨矿译文集 [M]. 北京：冶金工业出版社，1983：243~280.

[4] Iwasaki I. Effect of autogenous and Ball Mill Grinding on Sulphide Flotation [J]. Mining Engineering, 1983 (3).

[5] Powell M S, Mainza A N, Hilden M H, et al. Full pre-crush to SAG mills—The case for changing this practice [C] // Klein B, McLeod K, Roufail R, et al. International Semi-Autogenous Grinding and High Pressure Grinding Roll Technology 2015. Vancouver: CIM, 2015: 75.

[6] Breau Y, Sampson-Cobbah E, Kumar P, et al. POLYSTL™ liner development at Chirano Gold Mines Limited [C] // Klein B, McLeod K, Roufail R, et al. International Semi-Autogenous Grinding and High Pressure Grinding Roll Technology 2015. Vancouver: CIM, 2015: 49.

[7] Powell M S, Valery W. Slurry pooling and transport issues in SAG mills [C] // Allan M J, Major K, Flintoff B C, et al. International Autogenous and SemiAutogenous Grinding Technology 2006. Vancouver: Department of Mining and Engineering, University of British Columbia, 2006 (I): 133~152.

2 自磨/半自磨设备的选择计算方法

半自磨机自问世以来，其功率计算及其选型一直是矿物加工设计人员及其用户关注的重点，由于其复杂的碎磨机理使得半自磨机的功率计算难以利用传统的邦德理论准确地表述。特别是自20世纪80年代以来，随着半自磨机应用的范围越来越广，设备的规格也越来越大[1]，即使在大型球磨机的选型计算上，采用邦德功指数方程选择的球磨机规格也与实际应用产生了很大的偏差[2]。半自磨机的选择计算上出现了多种不同的理论，众多作者根据各自的理论基础和经验提出了各自不同的计算方法。作者自己也对半自磨机的选型进行了长时间的关注和研究，结合自20世纪80年代以来国内外半自磨机广泛采用的生产实践，通过对世界上采用半自磨机生产矿山的生产数据分析，并运用半自磨机对矿石碎磨过程的机理分析，在本章也提出了对于半自磨机设计选型及其影响因素的看法。

2.1 目前主要的计算方法

对自磨机和半自磨机的能耗计算，目前主要采用的有：

（1）半自磨机制造商（如Metso和FLSmith）的经验数据计算方法。

（2）Minovex的半自磨功指数法（SAG Power Index，缩写为SPI计算法）[3]。半自磨机的功耗计算公式为：

$$W = k\left(\frac{SPI}{\sqrt{T_{80}}}\right)^{n} f_{SAG} \tag{2-1}$$

式中 SPI——矿石的半自磨功指数，min；

T_{80}——半自磨机回路给到球磨机回路的物料中80%通过的粒度，μm；

n——常数；

f_{SAG}——回路特性函数，与回路配置和操作条件有关，其值可以通过标定程序测得，或通过Minnovex的标定数据库来估计出。

半自磨+球磨回路中，球磨机的能耗则为修正后的邦德公式：

$$W = 10W_i\left(\frac{1}{\sqrt{P_{80}}} - \frac{1}{\sqrt{F_{80}}}\right) \times CF_{NET} \tag{2-2}$$

式中 CF_{NET}——修正系数，说明邦德标准回路（棒磨机排矿给入与旋流器构成闭路的直径2.44m湿式溢流型球磨机）和目标回路之间的差别。其值可以直接从回路的基准测定中获得，或通过经验值获得

（注意：此时，式（2-2）中的F_{80}即式（2-1）中的T_{80}）。

（3）SMC的功率方程。总的粒度破碎方程[4]：

$$W_i = M_i 4(\chi_2^{f(\chi_2)} - \chi_1^{f(\chi_1)}) \tag{2-3}$$

式中 M_i——与矿石的破碎性质有关的功指数，kW·h/t，用于把最后一段破碎的产品磨到$P_{80}=750\mu m$（粗粒）的标记为M_{ia}，从$P_{80}=750\mu m$磨到采用常规球磨机能够达到的最终产品的P_{80}则标记为M_{ib}，常规破碎采用M_{ic}，高压辊磨机采用M_{ih}；

W_i——比粉碎能耗，kW·h/t；

χ_2——80% 通过的产品粒度，μm；

χ_1——80% 通过的给矿粒度，μm。

$$f(\chi_j) = -(0.295 + \chi_j/1000000)^{[5]} \tag{2-4}$$

对筒型磨机中的粗粒磨矿，式（2-3）可写成：

$$W_a = K_1 M_{ia} 4(\chi_2^{f(\chi_2)} - \chi_1^{f(\chi_1)}) \tag{2-5}$$

式中 K_1——对于没有顽石破碎机的回路为1.0，有顽石破碎机的回路为0.95；

χ_1——在磨矿之前最后一段破碎产品粒度P_{80}，μm；

χ_2——750μm；

M_{ia}——粗粒矿石功指数，直接由SMC试验提供。

对细粒磨矿，式（2-3）可写成：

$$W_b = M_{ib} 4(\chi_3^{f(\chi_3)} - \chi_2^{f(\chi_2)}) \tag{2-6}$$

式中 χ_2——750μm；

χ_3——最终磨矿产品的P_{80}，μm；

M_{ib}——细粒矿石功指数，kW·h/t，由标准邦德球磨功指数试验提供的数据，利用下式得到[5]：

$$M_{ib} = \frac{18.18}{P_1^{0.295} G_{bp}(P_{80}^{f(P_{80})} - F_{80}^{f(F_{80})})} \tag{2-7}$$

P_1——闭路筛孔规格，μm；

G_{bp}——磨机每转所产生的筛下粒级的净克数；

P_{80}——80%通过的产品粒度，μm；

F_{80}——80%通过的给矿粒度，μm。

注意：邦德球磨功指数试验采用的闭路筛孔其产生的最终产品P_{80}应当与拟采用的工业回路的P_{80}相似。

（4）JKSimMET 软件（法）。JKSimMET 是澳大利亚昆斯兰大学的 Julius Kruttschnitt 矿物研究中心（Julius Kruttschnitt Mineral Research Centre，JKMRC）所研发的一个利用计算机对选矿厂的碎磨分级回路进行分析和模拟的软件包，使用者可以利用该软件对选矿厂的碎磨和分级回路进行数据分析、设备和回路优化、方案设计和效果模拟。

（5）Outokumpu 的标准自磨设计试验方法（Standard Autogenous Grinding Design Test，SAGDesign Test），即 SAGDesign 试验法[6]。半自磨机所需功率有如下关系：

$$N = n \times \frac{16000 + g}{447.3g} \tag{2-8}$$

式中 N——半自磨机所需功率，kW·h/t；

n——半自磨机把给定的矿石磨到所需结果时的转数；

g——所试验矿石的质量，即 4.5L 的矿石质量，g；

16000——半自磨机中充填钢球的质量，g。

（6）Fluor 公司的磨矿功率（Grindpower）法[7]。磨矿功率法是一个经验公式，其净功率 N_{Net} 计算如下：

$$N_{Net} = P_N \rho_c D^{2.5} L \tag{2-9}$$

式中 N_{Net}——净功率，kW；

ρ_c——磨机充填密度，t/m^3；

D——磨机有效直径（筒体衬板内直径），m；

L——磨机有效长度（筒体上给矿端衬板至排矿格子板之间距离），m；

P_N——功率数，根据测得的磨机功率，考虑磨机转速、磨机筒体及两个锥形端内充填体运动的所有方面（包括冲击破碎、研磨、磨剥、摩擦和转动，由于热和噪声产生的损失，风的损失，磨机充填体的形状和充填体的重心位置，充填体的粒度组成和无负荷功率）计算所得。

其中：

$$\rho_c = \left(\frac{V_b}{V_t} \times \rho_b + \frac{V_o}{V_t} \times \rho_o\right) \times \left(1 - \frac{\varphi}{100}\right) + \rho_p \times \frac{\varphi}{100} \tag{2-10}$$

式中 ρ_b，ρ_o，ρ_p——分别为钢球、矿石、矿浆的密度；

V_b，V_o，V_t——分别为钢球、矿石及总的充填体积，%；

φ——充填体中的孔隙率，%。

式（2-9）中的功率数可以根据运行的磨机实测功率得到。

由于以上这些方法形成的基础不同，使得在对工程设计中磨矿能力的估算上差别很大。Flour 公司在进行一个选矿厂设计的过程中[8]，采用了 SMC 基于功率的落重方法、SPI 方法、SAGDesign 方法、JKSimMET 方法、Grinpower 方法等 5 种半自磨比能耗计算方法来估算设计能力，结果是 5 种方法估算的处理能力范围从低的 13Mt/a 到高的 28.4Mt/a。因此，从工程设计的实际情况考虑，设计人员只有参考这些数据，结合自己的实践经验才能做出比较准确的处理能力估算结果。

2.2 邦德理论在半自磨回路功耗计算中的应用

2.2.1 邦德理论与自磨机/半自磨机比能耗的关系

在球磨机的功耗计算中，邦德功指数在全粒级范围内对矿石硬度既能简单测量，又不易出现误解，其应用是最广泛的。实践证明，邦德功指数对于直径 5m 及以下的球磨机功耗计算是非常吻合的，在实践中得到了证实。但是，随着球磨机规格越来越大，采用原来的邦德功指数法已经不能正确评价更大直径的磨矿机的功耗状况，因而出现了上述的各种不同磨矿功耗计算方法和差异很大的计算结果。为此，Fluor 公司的工程师提出了基于半自磨比能耗计算来改进邦德功指数的计算方法。他们通过研究得到的关键发现以及随后对计算方法的改进，认为邦德功指数仍是一个估算半自磨机磨矿回路所需比能耗的有效工具。

新的半自磨机比能耗计算方法仍然采用所有的 3 个邦德功指数，即破碎机、棒磨机和球磨机功指数，来计算半自磨机为基础的磨矿回路的所需能耗。计算半自磨机所需比能耗的新方法主要以棒磨功指数为主，破碎功指数起次要角色，而球磨功指数仍然是传统角色作为计算球磨磨矿所需比能耗的很好方法。

这种采用邦德功指数计算的新方法对应于范围广泛的以半自磨机为基础的回路，从单段半自磨到部分或全部中碎后给矿的半自磨，以及处理硬矿石的 SABC 回路。

首先是从给矿粒度上，由于邦德功指数合理的应用范围是恰好用于反映其所处理的粒级部分的硬度指数，例如在单段球磨机计算中，其棒磨功指数用于计算 2.1~13.2mm 粒级所需的能耗，球磨功指数用于计算 2.1mm 以下及至最终产品粒级所需的能耗。邦德功指数方程中的效率系数使得所需磨矿能耗的变化能够反映粗粒给矿、不同的破碎比等对单段球磨机磨矿过程效率的影响。

最初的 Grindpower 方法采用了类似的计算，即采用合适的邦德功指数来计算特定粒级范围所需的能耗，例如，破碎功指数用于计算半自磨机 F_{80} 到理论上棒磨机的给矿粒度，随后计算磨到球磨机给矿粒度所需的棒磨机能耗，然后计算磨到最终产品粒度所需的球磨机能耗。Grindpower 方法与邦德功指数当中的效率系数对应的是对半自磨机部分的能耗计算应用了一个 1.25 的总体效率系数。

对于半自磨机的给矿粒度，大家知道，在粗碎机给矿回路下，一般半自磨机 F_{80} 大于 100mm，F_{80} 的平方根的倒数的值趋向于零，因而其对方程的影响是微不足道的。但是，给矿粒度中顽石的影响则不然，图 2-1 所示为有和没有顽石破碎回路条件下半自磨机给矿的粒度分布[8]。该回路所处理的矿石为硬矿石，约 25% 的物料从半自磨机中排出给到顽石破碎回路。在两种情况下，半自磨机的 F_{80} 相似，约 100mm，然而，粒度分布的其他部分如同半自磨机的磨矿性能一样，当在有和没有顽石破碎机的条件下运行时，差别显著。

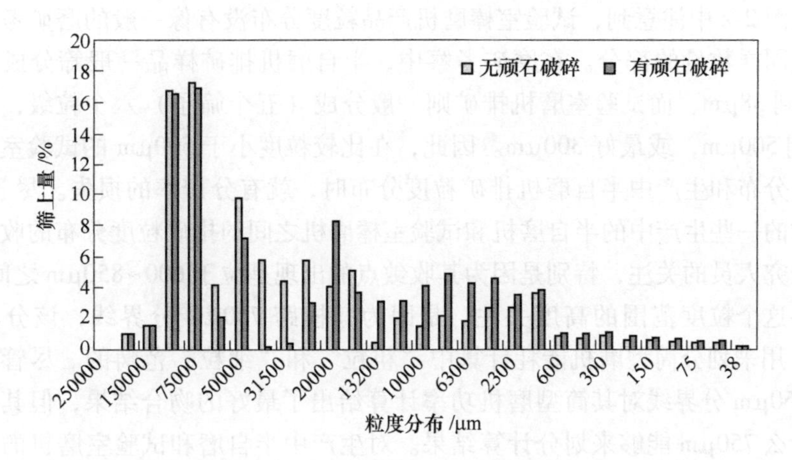

图 2-1 半自磨机给矿（按粒度间隔，以筛上量的质量百分数表示）

其次是顽石破碎，由于顽石破碎机排矿口的大小决定了其排出粒度的大小，顽石破碎机的新、旧衬板之间的磨损程度的差别，会对其排矿产品粒度产生较大的影响，从而影响到半自磨机的给矿粒度。当回路中处理硬的和难磨的矿石时，由于顽石破碎机的衬板磨损而使排矿粒度变粗，使半自磨机所需比能耗增加且处理能力降低。顽石破碎机排矿产品粒度的影响在一个相对窄的粒度范围内是很明显的。

同时，人们还观察到[8]，在试验室邦德棒磨机的试验中，当其棒荷的充填率为12%时，其得到的数据与许多生产中的半自磨机吻合很好。图2-2所示为半自磨机排矿粒度分布比较图，半自磨机数据来自世界上不同地区、不同年代的一些生产矿山，与试验室磨机排矿粒度分布的比较。

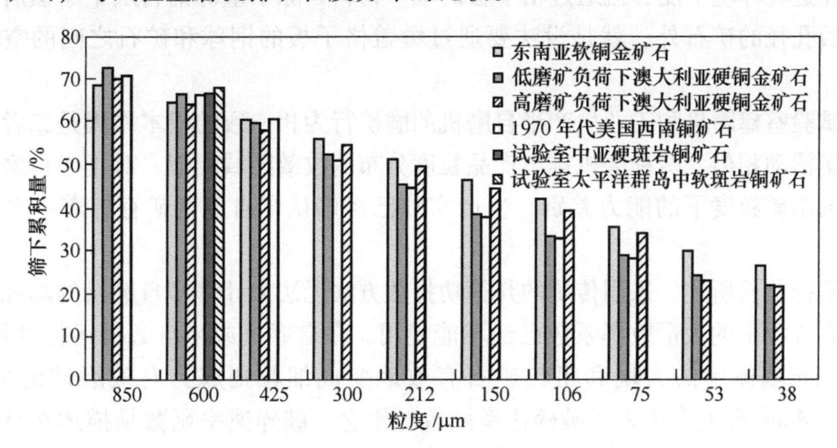

图 2-2 试验室排矿粒度分布与 SABC 回路排矿粒度分布

从图 2-2 中注意到，试验室棒磨机产品粒度分布没有像一般的磨矿考察那样筛分成同样数量的部分。在磨矿考察中，半自磨机排矿样品一般筛分成范围从 20mm 到 38μm，而试验室磨机排矿则一般分成（五个筛子）六个粒级，范围从 1mm 到 500μm，或最好 300μm。因此，在比较粒度小于 500μm 的试验室磨机排矿粒度分布和生产中半自磨机排矿粒度分布时，就有分辨率的损失。尽管如此，在全球的一些生产中的半自磨机和试验室棒磨机之间的排矿粒度分布的收敛点引起了研究人员的关注，特别是因为其收敛点的出现是位于 600~850μm 之间。

对这个粒度范围的高度关注，是因为其横跨 750μm 分界线，该分界线是 Morrell 用来划分筒型磨机能耗计算中“粗粒”和“细粒”范畴的。尽管 Morrell 标注 750μm 分界线对其筒型磨机功率计算给出了最好的吻合结果，但其没有解释为什么 750μm 能够来划分计算结果。对生产中半自磨和试验室磨机的排矿粒度分布的调查结果与所用比能耗计算方法的数学结果吻合很好的概率，考虑到跨越全球的数据扩散很慢的过程，认为这是必然的结果而非巧合。

半自磨机采用孔径范围很宽的带砾石窗或不带砾石窗的格子板，而邦德试验室棒磨机一般采用 1180μm 孔径的筛子闭路。最初这似乎是不可理解的：两种磨机生产的产品粒度都分布收敛于 600~850μm 的范围，而且其采用的分级机理有重大不同。

对工业半自磨机中细粒分级机理的可能解释是在紧靠格子板的充填体中，细粒的物料极容易在矿浆流的作用下通过格子板开孔排出，在运动过程中格子板又被充填体中的钢球和比格子板孔径大的矿石所覆盖了，这些钢球和矿石是交替的，在此情况下，紧靠格子板的充填体形成了动态的具有一定孔隙度的料层，即有点类似于重选跳汰机中重砾铺料层的动作形式，把要通过格子板的物料进行分级。在这种环境下能够流通过格子板的唯一物料，除了重砾铺料层中磨损后小于格子板孔径的矿石外，就是设法要通过覆盖格子板的钢球和矿石之间的空隙的物料。

试验室棒磨机和工业生产半自磨机的磨矿行为相一致的根本原因是二者之间的磨矿活动相似，两种磨机排出产品粒度分布的收敛区域相似。对于半自磨机在不同的给矿粒度下的能力差别，生产实践已经确认半自磨磨矿存在着一个临界粒度。

根据前面所述，采用传统的邦德功指数方法无法来计算半自磨机的功耗，因此原有方程中的大量效率系数已经不能使用。在自磨机或半自磨机运行过程中，如何把充填体中的大块和粗粒矿石有效地变成细粒则成为有效磨矿的关键。Napier-Munn 等人[8]引入了破碎速率函数的概念。破碎速率函数是描述在自磨机或半自磨机内如何把一定的粒级很快地破碎，通常采用破碎速率与粒度的图来表示，实例如图 2-3 所示。

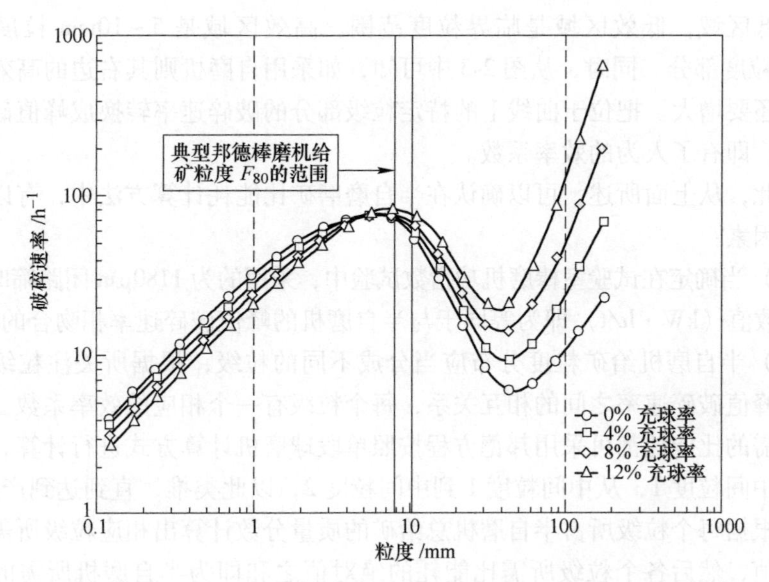

图 2-3　JKMC 的半工业半自磨机中钢球充填率对破碎速率的影响[8]

图 2-3 中，已经叠加了两条竖直线来表明典型的邦德棒磨机给矿粒度 F_{80} 如何相关于半工业半自磨机的破碎速率，特别关注充球率为 12%时的破碎速率：12%充球率下半自磨曲线的峰值破碎速率与典型的邦德棒磨机试验的给矿粒度 F_{80} 紧密地相吻合。图 2-4 所示为工业自磨/半自磨机和半工业磨机的峰值破碎速率对 10mm 以下粒级范围的吻合情况[10]。

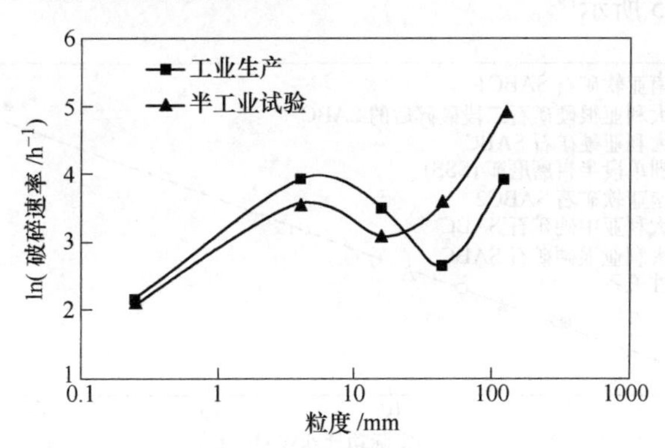

图 2-4　Morrell 对半工业磨机和工业自磨/半自磨机破碎速率的比较

此外，也注意到工业自磨/半自磨机破碎速率曲线的形状，特别是曲线的临界粒度部分，也与 Napier-Munn 等人所提出的 12%充球率下的破碎速率相吻合。

从概念上讲，从图 2-3 中所示的破碎速率图可以确认自磨机或半自磨机效率的高、低区域，低效区域是临界粒度范围，高效区域是 5 ~ 10mm 粒度范围和 100mm 粒度部分。同时，从图 2-3 中可知，如采用自磨机则其右边的高效区域边界粒度还要增大。把位于曲线上的特定粒级部分的破碎速率转换成峰值破碎速率的倍数，即有了人为的效率系数。

因此，从上面所述，可以确认在半自磨磨矿比能耗计算方法中，有以下的两个关键因素：

（1）当确定在试验室棒磨机功指数试验中，采用的为 1180μm 闭路筛时，得到的功指数值（kW · h/t）即为等同于与半自磨机的峰值破碎速率相吻合的能耗；

（2）半自磨机给矿粒度分布应当分成不同的粒级，根据所关注粒级的破碎速率和峰值破碎速率之间的相互关系，每个粒级有一个相应的效率系数。每一个粒级所需的比能耗都可采用邦德方程按照单段球磨机计算方式进行计算，从给矿粒度到中间粒度 1，从中间粒度 1 到中间粒度 2，以此类推，直到达到产品粒度。然后，根据每个粒级所占半自磨机总给矿的质量分数计算出相应粒级所需比能耗的绝对值，然后各个粒级所需比能耗的绝对值之和即为半自磨机所需的总比能耗。效率系数则在各粒级计算中考虑。

当然，上述的计算方法是假设半自磨机在正常条件下运行，即提升棒之间没有填塞，衬板设计合适，格子板没有塞住，补加球的量和规格合适。

上述的计算方法已经用来计算一些回路中半自磨机所需的比能耗，一些不同回路配置方式和不同运行条件的，例如 SABC 回路，有或没有顽石破碎机、粗碎和部分中碎以及单段半自磨机磨矿的，都特别跟踪以计算数据比对实际运行数据。结果如图 2-5 所示[8]。

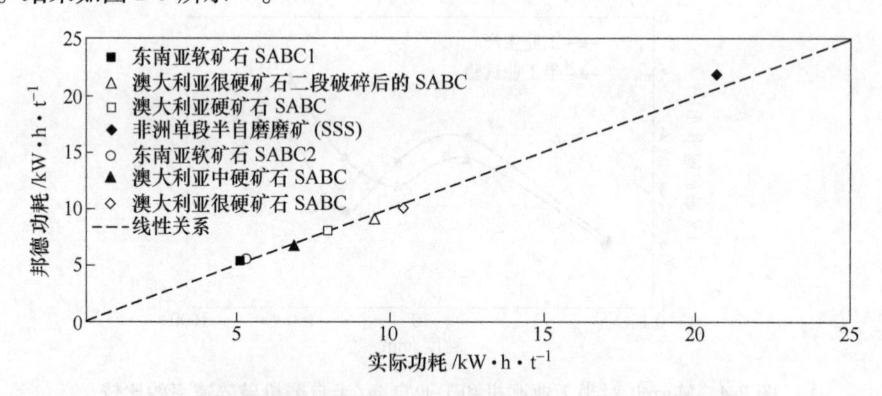

图 2-5　新的邦德功指数法计算的与实际运行的半自磨机功耗

计算半自磨机比能耗新方法的关键指标是棒磨功指数。在邦德的 3 个功指数（破碎功指数、棒磨功指数和球磨功指数）中，因为破碎功指数值用于计算给矿粒度分布的粗粒端，其粗粒的给矿粒度用于邦德第三破碎理论方程平方根的倒数中，使得破碎功指数对总的半自磨机所需比能耗只有很小的影响。球磨功指数还是起着传统的角色，是计算球磨比能耗最好的方法，而在 SAB 或 SABC 回路的半自磨机所需比能耗计算中不采用。

而对于处理半自磨机排矿的球磨机，Mark Sherman 提出了利用邦德计算方法的程序[9]，把专门用于计算当球磨机给矿为圆锥破碎机的产品而不是棒磨机的产品时的单段球磨机功耗计算方法，用于计算自磨机/半自磨机排矿的球磨机，即把自磨机/半自磨机排矿分为两部分：细粒部分和粗粒部分，计算出两个部分所需的比能耗，确保合适的修正系数被用于细粒和粗粒部分，然后合并后得到一个总的能耗。

根据邦德功指数试验的要求，球磨功指数采用的给矿粒度为小于 3. 36mm，棒磨功指数采用的给矿粒度为小于 12. 5mm，Mark Sherman 选择 3. 36mm 作为分界点把自磨/半自磨排矿分成粗粒和细粒部分，即一个与球磨机功指数计算完全一致的球磨机给矿部分（小于 3. 36mm）和一个与单段球磨磨矿计算一致的第二部分（大于 3. 36mm）。

一旦半自磨机排矿分成两个粒级部分，即可计算出每个粒级部分的 F_{80}，例如，粗粒的 F_{80}和细粒的 F_{80}。对于细粒级部分，采用标准的邦德方程和球磨功指数计算出磨该部分所需的比能耗（注意邦德理论对于低的破碎比，即破碎比小于 6，需要修正系数 EF_7）。

对于粗粒部分，则采用单段球磨机磨矿计算方法。半自磨机排矿的粗粒部分，有一个比细粒级部分大得多的 F_{80}，在某些情况下，其棒磨功指数比球磨功指数更大。表明半自磨机排矿的粗粒部分的磨矿将需要比细粒部分的磨矿需要大得多的能耗。

为了完成球磨机的比能耗计算，两个粒级部分的比能耗与它们各自的质量分数相乘，然后乘积相加就得到球磨机所需的总的比能耗。

要注意邦德方程计算的是磨机驱动小齿轮的所需功率。

2. 2. 2 计算实例

表 2-1 和表 2-2 所示为计算实例[9]，球磨机给矿来自三个不同的半自磨机：第一台处理硬的细粒嵌布矿石；第二台处理来自矿山生产爆破使细粒级最大化的较粗粒嵌布的软-中硬矿石；第三台处理的来自半工业试验厂的半自磨机产品。

表 2-1 半自磨筛上质量分数

筛孔/μm	SAG1	SAG2	半工业试验 SAG3
12700	1. 13	5. 5	0. 0
9500	2. 27	4. 2	2. 9

续表 2-1

筛孔/μm	SAG1	SAG2	半工业试验 SAG3
6350	3.6	8.1	11.2
3360	6.0	10.0	2.0
2360	4.0	5.2	2.0
1760	5.0	4.5	3.3
1180	5.2	4.5	3.1
850	2.9	3.3	3.6
600	6.0	3.5	4.4
425	5.8	3.3	5.3
300	7.1	3.3	6.1
212	6.6	3.3	6.9
150	6.6	3.6	5.6
106	5.1	3.3	5.8
75	4.5	3.7	4.8
53	4.4	3.9	4.3
38	2.2	3.5	3.9
<38	21.6	23.3	24.8
P_{80}/μm	1970	5519	2011

表 2-2 实例计算步骤和计算结果

参数	SAG1	SAG2	SAG3
细粒级部分（3.36mm 以下）球磨机计算			
质量分数	0.87	0.72	0.84
计算的 F_{80}/μm	845	1160	589
球磨机产品 P_{80}/μm	224	135	88
破碎比	3.77	8.59	6.69
邦德球磨功指数/kW·h·t^{-1}	15.7	12.9	14.9
邦德方程：没修正的比能耗/kW·h·t^{-1}	4.83	5.17	10.1
如果破碎比小于 6∶1，需要应用 EF_7	1.05	—	—
修正后的比能耗/kW·h·t^{-1}	5.09	5.17	10.1
粗粒级部分（3.36mm 以上）单段球磨机计算			
质量分数	0.13	0.28	0.16
计算的 F_{80}/μm	10716	12400	9442
球磨机产品 P_{80}/μm	224	135	88

续表 2-2

参 数	SAG1	SAG2	SAG3
粗粒级部分（3.36mm 以上）单段球磨机计算			
邦德棒磨功指数/kW·h·t^{-1}	21.0	17.0	14.1
邦德球磨功指数/kW·h·t^{-1}	15.7	12.9	14.9
没修正的比能耗/kW·h·t^{-1}	10.4	10.5	13.9
应用 EF_4	1.53	1.16	1.16
修正后的比能耗/kW·h·t^{-1}	15.9	12.2	16.1
球磨机所需比能耗总计			
细粒级质量分数（A）	0.87	0.72	0.84
细粒级比能耗（B）/kW·h·t^{-1}	5.09	5.17	10.1
粗粒级质量分数（C）	0.13	0.28	0.16
粗粒级比能耗（D）/kW·h·t^{-1}	15.9	12.2	16.1
总计比能耗（A×B)+(C×D)/kW·h·t^{-1}	6.49	7.13	11.07
磨机直径修正系数 EF_3	0.91	0.91	1.15
修正后的球磨机比能耗/kW·h·t^{-1}	5.93	6.51	12.73
磨机驱动电机效率	0.95	0.95	0.95
磨机驱动电机输入的球磨机比能耗/kW·h·t^{-1}	6.24	6.86	13.4
测得的磨机驱动电机输入的球磨机比能耗/kW·h·t^{-1}	6.23	6.51	13.6
偏差/%	+1.6	+5.4	−1.4

可以看出，两台生产半自磨机显示出明显的粗粒成分，而半工业半自磨机在整个粒级范围显示出相对一致的质量分布（小于 38μm 部分除外）。尽管 SAG1 和半工业 SAG3 的 P_{80}值相似，但其粒度分布显著不同。

2.3 经验方法

如 2.1 节所述，目前对于自磨机或半自磨机的设备选型计算没有成熟的标准方法，已有的各种方法由于各自的出发点不同，选取的基准点不同，导致同一个矿山采用不同计算方法得到的计算结果相差一倍甚至更多。即使这样，目前众多的矿山都在采用自磨机或半自磨机磨矿工艺进行生产，因而，这些采用自磨机或半自磨机生产的磨矿回路之间，应该有一些相关或相近的规律。

2.3.1 矿石磨矿性质相关性分析

作者对 20 世纪 80 年代以来部分生产矿山采用半自磨机的生产实例进行了统计，并对半自磨机选择计算中常用的与矿石性质有关的参数进行了相关性分析。

从统计的数据（见图 2-6~图 2-11）看，相关强度不同，有强有弱，如邦德功指数（W_i）与研磨指数（A_i）则基本不相关（见图 2-9）。由于矿石磨矿所要求的最基本要素是功率、容积，因此，在没有完全成熟的计算方法的情况下，笔者试图从生产实践中的半自磨机—球磨机的基本回路配置的角度来找到一些可借鉴的关系。

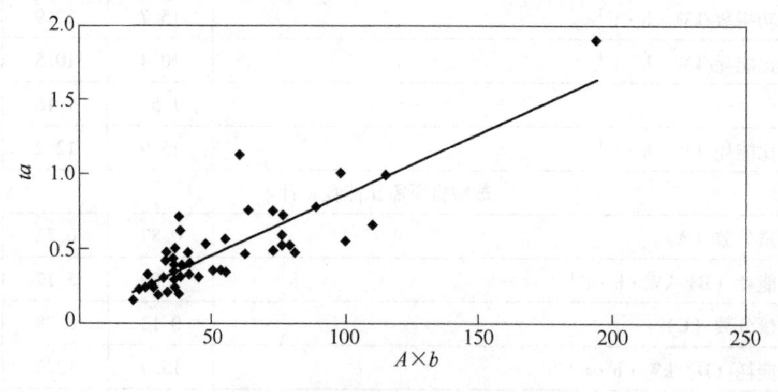

图 2-6　$A\times b$ 与 ta 的相关关系

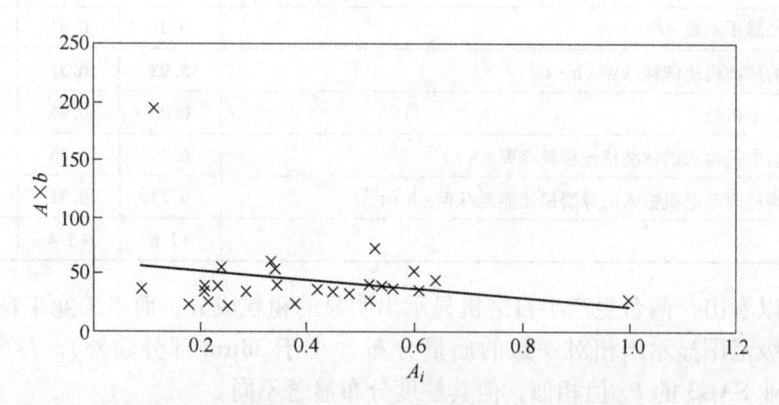

图 2-7　A_i 与 $A\times b$ 的相关关系

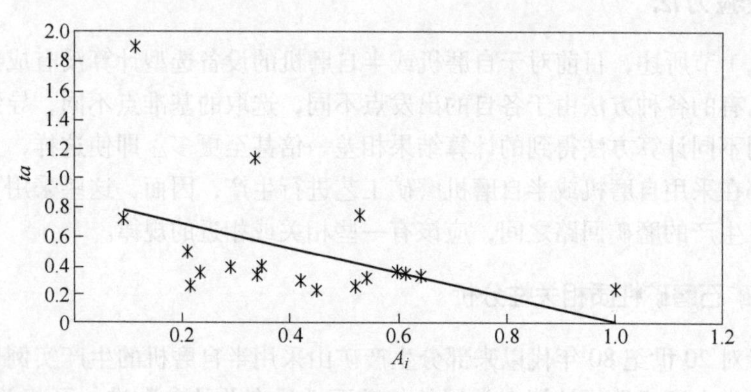

图 2-8　A_i 与 ta 的相关关系

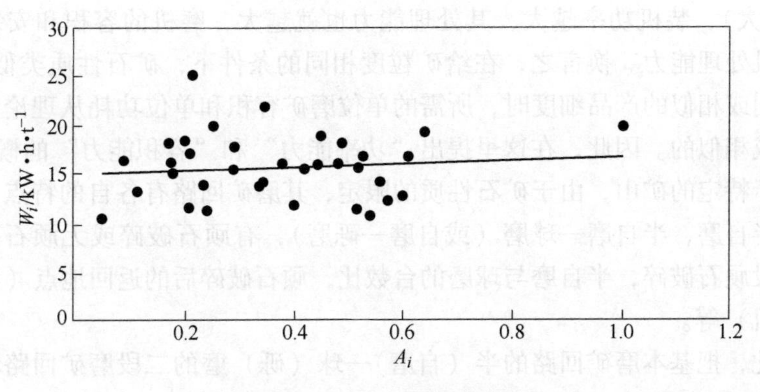

图 2-9　A_i 与 W_i 的相关关系

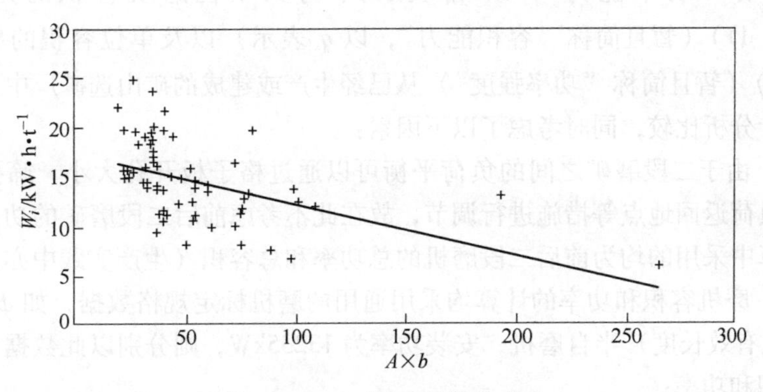

图 2-10　$A \times b$ 与 W_i 的相关关系

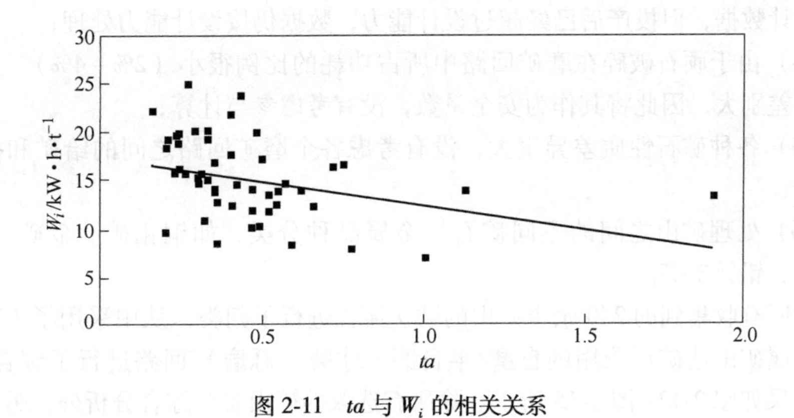

图 2-11　ta 与 W_i 的相关关系

2.3.2　功率能力、容积能力、功率强度及其相关性分析

正常情况下，给定的磨矿回路，在给矿粒度一定的条件下，磨机规格越大

(容积越大)，装机功率越大，其处理能力也就越大，磨机的容积和安装功率决定着磨机处理能力。换言之，在给矿粒度相同的条件下，矿石性质类似的给矿，磨到相同或相似的产品细度时，所需的单位磨矿容积和单位功耗从理论上讲应该是相同或相似的。因此，在这里提出“功率能力”和“容积能力”的概念。

对于特定的矿山，由于矿石性质的限定，其磨矿回路有各自的特点：如单段自磨或半自磨，半自磨—球磨（或自磨—砾磨），有顽石破碎或无顽石破碎，一段或二段顽石破碎，半自磨与球磨的台数比，顽石破碎后的返回地点（半自磨机或球磨机）等。

在此，把基本磨矿回路的半（自磨)—球（砾）磨的二段磨矿回路看作一个整体作为分析的基本单元，把每天单位磨机装机功率的处理能力（t/(kW · d))(暂且简称“功率能力”，以 q_N 表示)、每天单位磨机容积的处理能力(t/(m^3 · d))（暂且简称“容积能力”，以 q_v 表示）以及单位容积的装机功率(kW/m^3)（暂且简称“功率强度”）从已经生产或建成的矿山选矿厂中提取出来进行统计分析比较，同时考虑了以下因素：

（1）由于二段磨矿之间的负荷平衡可以通过格子板开孔大小、筛孔规格以及循环负荷返回地点等措施进行调节，故在此不考虑前后二段磨矿的功率分配事项，计算中采用的均为前后二段磨机的总功率和总容积（生产实践中亦是如此)；

（2）磨机容积和功率的计算均采用通用的磨机标定规格数据，如 ϕ10. 97m×5. 33m（有效长度）半自磨机，安装功率为 13235kW，则分别以此数据计算该磨机的容积和功率；

（3）处理能力以选矿厂的日处理能力为基数进行计算，个别矿山生产能力采用设计数据，但投产后已经超过设计能力，数据仍按设计能力处理；

（4）由于顽石破碎在磨矿回路中所占功耗的比例很小（2%~4%），且各矿山之间差别大，因此将其作为安全系数，没有考虑参与计算；

（5）各种矿石性质差异很大，没有考虑各个磨矿回路之间的给矿和排矿粒度差异；

（6）处理矿山之间的不同矿石按金属品种分类，如铜钼矿、金矿、铁矿、镍铂矿、铅锌矿等。

对所有收集到的 240 余个矿山的磨矿流程进行了归类，从中采用了 153 个完整的金属矿山选矿厂采用的自磨/半自磨—球磨（砾磨）回路进行了综合分析，分析结果如图 2-12~图 2-15 所示。除所有选取的矿山参与综合分析外，另分为铜钼、金、铁、镍铂、铅锌共五类分别进行了比较，结果如图 2-16~图 2-34 所示。

从图 2-12~图 2-15 中可以看出，绝大多数磨矿回路的功率能力（见图 2-12）在 0. 75~1. 75t/(kW · d）之间，绝大多数的容积能力（见图 2-13）在 10~40t/(m^3 · d）之间，磨机的功率强度（见图 2-14）则绝大多数在 20~25kW/m^3 左右。

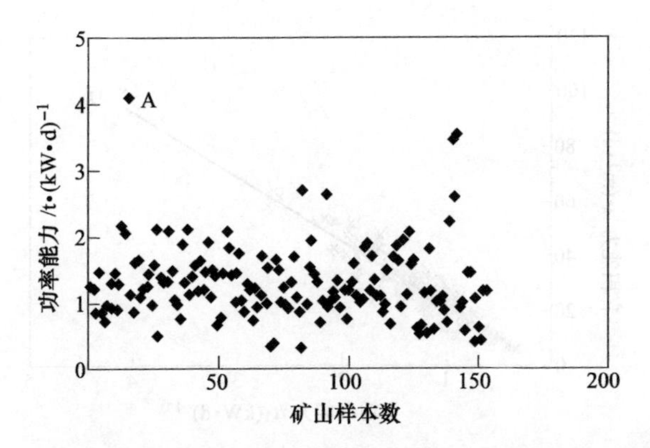

图 2-12 部分金属矿山选矿厂自磨/半自磨—球磨（砾磨）回路功率能力

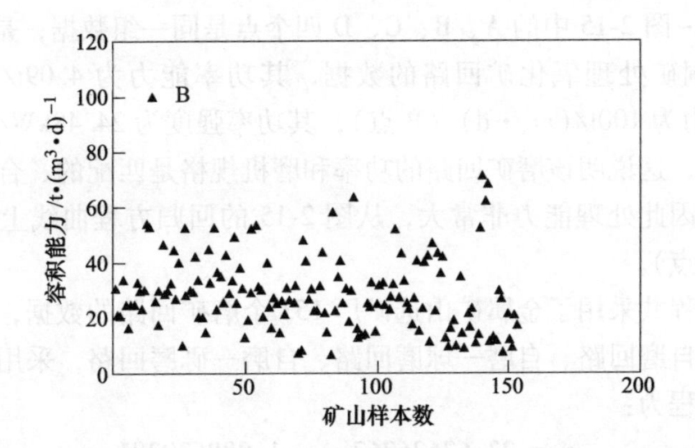

图 2-13 部分金属矿山选矿厂自磨/半自磨—球磨（砾磨）回路容积能力

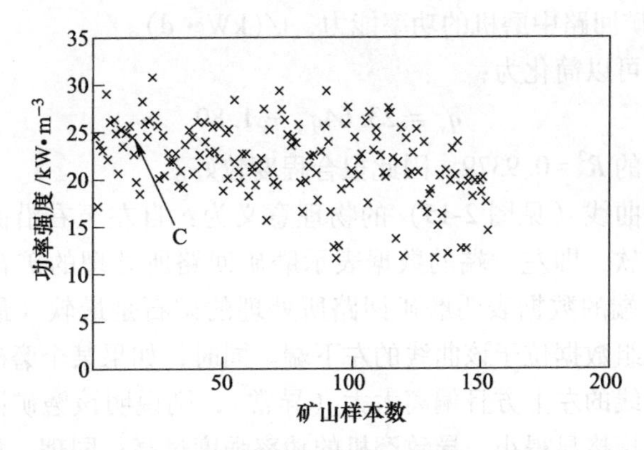

图 2-14 部分金属矿山选矿厂自磨/半自磨—球磨（砾磨）回路功率强度

通过功率能力、容积能力、功率强度及相互关系图，对特定矿山的矿石性质，可以很容易地分析出其半自磨—球磨回路的功率或磨机规格是否合适。如分

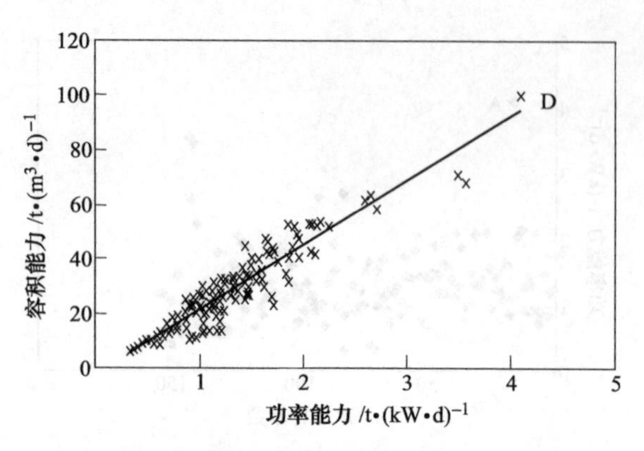

图 2-15　自磨/半自磨—球磨（砾磨）回路功率能力与容积能力相关关系

别位于图 2-12～图 2-15 中的 A、B、C、D 四个点是同一组数据，是 First Quantum 的 Kansanshi 铜矿处理氧化矿回路的数据，其功率能力为 4.09t/(kW·d)（A 点），容积能力为 100t/(m^3·d)（B 点），其功率强度为 24.48kW/m^3(C 点)，认为是合适范围，这说明该磨矿回路的功率和磨机规格是匹配的、合适的，只是由于矿石太软，因此处理能力非常大，从图 2-15 的回归方程曲线上可看出，其位于最上端（D 点）。

该回归方程共采用了金属矿山选矿厂 153 个磨矿回路的数据，包括半自磨—球磨回路、半自磨回路、自磨—球磨回路、自磨—砾磨回路，采用最小二乘法回归后得到的方程为：

$$q_v = 23.63636367q_N - 1.888639381 \tag{2-11}$$

式中　q_v——磨矿回路中磨机的容积能力，t/(m^3·d)；

q_N——磨矿回路中磨机的功率能力，t/(kW·d)。

式（2-11）可以简化为：

$$q_v = 23.64q_N - 1.89 \tag{2-12}$$

式（2-12）的 R^2=0.9379，因此拟合程度较好。

该回归方程曲线（见图 2-15）的物理意义为：自左至右沿曲线方向，所处理的矿石由硬变软，即左下端的数据表示磨矿回路所处理的矿石是最硬（最难磨）的，而右上端的数据表明磨矿回路所处理的矿石是最软（最易磨）的。因此炉渣磨矿的几组数据位于该曲线的左下端。同时，如果某个磨矿回路的 q_v 与 q_N 的坐标点位于曲线的左上方且偏离太大（异常），则说明该磨矿回路的磨机装机功率过大，磨机规格显得小，导致磨机的功率强度过高；同理，如果某个磨矿回路的 q_v 与 q_N 的坐标点位于曲线的右下方且偏离太大（异常），则说明该磨矿回路的磨机装机功率过小，磨机规格显大，导致磨机的功率强度过低。

同理，铜钼矿、金矿、铁矿、镍铂矿、铅锌矿的磨矿回路的功率能力、容积能力、功率强度及相关关系分别如图 2-16～图 2-35 所示。

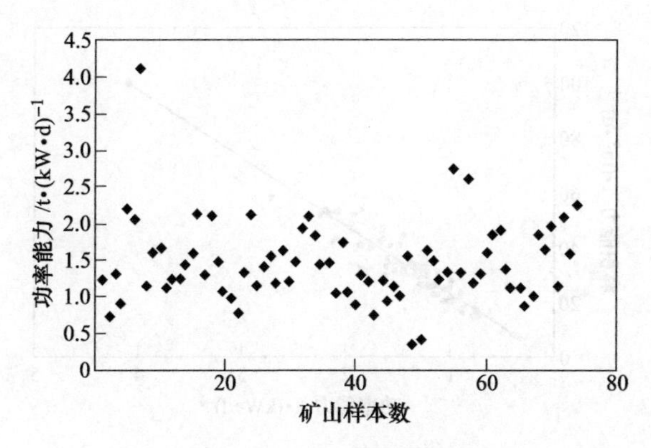

图 2-16　部分铜钼矿山选矿厂自磨/半自磨—球磨（砾磨）回路功率能力

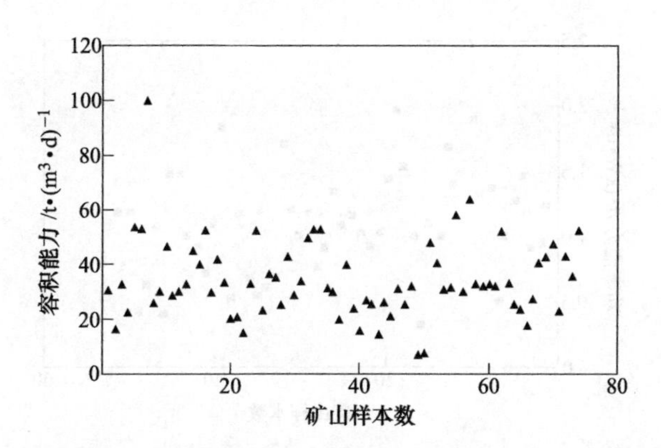

图 2-17　部分铜钼矿山选矿厂自磨/半自磨—球磨（砾磨）回路容积能力

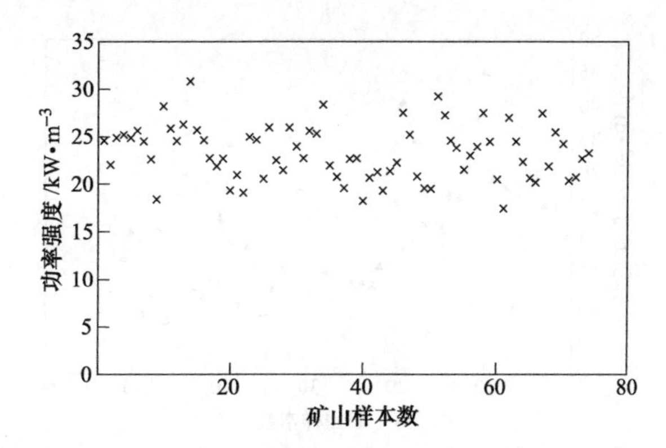

图 2-18　部分铜钼矿山选矿厂自磨/半自磨—球磨（砾磨）回路功率强度

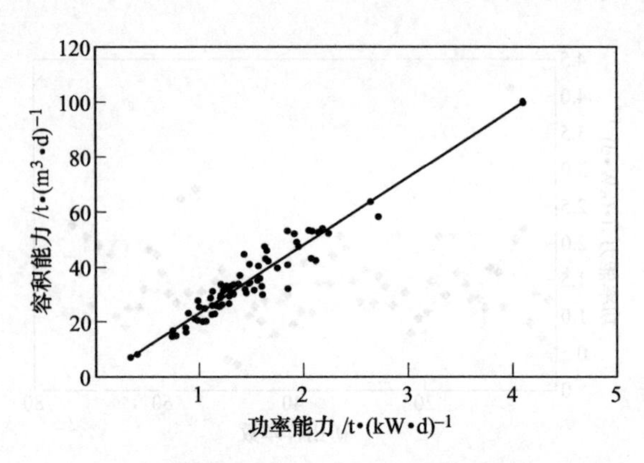

图 2-19 部分铜钼矿山自磨/半自磨—球磨（砾磨）回路功率能力与容积能力相关关系

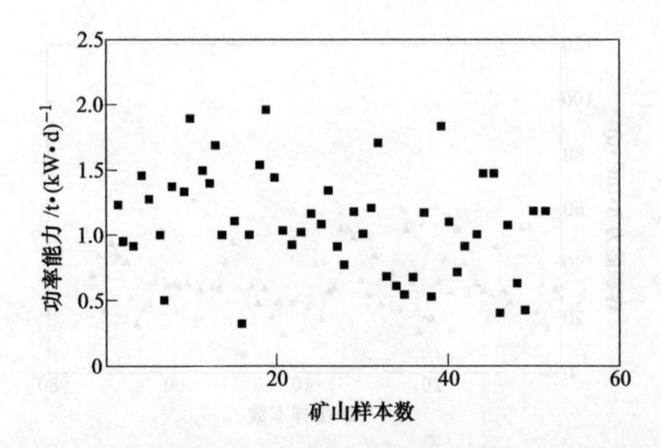

图 2-20 部分金矿山自磨/半自磨—球磨（砾磨）回路功率能力

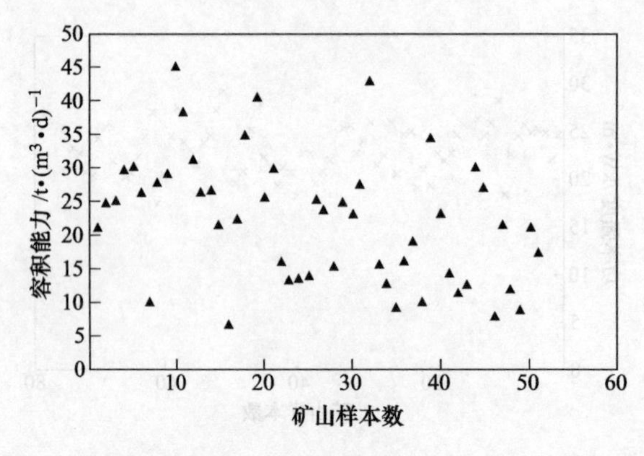

图 2-21 部分金矿山自磨/半自磨—球磨（砾磨）回路容积能力

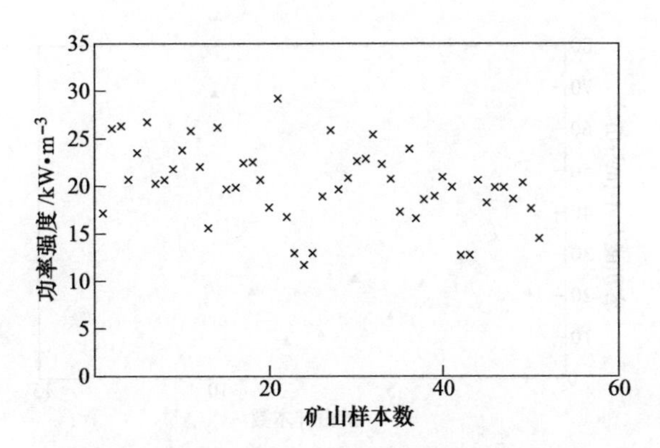

图 2-22 部分金矿山选矿厂自磨/半自磨—球磨（砾磨）回路功率强度

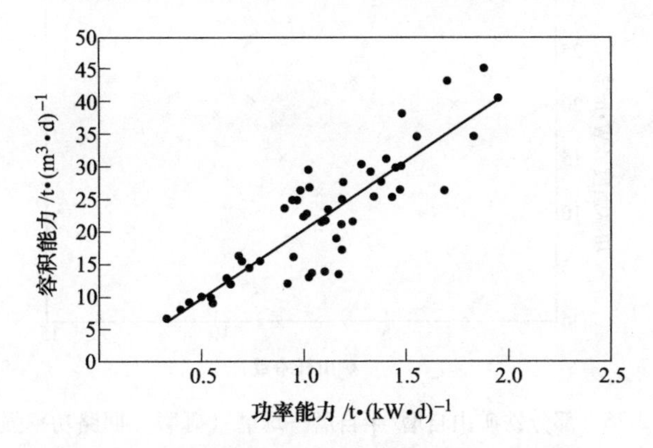

图 2-23 部分金矿山自磨/半自磨—球磨（砾磨）回路功率能力与容积能力相关关系

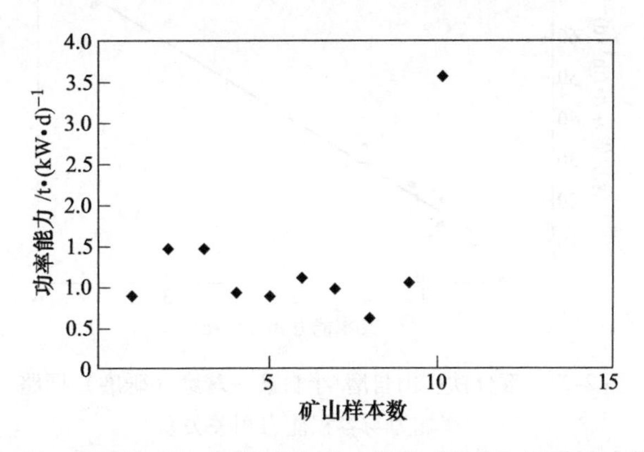

图 2-24 部分铁矿山自磨/半自磨—球磨（砾磨）回路功率能力

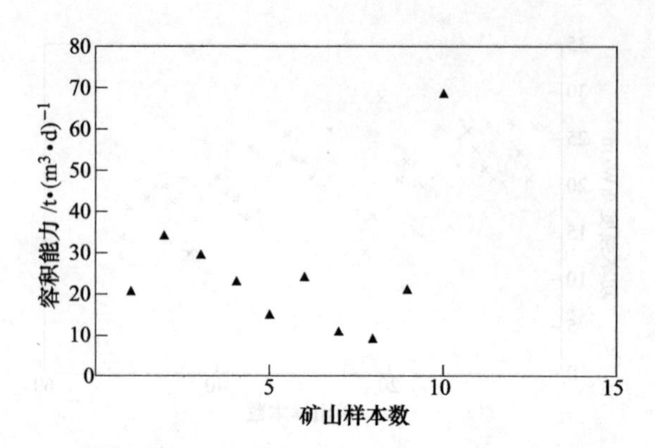

图 2-25 部分铁矿山自磨/半自磨—球磨（砾磨）回路容积能力

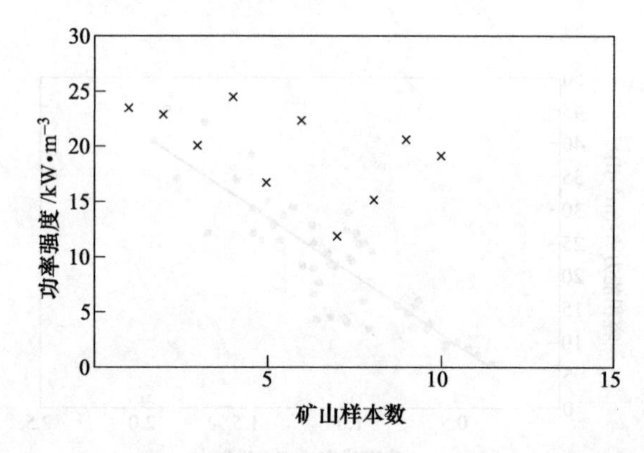

图 2-26 部分铁矿山自磨/半自磨—球磨（砾磨）回路功率强度

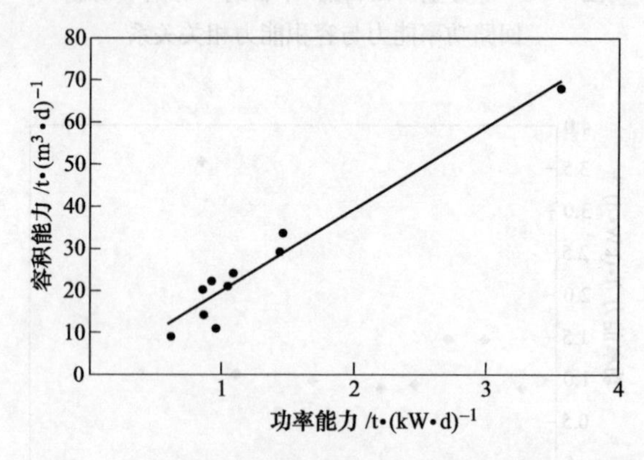

图 2-27 部分铁矿山自磨/半自磨—球磨（砾磨）回路
功率能力与容积能力相关关系

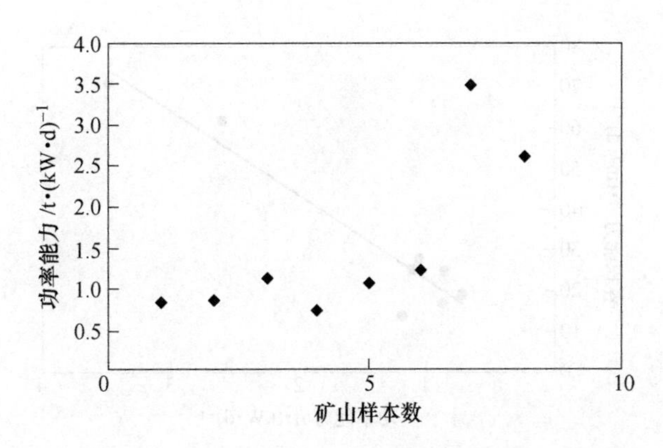

图 2-28 部分镍铂矿山自磨/半自磨—球磨（砾磨）回路功率能力

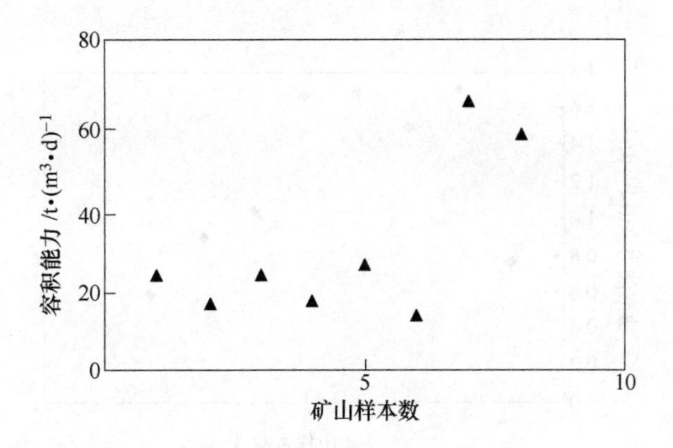

图 2-29 部分镍铂矿山自磨/半自磨—球磨（砾磨）回路容积能力

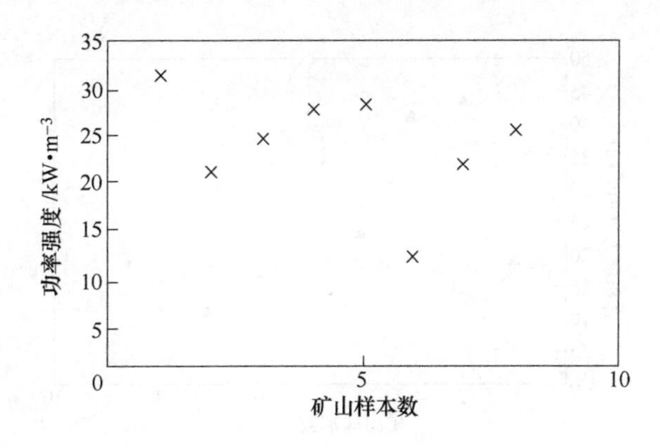

图 2-30 部分镍铂矿山自磨/半自磨—球磨（砾磨）回路功率强度

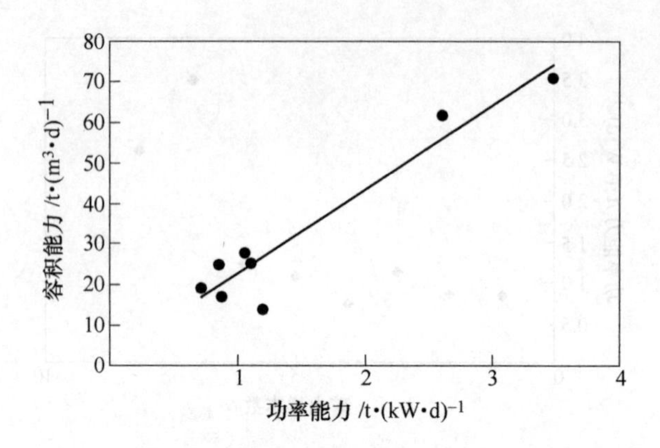

图 2-31 部分镍铂矿山自磨/半自磨—球磨（砾磨）回路功率能力与容积能力相关关系

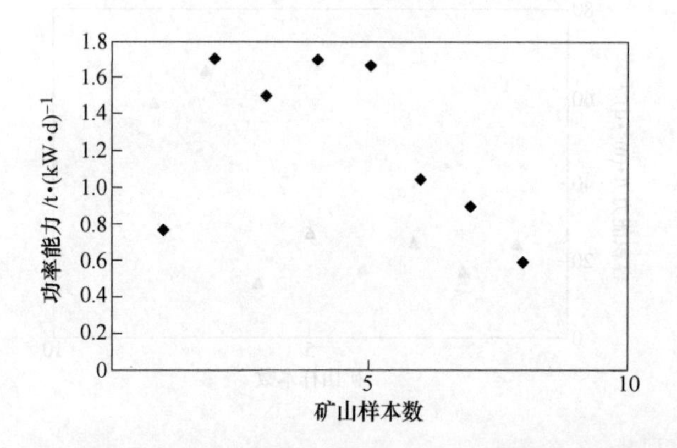

图 2-32 部分铅锌矿山自磨/半自磨—球磨（砾磨）回路功率能力

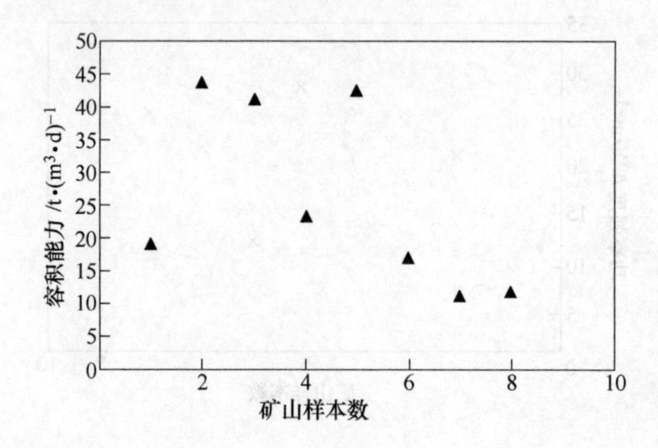

图 2-33 部分铅锌矿山自磨/半自磨—球磨（砾磨）回路容积能力

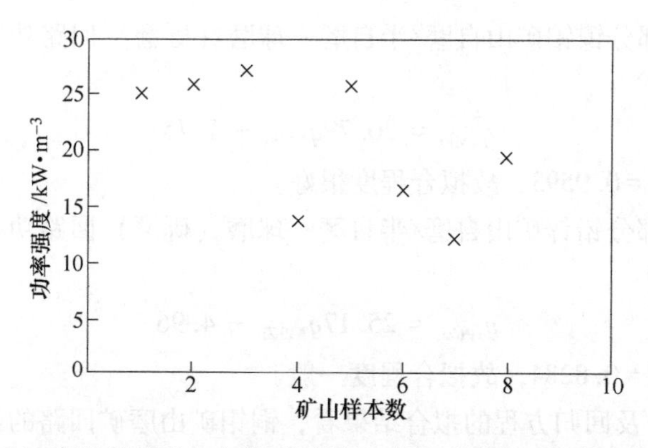

图 2-34　部分铅锌矿山自磨/半自磨—球磨（砾磨）回路功率强度

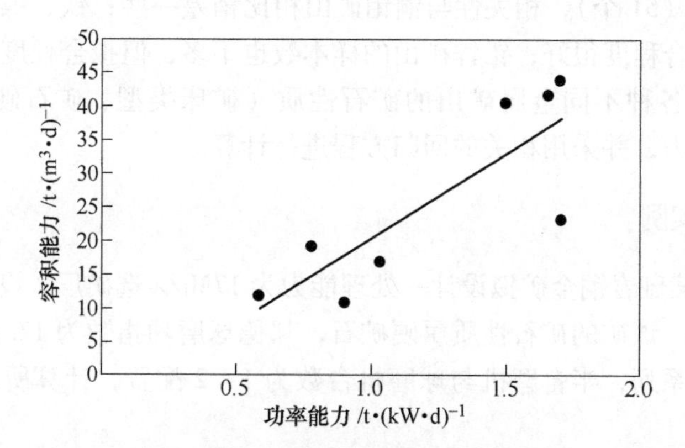

图 2-35　部分铅锌矿山自磨/半自磨—球磨（砾磨）回路功率能力与容积能力相关关系

图 2-19 中部分铜钼矿山自磨/半自磨—球磨（砾磨）回路功率能力与容积能力的回归方程为

$$q_{vCuMo} = 24.78q_{NCuMo} - 1.73 \tag{2-13}$$

式（2-13）的 $r^2 = 0.9583$，故拟合程度很好。

图 2-23 中部分金矿山自磨/半自磨—球磨（砾磨）回路功率能力与容积能力的回归方程为

$$q_{vAu} = 21.05q_{NAu} - 0.77 \tag{2-14}$$

式（2-14）的 $r^2 = 0.8752$，故拟合程度一般。

图 2-27 中部分铁矿山自磨/半自磨—球磨（砾磨）回路功率能力与容积能力的回归方程为

$$q_{vFe} = 19.50q_{NFe} + 0.45 \tag{2-15}$$

式（2-15）的 $r^2 = 0.9726$，故拟合程度很好。

图 2-31 中部分镍铂矿山自磨/半自磨—球磨（砾磨）回路功率能力与容积能力的回归方程为

$$q_{vNiPt} = 20.79q_{NNiPt} + 1.75 \quad (2\text{-}16)$$

式（2-16）的 $r^2=0.9593$，故拟合程度很好。

图 2-35 中部分铅锌矿山自磨/半自磨—球磨（砾磨）回路功率能力与容积能力的回归方程为

$$q_{vPbZn} = 25.17q_{NPbZn} - 4.96 \quad (2\text{-}17)$$

式（2-17）的 $r^2=0.8284$，故拟合程度一般。

从上述图中及回归方程的拟合结果看，铜钼矿山磨矿回路的容积能力和功率能力之间的相关性很好，其矿山样本数也多（74 个），拟合程度也好；金矿山的样本数也不少（51 个），相关性与铜钼矿山相比稍差一些；铁、镍铂的矿山样本数不多，但拟合程度很好；铅锌矿山的样本数也不多，但拟合程度一般。实际应用中建议根据各种不同金属矿山的矿石性质（矿床类型、矿石硬度、耐磨性）来选择功率能力，并采用相关的回归方程进行计算。

2.3.3　计算实例

实例 1　某斑岩铜金矿拟设计一处理能力为 17Mt/a 选矿厂，设计拟采用半自磨—球磨工艺，该矿的矿石性质属硬矿石，邦德球磨功指数为 17.1kW · h/t，设计拟采用一个系列，半自磨机与球磨机台数为 1∶2 配置，计算所需磨机规格及安装功率。

半自磨—球磨回路的有效运转率按 93%计算，则该磨矿回路的日处理能力为 50081t。参照图 2-16 中铜钼矿山磨矿回路的功率能力中间值约为 1.4t/(kW · d)，由于欲设计的铜金矿石属硬矿石，邦德球磨功指数为 17.1kW · h/t，因此在功率能力的取值上按从低考虑，故拟取值 1.30t/(kW · d)，则磨矿回路所需安装功率为

$$50081 \div 1.30 = 38523(\mathrm{kW})$$

根据目前的生产实践，半自磨机与球磨机的功率分配大都为 1∶1，且考虑大型半自磨机和球磨机的成熟使用的规格，半自磨机的安装功率选取 20000kW，每台球磨机的安装功率为 9000kW。半自磨机选取包绕式电机，单台球磨机选用双齿轮电机驱动，每台电机安装功率为 4500kW。

参照磨机制造厂家（或矿山实际使用的磨机规格）预选取 ϕ12.2m×6.7m 半自磨机，安装功率 20000kW；ϕ6.71m×11.13m 球磨机两台，每台安装功率为 4600kW。

根据选取的半自磨机和球磨机，计算该磨矿回路的容积能力为 31.53t/(m³ · d)。

按照式（2-13）$q_{vCuMo}=24.78q_{NCuMo}-1.73$，在功率能力 q_N 为 1.30t/(kW·d) 时，其容积能力 q_v 为 30.48t/(m^3·d)，差别很小，因此半自磨机规格及安装功率不变，即选用 ϕ12.2m×6.7m 半自磨机一台，安装功率 20000kW；ϕ6.71m×11.13m 球磨机两台，每台安装功率为 4600kW。

同时，对于大规模生产的矿山，由于矿石性质的变化对磨矿回路稳定运行影响极其敏感，建议半自磨—球磨工艺要采用顽石破碎。顽石破碎对磨矿回路起辅助作用，但不可或缺。该矿山顽石破碎按顽石最大循环量 25%计算，可选用 MP800 型破碎机两台（一用一备）。

实例 2 某金矿拟设计一年处理矿石 4.8Mt/a 选矿厂，采用单段半自磨流程，矿石邦德球磨功指数为 16kW·h/t，属硬矿石。计算所需半自磨机规格及安装功率。

参照图 2-20，金矿山的功率能力中间值约为 1.15t/(kW·d)，矿石属硬矿石，功率能力取值 1.10t/(kW·d)，半自磨机运转率按 93%选取，其日处理能力为 14140t，则半自磨机安装功率需

$$14140 \div 1.10 = 12855(\text{kW})$$

参照磨机制造厂家（或矿山实际使用的磨机规格）预选取 ϕ10.97m×5.79m 半自磨机，安装功率 13000kW。

根据选取的半自磨机，计算该磨矿回路的容积能力为 25.85t/(m^3·d)。

按照式（2-14）$q_{vAu}=21.05q_{NAu}-0.77$，在功率能力 q_N 为 1.10t/(kW·d) 时，计算其容积能力 q_v 应为 22.39t/(m^3·d)，明显小于预选取半自磨机的容积能力，故半自磨机规格偏小，需调整规格，选取 ϕ10.97m×6.71m 半自磨机一台，调整后的半自磨机容积能力为 22.30t/(m^3·d)，满足于式（2-14）的计算值。考虑到磨机规格与安装功率的匹配，选取安装功率 13500kW，可选用两台 6750kW 电机驱动。

同时，考虑该矿山为单段半自磨机单系列生产的矿山，矿石性质的变化对磨矿回路稳定运行影响极其敏感，建议采用半自磨—顽石破碎工艺，该矿山顽石破碎按顽石最大循环量 25%计算，可选用 HP400 型破碎机两台（一用一备）。

实例 3 某铁矿拟设计一处理能力为 24Mt/a 的选矿厂，采用自磨—球磨磨矿流程，矿石邦德球磨功指数为 14.9kW·h/t，属中硬矿石。设备有效运转率按 93%考虑，计算选取自磨机和球磨机。

有效运转率按 93%计算，则日处理能力为 70703t/d，参照图 2-24，样本矿山铁矿石的功率能力中间值取 1t/(kW·d)，则所需安装功率为

$$70703 \div 1 = 70703(\text{kW})$$

参考目前的生产实践，拟采用两个系列，自磨机与球磨机采用 1∶1 配置，故每个系列安装功率为 35400kW，自磨机安装功率以 20000kW，球磨机为

15400kW。自磨机拟为 ϕ11.6m×7.62m，球磨机为 ϕ7.92m×12.80m。

按照选取的磨机规格，其磨矿回路的容积能力为24.64t/(m^3·d)。

根据式（2-15）$q_{vFe}=19.50q_{NFe}+0.45$ 计算所得容积能力为19.95t/(m^3·d)。故选型所得容积能力偏高，即磨机规格偏小，因此，需调整磨机规格。由于球磨机对矿石性质变化的敏感度很小，故只需调整自磨机规格，增加自磨机长度，参照类似的矿山经验和设备厂家的规格，选取自磨机规格为 ϕ11.6m×11.6m，调整后的磨矿回路容积能力为19.06t/(m^3·d)，故满足式（2-12）要求。

因此，该铁矿选矿厂磨矿回路采用两个系列，每个系列为1台 ϕ11.6m×11.6m 自磨机，安装功率20000kW，1台 ϕ7.92m×12.80m 球磨机，安装功率为15400kW（或两台7700kW）。

顽石破碎回路建议采用MP1000两台，一用一备。

对于顽石破碎回路的采用，如果处理的矿石中含有强磁性矿物如磁铁矿或磁黄铁矿，则需要有针对性的措施将顽石中的钢球与磁性矿物选择性地分离以保护好顽石破碎机不受损坏。

半自磨—球磨磨矿回路的设备选择计算方法相比于常规碎磨流程中球磨机的选别计算则复杂得多，但其对于磨矿所需体积和功率则是相通的，只是不同的计算方法选取的基点不同，因此采用实际生产数据回归所得到的方程有其局限性，其代表性强，却无法采用个体矿山的数据准确进行计算，但其可以参照类似生产矿山的数据进行准确的评估，且其随着生产矿山的不断增加和生产数据的陆续加入，其预测的准确度也会越来越高。

参 考 文 献

[1] 杨松荣．国外自磨技术的应用［J］．有色金属（选矿部分），1993，(1)：27~32.

[2] 杨松荣．大型球磨机选择计算的几点看法［J］．有色矿山，1991，(6)：44~47.

[3] Kosick G A，C Bennett. The value of orebody power requirement profiles for SAG circuit design［C］//The 31st Annual Canadian Mineral Processors Conference，1999.

[4] Morrell S. An Alternative Energy-Size Relationship To That Proposed By Bond For The Design and Optimisation of Grinding Circuits［J］. International Journal of Mineral Processing，2004，74：133~141.

[5] Morrell S. Rock Characterisation for High Pressure Grinding Rolls Circuit Design［C］// Allan M J，Major K，Flintoff B C，et al. International Autogenous and SemiAutogenous Grinding Technology 2006. Vancouver：Department of Mining and Engineering，University of British Columbia，2006（Ⅳ）：267~278.

[6] Starkey J，Hindstrom S，Nadasdy G. SAGDesign testing-what it is and why it works［C］//

Allan M J, Major K, Flintoff B C, et al. International Autogenous and SemiAutogenous Grinding Technology 2006. Vancouver: Department of Mining and Engineering, University of British Columbia, 2006 (Ⅳ): 240~254.

[7] Barratt D, Sherman M. Selection and sizing of autogenous and semi-autogenous mills [C] // Mular A L, Halbe D N, Barratt D J. Minerl Processing Plant Design, Practice, and Control Proceedings. Vancouver: SME. 2002: 755~782.

[8] Sherman Mark. Bond is back [C] // Major K, Flintoff B C, Klein B, et al. International Autogenous Grinding SemiAutogenous Grinding and High Pressure Grinding Roll Technology 2011. Vancouver: CIM, 2011: 17.

[9] Mark Sherman. The Bonds that can't be broken [C] // Klein B, McLeod K, Roufail R, et al. International Semi-Autogenous Grinding and High Pressure Grinding Roll Technology 2015. Vancouver: CIM, 2015: 18.

[10] Morrel S. A new Autogenous and Semi Autogenous mill model for scale-up, design, and Optimization [J]. Minerals Engineering, 2004, 27 (3): 437~445.

3 自磨机/半自磨机运行的影响因素

自磨机和半自磨机的磨矿方式与球磨机相比增加了抛落功能，因此其运行的影响因素完全不同于球磨机的瀑落作用。

世界上第一台自磨机于1932年制成[1]，此后经过不断的试验、改进，于20世纪50年代末，开始应用于矿山生产。20世纪60年代后，加拿大、美国、苏联、澳大利亚、挪威及我国的许多冶金矿山的碎磨流程中都采用了自磨机。通过不断的生产实践和摸索，对自磨机或半自磨机结构部件（尤其是过流耐磨件）的形状及其耐磨性能形成了比较成熟的认识。

在自磨机或半自磨机中，以所磨矿石（或部分矿石）自身作为介质进行磨矿，由于矿石的密度远低于钢球的密度，在磨机中冲击、磨剥能量不变的情况下，需要将矿石提升至更高的高度，使其在抛落过程中达到一定的速度以产生破碎矿石所需的冲量。因此，自磨机或半自磨机的直径通常比球磨机更大，且长径比不大于1，大部分为0.4~0.6。在北欧和南非的部分矿山的自磨机长径比则大于1，类同于球磨机的长径比。

相对于自磨机，半自磨机由于磨矿过程有部分钢球的参与，使其磨矿过程对于矿石性质（主要是硬度）变化的敏感度有所降低，因而磨矿过程也相对稳定，但由于其添加了部分钢球，导致磨机内充填体密度增大，因此，同种规格下，半自磨机的机械强度和驱动功率要比自磨机大得多。

如前所述，不同于球磨机内磨矿基本不受矿石性质变化的影响，自磨机/半自磨机内的磨矿性质则是：给矿性质变化—充填体构成变化—磨矿过程变化—产品粒度变化—回收率变化（降低）。

对于选定的磨矿回路来说，处理能力是主要的性能标志，最佳的性能是在当自磨机/半自磨机和球磨机都是处于它们最大有用功率下有效地运行，不应因为某个因素影响简单地采用容易控制的方式而只偏向于半自磨机的运行控制或球磨机的运行控制，从而忽视了整个磨矿回路的运行控制。

自磨机/半自磨机内的磨矿是通过磨机内的充填体来进行的，给矿类型的变化会导致充填体的构成发生变化，进而改变磨矿能力，磨矿能力的变化又会导致磨矿负荷的变化，随着磨机对这种变化非线性方式的响应，直到达到一个新的平衡点。由于这种相互反馈回路的高度互动形式，众多影响因素参与，使得自磨机/半自磨机回路的磨矿过程稳定平衡控制变得非常复杂。

自磨机/半自磨机运行的影响因素有以下几种类型：

（1）结构因素：衬板和提升棒、格子板、矿浆提升器和排矿锥；

（2）操作因素：转速率、总充填率、钢球充填率、磨矿介质；

（3）工艺因素：矿石性质（矿石硬度、矿石耐磨性、粒度分布、矿石密度）、给矿量、磨矿浓度、循环负荷、顽石处理；

（4）综合因素：浆池。

3.1　结构因素的影响

结构因素的影响是指由于自磨机或半自磨机机械结构自身的形状和配置因素所导致的，由此引起的对处理能力的影响。影响的因素主要是衬板和提升棒、格子板、矿浆提升器和排矿锥，该类因素的优化只能通过机械结构部件的设计改进来完成。

3.1.1　衬板和提升棒

衬板和提升棒是自磨机和半自磨机正常运行的关键部件，两者是紧密相关的两个部件，可以是单独的，也可以是一体的。衬板和提升棒的主要作用有两个：一是保护筒体不受磨损，二是传递能量。把能量传递给磨机内的充填体是提升棒最主要的作用。因此，磨机内提升棒的形状和配置方式是否合适直接影响自磨机和半自磨机的运行性能。

常见的衬板和提升棒如图 3-1~图 3-3 所示。

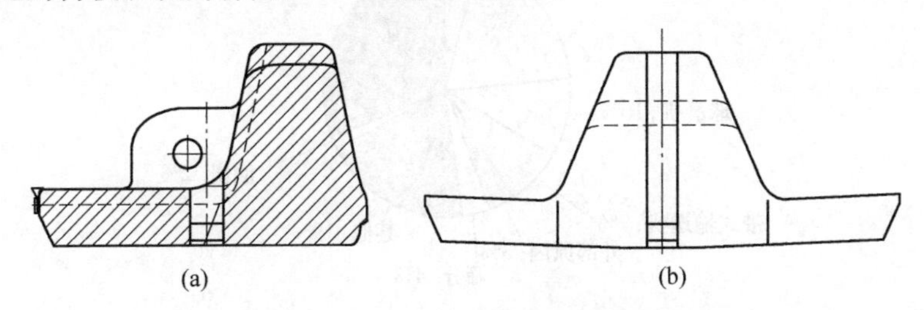

图 3-1　常见的衬板及提升棒形状

（a）L 型；（b）帽型

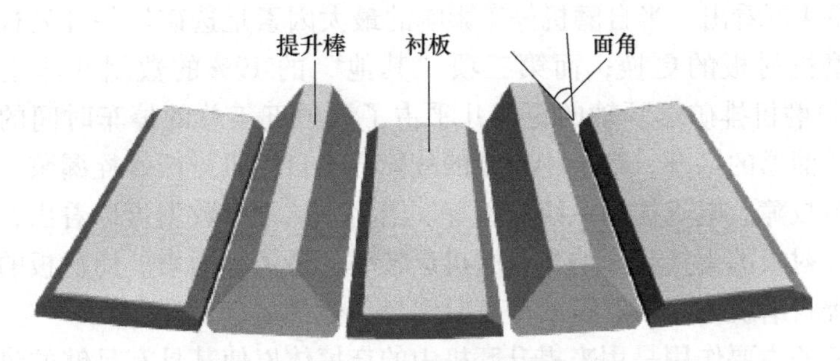

图 3-2　各自独立的衬板和提升棒[2]

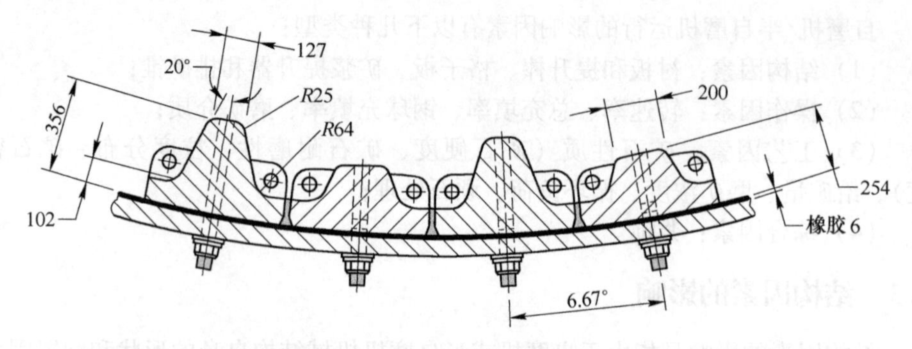

图 3-3　衬板和提升棒合一的且提升棒高低依次交替的配置形式[3]

衬板的形状、材质、强度、厚度、规格大小及提升棒的形状、面角、布置方式等决定着衬板和提升棒的使用寿命及更换时的停车时间，直接与磨机的运转率相关，是保证选矿厂运转率的关键因素之一。当衬板磨损到一定的程度或由于各种原因发生断裂时，则必须更换这些磨损或断裂的衬板，因为磨损或断裂后衬板形状的变化使得磨机中物料的运动状态发生变化，直接影响了磨矿效率。如美国的 Asarco 南选厂曾对 1996~2000 年这 5 年内影响半自磨机停车时间的因素进行过详细的统计分析，结果如图 3-4 所示。

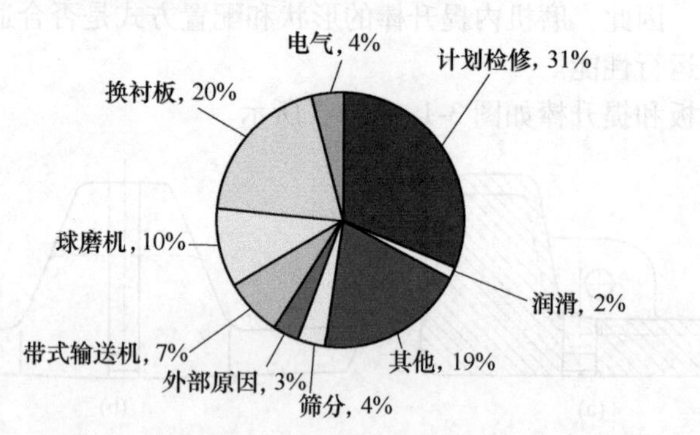

图 3-4　半自磨机停车影响因素[4]

从图 3-4 可看出，半自磨机停车影响的最大因素是选矿厂的计划检修；其次则是半自磨机衬板的更换；而第三项“其他”的 19%的数据并非正常值，仅 1999 年半自磨机排矿端耳轴的更换几乎占了该项五年总的停车时间的一半；另外还有给矿溜槽的堵塞、筛下物料泵的故障、半自磨机衬板螺栓漏浆、减速机故障、联轴节故障、电气控制系统故障等。因而，从图中数据可以看出，对于半自磨机来说，衬板的更换是影响半自磨机运转率的最关键因素。使衬板的寿命最大化成为保证自磨机或半自磨机的停车时间最小化的关键目标。

提升棒的主要作用是用来提升磨机中的充填体以使其具有足够的势能和冲量

来冲击破碎所需破碎的物料（见图 3-5），因此，充填体提升的高度、抛落的位置以及抛落的距离，都与提升棒的高度与面角相关。在磨机直径一定、转速率一定的情况下，提升棒的高度越高，则物料开始抛落的位置越高；同理，提升棒的面角越小，抛落的位置越高，抛落的距离也越远。

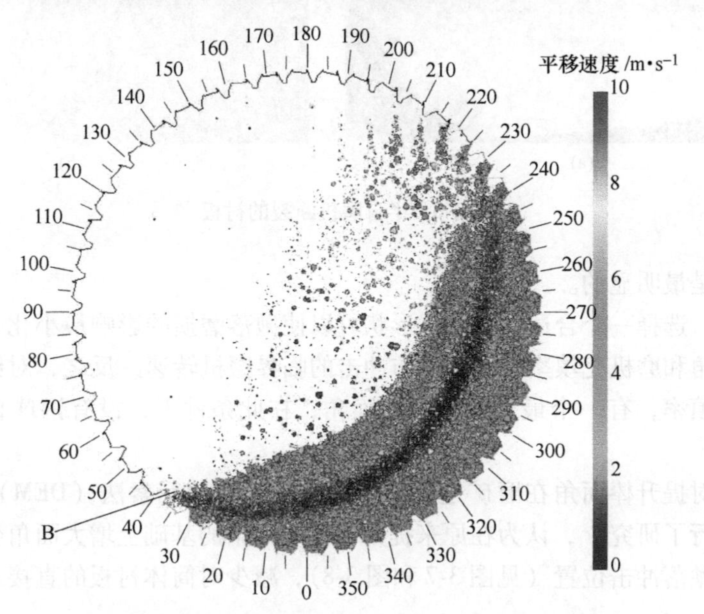

图 3-5 离散元素法（DEM）模拟的自磨机运行状态[5]

磨机运行过程中物料抛射的理想位置是位于图 3-5 中的 B 点位置，也就是充填体的趾部范围，此时，冲击粉碎的效率最高，又不损坏筒体衬板。但是，实际当中自磨机或半自磨机的给矿物理性质（最大给矿粒度及其粒度分布、硬度、湿度）是瞬时变化的，从提升棒之间所抛射出的物料颗粒相互之间的抛落轨迹是不同的，总会有部分物料由于抛射高度和抛射角的影响而冲击到筒体衬板上，即图 3-5 中 B 点左侧以上的位置，极易造成筒体衬板的损坏或断裂。图 3-6（a）所示为国内某选矿厂半自磨机断裂的衬板，图 3-6（b）所示为国外某选矿厂断裂的衬板[6]。因此，如何使磨机运行过程中的抛射物料尽可能地落入到充填体的趾部位置是提升棒与衬板设计上的关键点，同时也是自磨机或半自磨机运行控制上的关键点。

研究已经发现在所有情况下提升棒质量的损失是线性的[7]，没有例外。发生在充填体趾部的磨损量占提升棒总磨损量的 50%~75%，磨损位置主要在提升面上。另外，钢球的抛落在提升棒的上部表面带来了一个额外的物料除去作用，增加了磨损速率，并且强烈地降低了提升棒的有用寿命。所有单个部件的磨损速率随磨机转速增加而增加，提升棒提升面角的影响是最明显的，且磨损在约 75%的

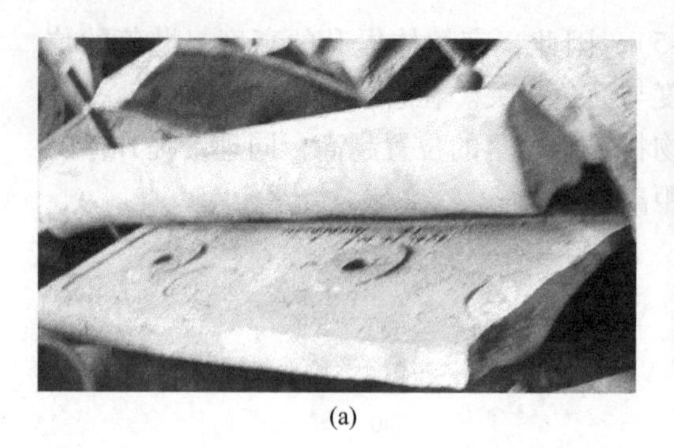

(a)

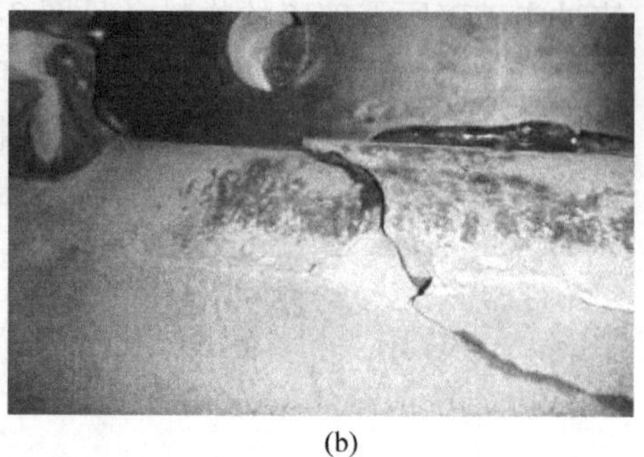

(b)

图 3-6　半自磨机断裂的衬板

转速率下是最明显的。

因此，选择一个合适的提升棒形状可以使抛落磨损的影响最小化，对给定的提升棒面角和磨机充填率，有一个防冲击的临界磨机转速。反之，对给定的磨机转速和充填率，有一个最大的提升棒面角，在此条件下，没有钢球直接冲击到衬板。

国外对提升棒面角在磨矿过程中的影响采用离散元素法（DEM）运用多轨迹模型进行了研究[8]，认为在原来提升棒传统面角的基础上增大面角会有助于改善钢球的抛落冲击位置（见图 3-7 和图 3-8），减少对筒体衬板的直接冲击。

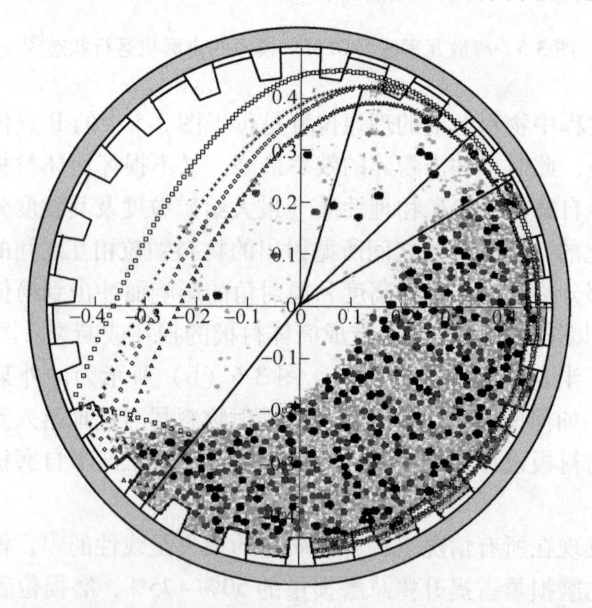

图 3-7　DEM 模拟的提升棒面角为 5°、转速率 80%条件下钢球抛落状态

另外，传统上自磨机或半自磨机内的提升棒数量是磨机直径英尺数值的 2

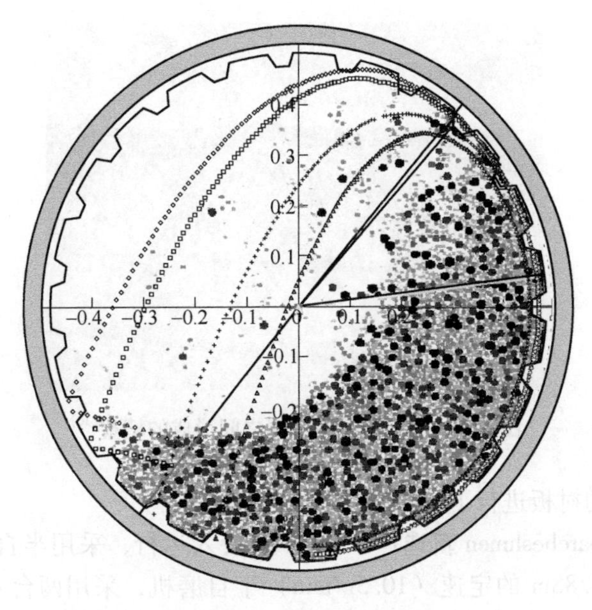

图 3-8 DEM 模拟的提升棒面角为 30°、转速率 80%条件下钢球抛落状态

倍，即 32 英尺（1 英尺=0. 3048m）磨机的提升棒数量为 64 排，36 英尺磨机的为 72 排，但实际生产中则应根据各自矿山的矿石性质确定，如果矿石中含有黏土类矿物，或软的矿石成分，或其他易黏结的矿石成分，则极易引起提升棒之间空间的填塞[9,10]（见图 3-9 和图 3-10），特别是更换为新的衬板和提升棒之后更易形成填塞。填塞形成之后，会直接影响磨矿介质的抛落作用，进而降低磨矿效率。此种情况下，需要适度增大提升棒之间的距离，以减少填塞形成的可能性。部分矿山还采用了高-低型提升棒的配置，如巴西的 Sossego 铜矿的直径 11. 58m（38 英尺）半自磨机则采用新的提升棒使用磨损到一定高度后，隔一抽一更换为新的提升棒，就形成了提升棒之间高-低-高的配置形式[11]。

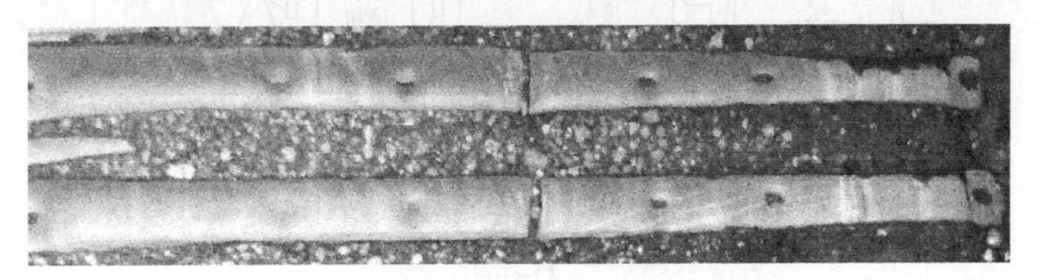

图 3-9 半自磨机提升棒之间形成的填塞[9]

为了提高衬板的使用寿命，许多矿山从不同的角度提出了各种不同的方法，如增加衬板高度；改变提升棒的形状和面角；减少衬板的数量等。在一些特殊的场合对破裂的衬板进行焊接也能延长衬板的寿命。一些矿山也根据各自的生产实

图 3-10　半自磨机提升棒之间形成的填塞[10]

际对半自磨机的衬板进行了优化和改进。

如伊朗的 Sarcheshmen 新选厂于 2005 年投入运行，采用半自磨+球磨流程，一台 ϕ9. 75m×4. 88m 的定速（10. 5r/min）半自磨机，采用两台 4100kW 的电动机驱动，电动机可以双方向转动；一台 ϕ6. 7m × 9. 9m 的球磨机，采用两台 4100kW 的电动机驱动，与 ϕ660mm 旋流器闭路。半自磨机的给矿粒度为 175mm 以下，是旋回破碎机的产品。半自磨机的排矿给到一台振动筛，筛孔 5mm。筛上物料返回半自磨机，筛下产品与球磨机排矿一起送到旋流器。旋流器底流给到球磨机，溢流细度为 P_{80} = 90μm，直接去浮选，如图 3-11 所示。

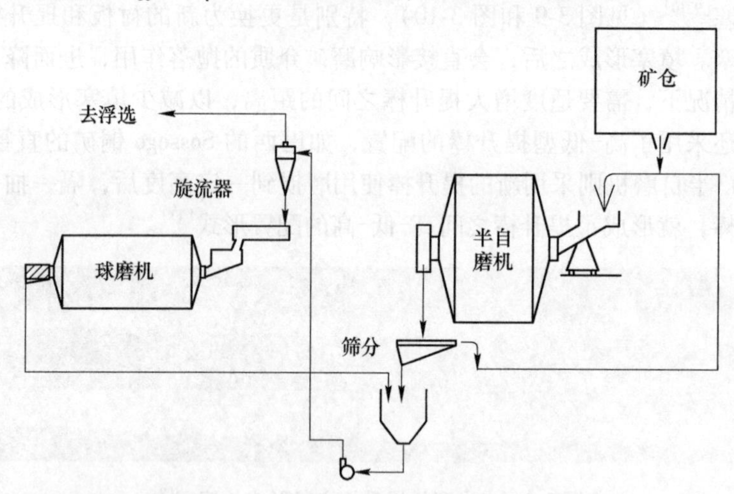

图 3-11　Sarcheshmen 新选厂磨矿流程[12]

其半自磨机筒体内衬设计为两列，每列 60 块轨形的衬板。衬板是铬钼钢铸件，硬度为 BH325 ~ 375，提升棒高度 152mm，根据制造商的建议，当提升棒的高度磨掉 2/3 时就要更换。半自磨机衬板的主要特征见表 3-1。半自磨机设计的工作参数见表 3-2。

表 3-1　半自磨机衬板特点及数量

体积/m^3	质量/kg	长度/mm	断面积/cm^2	每列数量	轴向提升棒数量
0. 1407	1130	2084	672	60	2

表 3-2　半自磨机设计参数

充填率/%	补加球规格/mm	充球率/%	产品粒度/mm	运转率/%
35	125	15	<5	85

在运行的前 7 个月中，半自磨机的运转率为 47%，远低于设计值 85%。其中更换衬板对停车的影响值是 13%，而设计值是小于 2%。同期内，不同的时间间隔更换了 70 块破碎的衬板。主要原因是由于操作条件不当（磨机无矿运行、矿石类型变化大），磨机频繁开停（平均 23h 停 1 次）和缺少操作经验。在 Sarcheshmen 厂，平均更换一块衬板的时间至少 1. 5~2h，和在正常条件下平均 15~20min 更换 1 块相比是相当高的。为此，他们开始着手调查衬板的情况，目的是增加衬板的平均寿命。

一般的情况下，摸清楚衬板的磨损情况是对衬板假定一个一致的磨损轮廓，然后测量衬板的断面，某些情况下测量几个断面的平均值。在放置了测量装置（该测量装置通常由放置在衬板上的针组成）之后，这些针的长度被标记在纸上。通过把纸上的标记转化成表示每个针的长度的数值，就得到衬板的断面。然后，通过在确定的时间间隔内把不同时间的轮廓与原始轮廓比较，磨损速率可以计算出来。而这次，他们提出了一个新的方法。

在这个新的方法中，要采用一个装置来准确地测量断面，并且需要一个 3D 模型软件。在设计这个装置中，要考虑精确、质量轻、易使用和单人操作的可操作性。由于磨机计划停车的时间非常短，因此要使测量能够尽可能快地完成。他们设计的测量装置采用铝材制成，规格为 30mm×50mm×580mm，质量为 4kg，装置的主要部分有特定间隔的孔，如图 3-12 所示。

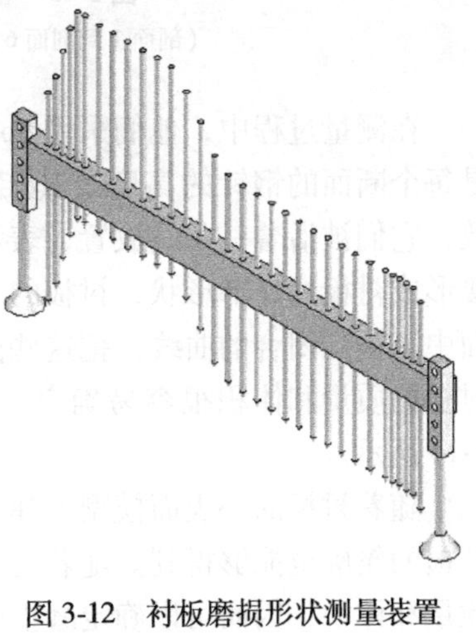

图 3-12　衬板磨损形状测量装置

由图 3-12 可知，该装置上孔与孔之间的距离是不同的，是依据于半自磨机衬板磨损形状的初步研究确定的，衬板的某些部位坡度变化大，则孔距小以增加记录的形状的精确度；而在坡度变化小的部位，孔距则大。该装置的主体内部插入一块带孔的橡胶，橡胶上的孔和主体上的孔是一致的。每一个孔内插有一个 290mm 的不锈钢针，该特点是易于不锈钢针的上下移动，橡胶的弹性使钢针在测量时保持其位置，因而，不需要使用螺丝来固定钢针。在装置的两端，安装了两个最大高度 310mm 的可调支撑，根据磨损的程度可以缩短或伸长。在支撑的底部位置插入了两块小的磁铁，当在筒体内工作时，可以使装置吸附到筒体上。在磨机内使用该装置时非常容易，当装置放在沿衬板的特定位置，钢针根据衬板的形状成型，然后将装置从衬板上移出，放置靠在刻有读数的薄板上可以准确地读出针的高度。根据磨损形状确定沿衬板测量的断面数量，均匀形状的断面数量比非均匀形状的断面数量少。总之，断面数量越多，在每个测量断面之间的距离越短，测量的磨损形状就越准确。他们在测量中，对每一块衬板沿长度方向测 6 个点，形状的测量如图 3-13 所示。

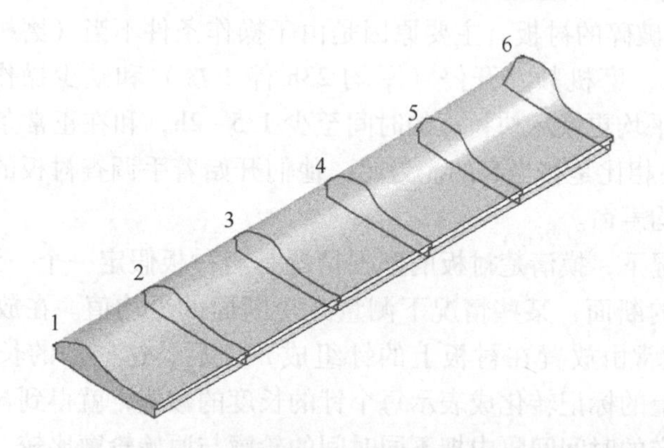

图 3-13 在每块衬板上测量剖面的位置

（剖面 1 到剖面 6，剖面 1 是靠磨机给矿端最近的剖面）

在测量过程中，他们采用 Solidsworks 软件建立了 3D 衬板模型，输入的数据是每个断面的钢针的高度及其相应的位置，与每个测量的断面之间的距离相一致，它们被沿着一条线放置，表示实际的衬板长度（见图 3-12），然后把断面连接形成衬板的外部形状，衬板的表面积可以准确地计算。把低的断面加到这些剖面中，得到闭合的曲线，把这些曲线连接起来，就得到了 3D 形状的衬板，此时，衬板的质量和体积很容易确定。由 120 块衬板组成的完整的磨机衬板模型如图 3-14 所示。

随着衬板的外表面模型的建立，由于磨损而造成的表面变化能够计算出来，磨损的轮廓也能够得到。随着时间的迁移，衬板的 3D 模型能够提供每一阶段的质量和体积，因而可以确定磨损的速率，该阶段衬板寿命的估计和衬板的更换时间也可以得到。通过标记模型中衬板的裂缝和破碎的情况，可以得到衬板裂纹开始或破裂的趋向。由于磨机的质量因磨损而降低，这个模型可以用来解释轴承压力的变化，也是磨机操作中的控制参数，利用这个参数的目的是保持磨机中充填料位的恒定。

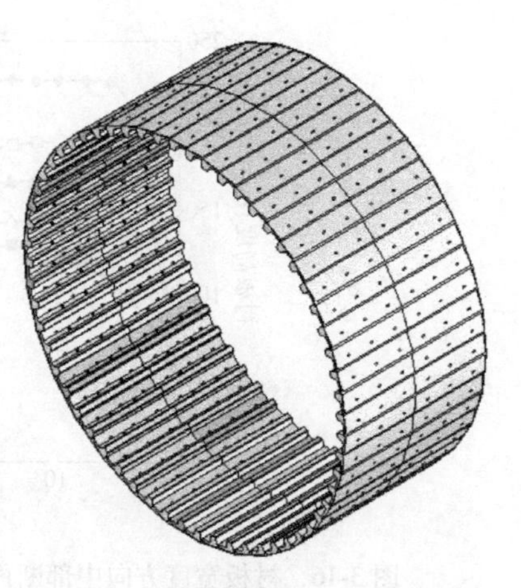

图 3-14　半自磨机衬板的 3D 模型

测量装置的支腿所放置的基准面是很重要的，因为在整个测量过程中都要保持恒定，也就是说，要有一个固定的基准面高度。在测量时，测量装置的支腿放在邻近衬板的板面上，由于长时间的磨损，板的高度降低，所以测量值需要适当地调整。该装置可以用来测量完全磨损的衬板沿衬板长度上 6 个点的提升棒的高度，根据运行的时间和测量的断面所在的位置，把一个基准值加到所测的提升棒高度上。

图 3-15 所示为对一块衬板在运行 4475h 后，沿衬板长度方向测量 6 个点后得到的磨损形状。断面 1 是从给矿段起的第一个断面，断面 6 是衬板长度段的最后一个断面。前三个断面的磨损速率，特别是第一个，与后面的三个有很大的不同。沿衬板宽度 10cm 的位置，前三个断面在提升棒高度上的平均磨损在运行 4475h 后是 63%，而后三个断面是 85%。从断面 1 到断面 6 的方向，提升棒从平顶变化成斜坡，这表明磨损速率增加。另一个变化是从断面 1 到断面 6，在衬板宽度后 25cm，从平直变成曲线，这个表明在衬板宽度方向上后半段的提升作用与前半段相比更多。在衬板的寿命期内磨损情况的变化如图 3-16 所示。在 6 个断面中，选择断面 3 来表示寿命周期内的轮廓变化。

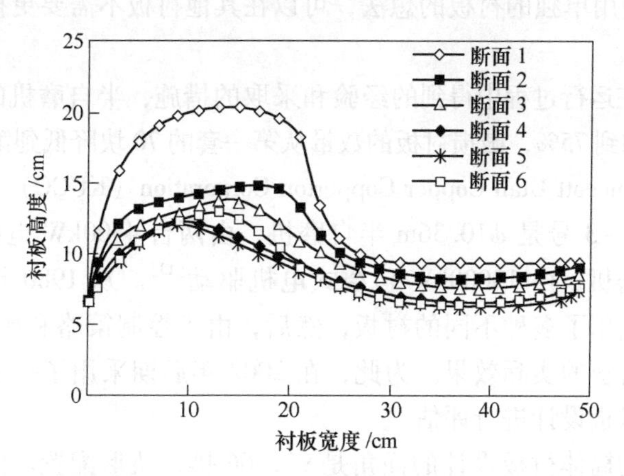

图 3-15　衬板运行 4475h 后沿衬板长度方向 6 个点的磨损形状

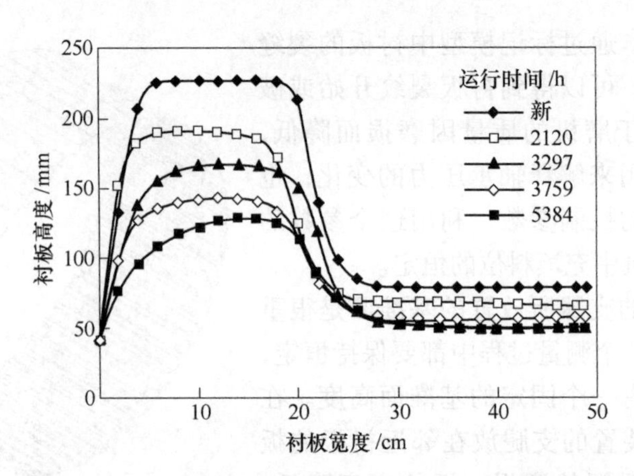

图 3-16 衬板宽度方向中部断面（即断面 3）寿命周期内提升棒轮廓的变化

根据对衬板磨损研究的结果，Sarcheshmen 新选厂得到以下结论：

（1）采用新的测量装置和软件提出了一个新的建立衬板的 3D 模型的方法。

（2）该方法能够在任何给定的运行时间内提供衬板的磨损断面和衬板质量，精确度为±5%。

（3）新选矿厂半自磨机的磨损断面在衬板长度方向上是不一致的，沿衬板宽度方向特定位置的磨损差别为 42%。

（4）由于非均匀磨损断面，根据提升棒高度计算的衬板使用时间差异是非常大的，可达 1.6 倍。而根据磨机的中间部分能够提供更实际的衬板寿命时间。

（5）半自磨机前半部分衬板的磨损速率高于后半部分，前后两部分的磨损速率分别是 19.1g/t 和 17.1g/t。

（6）磨损最快的区域位于磨机长度方向的 1.25m 和 2.5m 之间，这就促使提出了对该部分使用单独的衬板的想法，可以在其他衬板不需要更换的情况下进行更换。

（7）由于在运行过程中得到的经验和采取的措施，半自磨机的有效运转率从原来的 47%增加到 75%，破损衬板的数量从第一套的 70 块降低到第二套的 2 块。

美国的 Kennecott Utah Copper Copperton Corporation（KUCC）选矿厂有 4 台半自磨机，其中 1～3 号是 ϕ10.36m 半自磨机，由两台 4500kW 电机驱动。4 号是 ϕ10.97m 半自磨机，由 13000kW 包绕式电机驱动[13]。从 1980 年代中期投产以来，已经设计使用了多种不同的衬板，然后，由于控制策略和矿石性质的变化，很难确定每种衬板的实际效果。为此，在 2002 年后期采用了一个专家控制系统来对这些新的衬板设计进行评估。

最初磨机的筒体衬板设计的面角是 9°，66 排，轨形配置。然而随着时间变化，磨机的高转速使得大量的衬板损坏，后来对衬板进行了多次改进设计。已经安装过的衬板型号如下：（1）9°面角，66 排；（2）22°面角，66 排；（3）30°面角，66 排；（4）22°面角，44 排。

最初的性能表明 22°面角/66 排布置的衬板（见图 3-17）是最经济的。然而，进一步的试验表明，22°面角/44 排配置的衬板比 22°面角/66 排配置的衬板在处理能力上更好，但衬板寿命上有所降低。在做所有的这些试验时，Copperton 所有的磨机转速率都在 80%以上。

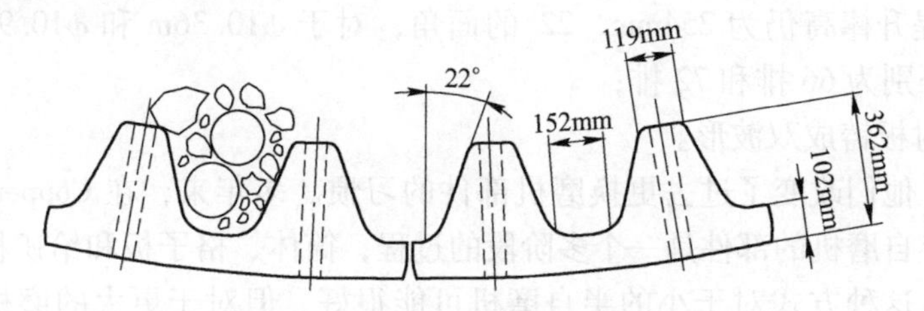

图 3-17　22°面角/66 排双波衬板

半自磨机筒体衬板的破损经常是由于衬板提升起的钢球对另一端衬板的高冲击所致，一般情况下，在高的充球率（如大于 10%）和低的充填率（如小于 20%）会更进一步的增大对衬板的冲击[14]。从衬板上大量的球冲击痕迹和金属变形看是很明显的。这个事情往往通过降低衬板的硬度和增加厚度以应对冲击来进行补救，但是，这也会导致衬板更耐破损却也会引起更多的金属变形，这种金属变形将使铸件在接合处的压力增大，最终导致即使不断裂也会破损。在试验期间，采用了高转速使钢球直接冲击衬板以放大这种效应。

在 2003 年 3 月，进行的试验则是使钢球在运行过程中直接抛落到球荷的趾部，以减少球荷对衬板的冲击。试验表明提升棒的间隔越宽，球的轨迹越无法控制。从试验时磨机的声音可以清楚地表明，从提升棒减少的磨机中有比提升棒配置更密的磨机中更强的破坏性的声音。

此外，衬板的破损也与衬板更换的策略有关，经常是外面的给矿衬板或格子板更换了，但筒体衬板没有更换。这会使介质更多的提升到磨机的端部而冲击筒体衬板。所观察到的衬板破损直接与衬板更换的不一致有关。

试验表明，提升棒间隔越宽，冲击衬板的球会越多，这是由于更多的球会从衬板上的抛出点抛出。安装的磨机声音控制装置减少了诸如给矿机无矿、磨机无负荷、超速等会导致破损现象的次数。由于过去的衬板研发考虑的因素很多，导致形状复杂，使衬板的铸造工艺变得复杂，因而将这些衬板进行整理以减少这些复杂的设计给铸造带来的困难。如：

（1）取消螺栓孔周围的凸台；

（2）减小吊耳的根台；

（3）去除了衬板和充填吊环端的锯齿；

（4）保证螺栓孔和座圈的匹配，对螺栓要保证适度钳位；

（5）在筒体中部的双锯齿波也取消了，改为单齿波，但这对生产不重要，但对换衬板很重要，而且成一定角度，这样使给矿端筒体的衬板能够在敲击时先落下来。

改进后的衬板基本结构如下：

（1）板厚从76mm改为102mm，使得使用周期更长；

（2）提升棒高仍为254mm，22°的面角，对于ϕ10.36m和ϕ10.97m的磨机衬板配置分别为66排和72排；

（3）衬板铸成双波形。

同时，他们改变了过去更换磨机部件的习惯。多年来，在Copperton更换高度磨损的半自磨机的部件是一个多阶段的过程，筒体、格子板和给矿板在不同的时间更换。这种方式对于小的半自磨机可能很好，但对于更大的磨机就有疑问了，更换衬板作业的准备、完成和清理需要相当多的时间。他们成功地设计和实施了一个在单次停车期间有效更换所有高磨损件的方法，当然也是由于增加了铸件的规格、减少了部件的数量以及从RME购买了一台搬运能力为4536kg的衬板机械手，增大了部件的提升能力。从而大大地减少了更换磨机衬板所需的时间。

从2004年9月至今，没有发生过由于衬板破损而导致的非正常停车，如图3-18所示，这使得半自磨机的运转率从最佳化项目开始时的92.5%，增加到2005年的95.8%，如图3-19所示。所有高磨损部分的衬板（筒体、外部给矿、格子板）寿命已经达到30周以上，更换时间由于更大的衬板和更换效率的提高已经从72h减少到52h。

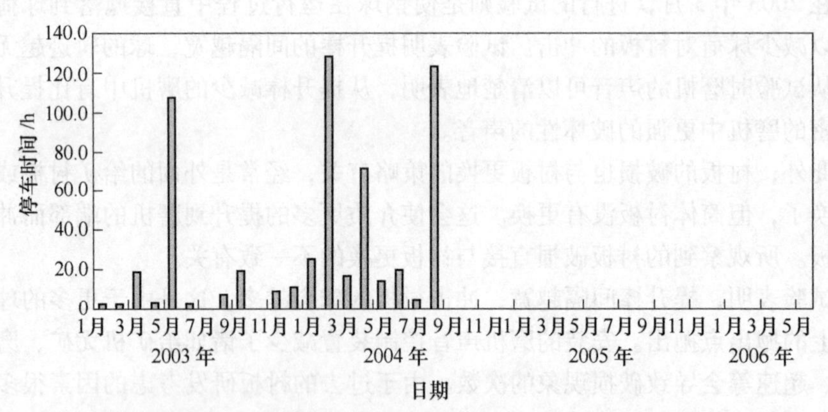

图3-18 由于衬板破损造成的停车时间（2003~2006年）

KUCC根据从衬板使用过程中得到的经验，已经形成了必须严格遵循的衬板管理守则，如：

（1）在磨机排矿端，决不能跨间隔放置衬板，也就是说，不能采用双格子

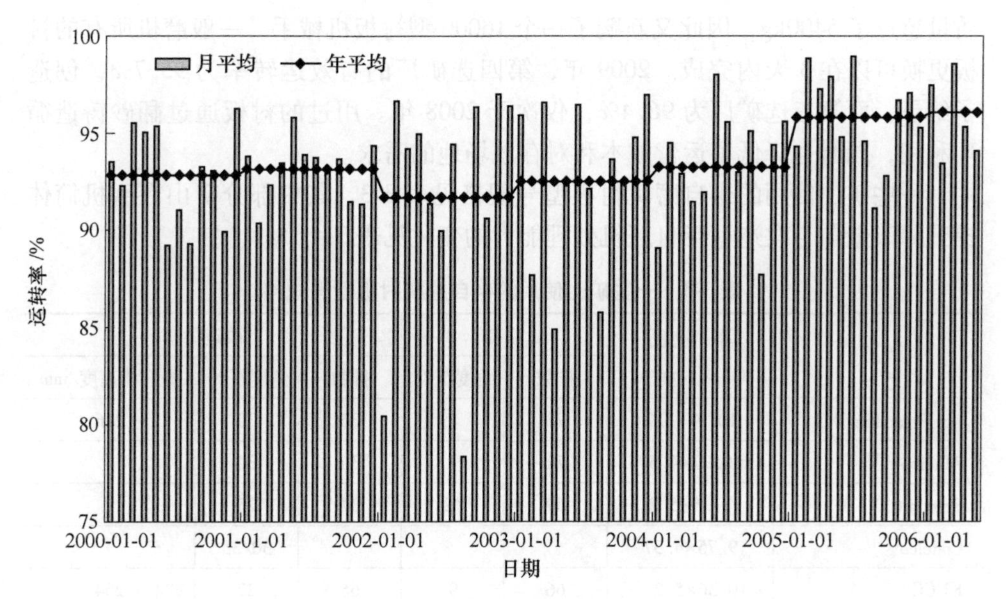

图 3-19 半自磨机运转率

板给入单矿浆提升器；

（2）更换所有的高磨损部件，也就是说，筒体、格子板和外给矿的衬板不管条件如何，同时更换；

（3）保证排矿格子板的条形孔延伸到充填物料以上；

（4）保证提升器的入口间隙小于两个钢球的直径。

再如 Freeport 印尼公司两个新选厂均采用半自磨机，第三选矿厂是一台 ϕ10.4m、装机功率 13000kW 的半自磨机，和两台 ϕ6.1m、装机功率 6500kW 的球磨机；第四选矿厂为一台 ϕ11.6m、装机功率 20000kW 的半自磨机，和四台 ϕ7.3m、装机功率 10000kW 的球磨机。

半自磨机的衬板优化首先考虑的是第四选矿厂 ϕ11.6m 的半自磨机，因为该磨机处理能力大，待其改进后又应用到 ϕ10.4m 半自磨机上。第四选矿厂的半自磨机最初装有 69 排面角为 12°帽式设计的衬板，这种设计增加了衬板损坏的风险，由于球的轨迹在正常运转速度下必然冲击充填体趾部边沿上部的筒体。半自磨机现在采用 25°的提升棒，降低了钢球对筒体的冲击，改善了衬板的阻力，使运行更稳定。

2006 年，半自磨机的格子板根据实际情况，重新设计成不同的厚度，以满足至少 7 个月的寿命，之前的格子板 5 个月后就需要更换。第四选矿厂半自磨机的给矿端衬板已经重新调整，从 23 块减少到 16 块。2007 年，该矿在两台半自磨机上均安装了双波筒体衬板，以减少提升器衬板的数量，第一台半自磨机从 60 排减到 30 排，第二台半自磨机从 69 排减到 34 排加一个单波排。由于一些衬板质量超过了 5400kg，因此又新购了一个 16000 型衬板机械手。一般磨机所有的衬板更换可以在 3 天内完成。2009 年，第四选矿厂的有效运转率为 95.7%，创造了纪录；而第三选矿厂为 96.4%，仅次于 2008 年。用过的衬板通过翻砂铸造循环利用，同时也降低了运营成本和对存放场地的需求。

一些矿山使用的半自磨机衬板型号规格见表 3-3。其中部分矿山在磨机筒体提升棒改造前与改造后半自磨机处理能力的变化见表 3-4。

表 3-3　一些矿山使用的半自磨机衬板型号规格

矿　山	半自磨机	原有		改造后		
	(ϕ×L)/m×m	排数	角度/(°)	排数	角度/(°)	提升棒高度/mm
Los Pelambres[10]	10.97×5.2	72	8	36	30	216
Alumbrera[15]	10.97×4.57	72	7	36	30	
Freeport[16]	11.6×5.8	69	12	34	25	
Codelco[17]	9.75×4.57				30/35	
KUCC	10.36×5.2	66	9	66	22	254
Candelaria[18]	10.97×4.57	72	8/10.4/20	36	35	356
Cadia[15,19]	12.2×6.1	78	12	52	30	422/300
Prominent Hill[6]	10.36×5.18		19		25	
Cortez Mine[20,21]	7.92×3.96	52	17	26	28	229
Gol-E-Gohar[22]	9 × 2.05	36	7		30	225
Collahuasi[15,23]	9.75×4.57	64	6/17	32	30	
BHP-OK Tedi[15]	9.75×4.88	64	10	64	15	
Escondida[15]	10.97×5.79	72	8.5	36	20	
Kemess Mine[15]	10.36×4.7	64	7	32	20	
Mount Isa[24]	9.75×4.88	60		40	20	
Highland Valley[25]	9.75×4.72		<20		20	
Ernest Henry[26]	10.4×5.1		9		21	225
Fimiston[27]	10.97×4.88	72	7	42	30	
Inmet Troilus[28]	9.14×3.96	60	15	40	30	229
Batu Hijau[29]	10.97×5.79	72	12	48	22	
Northparkes[30]	7.32×3.6		18			190
Northparkes	8.5×4.3		9		25	230
Yanacocha[3]	9.75× 9.75	54	20	36	30	230
Chirano[31]	6.0×3.7	40	20	40	20	350（原为 261）
Pueblo Viejo[32]	9.75×4.90		30		25	381（原为 241）

表 3-4 部分矿山半自磨机提升棒面角变化对磨机处理能力的影响[33]

矿 山	半自磨机 ($\phi\times L$)/m×m	原设计	第一次改变后	采用 Millsoft 改进后	处理能力
Collahuasi	9.75×4.57	6°	11°	30°	增加 11%
Candelaria	10.97×4.57	10°	20°	35°	增加 15%
Los Pelambres	10.97×5.2	8°	—	30°	增加 10000t/d

一些不同矿山采用的衬板和提升棒如图 3-20 和图 3-21（其中图 3-21（b）[34] 中重叠图中深色为修改后的高-低配置提升棒，浅色为原来的单一高提升棒配置）所示。

(a) (b)

图 3-20 半自磨机的提升棒（a）及衬板提升棒（b）

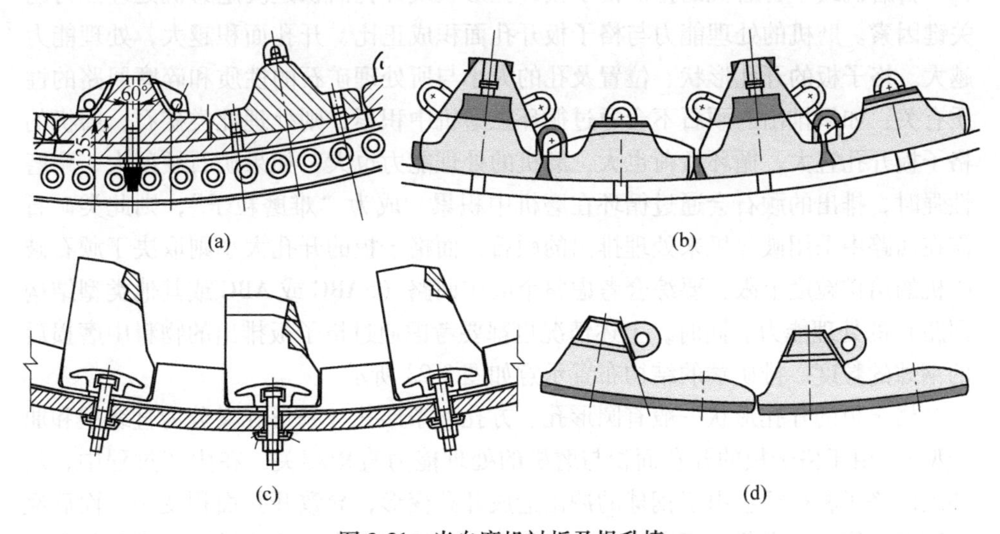

(a) (b)

(c) (d)

图 3-21 半自磨机衬板及提升棒

3.1.2 格子板

格子板（见图3-22）是自磨机或半自磨机中的最关键部件，它的合适与否决定着磨机的处理能力和排矿粒度，它控制磨矿过程中顽石的产出量、匹配与后续球磨机之间的功率平衡。因此，格子板的安装位置、开孔方式、开孔大小及开孔面积都与所处理的矿石物理性质（硬度、耐磨性、含泥量等）直接相关。

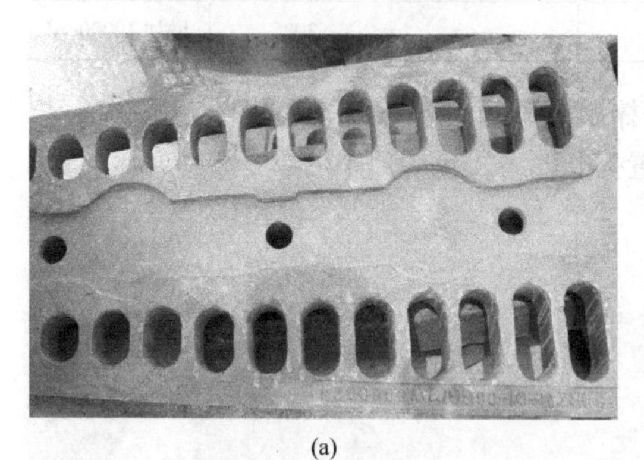

(a)

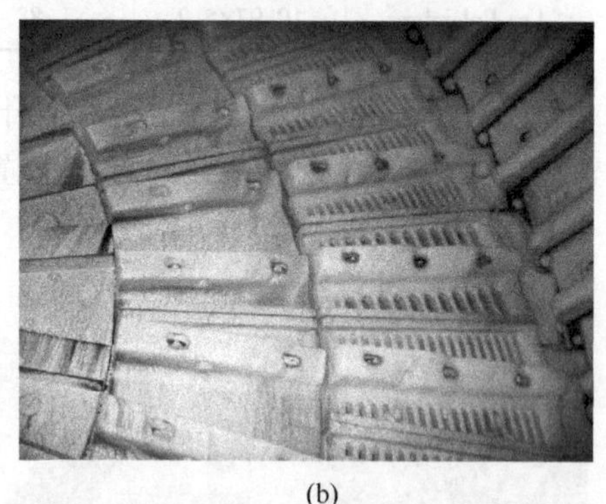

(b)

图3-22 半自磨机排矿格子板（a）及使用中的格子板（b）

当处理的矿石耐磨性强时，“难磨粒子”（顽石）易于在磨机中积累，需要增大格子板开孔尺寸（砾石窗），以利于这些“难磨粒子”排出并给到顽石破碎机破碎；当处理的矿石耐磨性弱时，则需适当控制格子板的开孔尺寸，即减少“砾石窗”，以保持处理能力和产品粒度的平衡。

自磨机或半自磨机的排矿格子板开孔形状及开孔面积是决定磨机处理能力的关键因素。磨机的处理能力与格子板开孔面积成正比，开孔面积越大，处理能力越大。格子板的开孔形状、位置及孔的大小与所处理矿石的性质和碎磨回路的性质有关：如果排出的顽石不会通过循环在磨机中积累，则处理此类矿石，磨机的格子板开孔宜大，循环负荷也大，磨机的处理能力也大；如果矿石硬度大、耐磨性强时，排出的顽石会通过循环在磨机中积累，成为“难磨粒子”，则此类矿石需在回路中采用破碎机来处理排出的顽石，而格子板的开孔大小则取决于顽石破碎机的给矿粒度上限，要综合考虑整个磨矿回路（SABC或ABC或其他类型结构回路）的处理能力。同时，上述情况也都要考虑通过格子板排出的物料中磨损后的钢球的粒度。排矿端的结构布置示意如图3-23所示。

格子板的开孔形状一般有圆形孔、方孔和条形孔（条形孔又分为直线型和曲线型），由于格子板的开孔面积与磨机的处理能力直接相关，在生产过程中，新装上的格子板往往会由于钢球的冲击造成开孔变形，导致开孔面积变小，而后经过不断的磨损，孔径又逐渐变大，使开孔面积逐渐变大，从而导致磨机的处理能

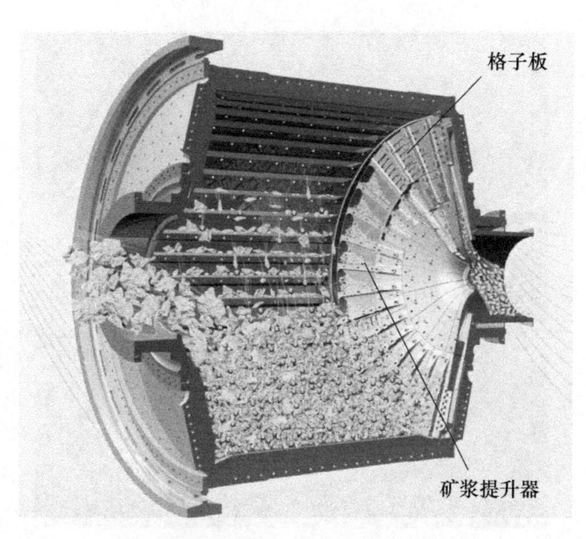

图 3-23 自磨机（半自磨机）的排矿端盖配置结构示意图[35]

力出现一个“正常—减小—正常”的现象。表 3-5 是一个矿山对其半自磨机的格子板孔径变化的现象进行的跟踪检测结果。

表 3-5 格子板开孔尺寸随使用时间变化的检测结果[18]

运行时间/h	开孔尺寸/mm	运行时间/h	开孔尺寸/mm
0	63.5	3523	72.9
205	60.5	3806	70.1
646	57.9	4105	73.7
1311	59.9	4704	74.9
1594	59.9	5157	77.5
1733	61.0	5809	80.0
2848	70.1		

要解决上述格子板开孔面积的变化，就要考虑避免由于钢球冲击而造成的孔径的变化。为了解决上述问题，有人考虑在格子板的开孔之间增加了一个凸台(见图 3-24)，由于凸台的存在，使得钢球冲击格子板时，首先和凸台发生接触，从而避免了钢球对孔的边缘的冲击，避免了孔径因冲击引起的变化。

格子板的形状、规格、开孔的形状和位置、开孔面积等与矿石的物理性质(如硬度)、磨机的运行参数（转速率、充填率、充球率、磨矿浓度等）及其处理能力等密切相关，不同的矿山不尽相同。

格子板一般情况下均安装于紧靠磨机筒体的一排，其开孔面积的大小和规格取决于顽石量和矿浆流量，根据 Dominion 工程公司的经验数据（曲线形矿浆提

图 3-24　在格子板开孔之间增加凸台的格子板[42]

升器)[36]，不管是小长径比还是大长径比的磨机，其开孔面积：按顽石计算为 0.17742m²/(t·h)；按矿浆流量计算为 366.12m³/(h·m²)。

根据上述数据，对于给定的磨机直径，如果计算所需的开孔面积超过了其有效的开孔面积，则需要考虑调整增大磨机的直径，以满足所需的开孔面积。

排矿格子板的设计要使过大的物料和钢球保留在磨机内，使产品排出。经常采用砾石窗以使较大的矿石排出，但砾石窗也会使中间粒级的物料排出。

新的格子板的开孔面积能够从图纸上计算得出，对磨损的格子板应当对条缝宽度抽样以检查磨损的宽度。

格子板开孔的相对径向位置是一个用来估算开孔面积定位靠磨机边缘多远的数字，见方程（3-1）。事实上它是一个开孔面积被磨机直径相除后得到的平均径向位置，可以对一块格子板，也可以对代表整个格子板的任何一组格子板进行计算。

$$\text{相对径向位置} = \frac{\sum_{\text{所有条缝}}(\text{条缝面积} \times r_{\text{slot}})}{\text{总开孔面积}} \times \frac{1}{R_{\text{mill}}} \tag{3-1}$$

式中　R_{mill}——磨机到衬板的半径；

　　r_{slot}——每个条缝到磨机中心线的径向距离。

研究发现这个因素对矿浆的排出能力有着很强的影响[37]，因此在任何的格子板评估中考虑它是很重要的。

表 3-6 所列为一些矿山使用的半自磨机排矿格子板规格。

表 3-7 所列为 Sossego 铜矿半自磨机排矿格子板运行调整的过程。

图 3-25 所示为部分矿山半自磨机使用的格子板配置。

表 3-6 一些矿山使用的半自磨机排矿格子板规格

矿山	半自磨机 ($\phi \times L$) /m×m	原有			改造后			转速/r·min^{-1}	
		开孔面积	孔的规格 /mm	钢球 /mm	开孔面积	孔的规格	钢球 /mm	改造前	改造后
Los Pelambres[10,38]	10.97×5.2	4.03m^2	25	100	7.53m^2	73mm	140	9.5	74%~78%
Freeport[16]	11.6×5.8	11%	38	105		50/60mm		8	9.5
Codelco[17]	9.75×4.57		63.5/19			76/63.5mm			
Candelaria[18]	10.97×4.57		63.5	127		76.2mm	140		
Cortez Mine[20,21]	7.92×3.96	7%	70×70				127		
Collahuasi[15,23]	9.75×4.57		ϕ25			ϕ50mm			
Ernest Henry[26]	10.4×5.1			90			105	80%~95%	
Ft. Knox[39]	10.36×4.65							81%	77%
Lefroy[40]	10.72×5.48	9.8%	70	125	5.7%				63.9%
Inmet Troilus[28]	9.14×3.96			127			133	78%	74%
Batu Hijau[29]	10.97×5.79		25/60			80/60	133		
Laguna Seca[41]			38			65	127		
Northparkes[30]	7.32×3.6	13%~14%(4.56m^2)	65×50		10%~11%			76.6%	76.6%
Northparkes	8.5×4.3		200×35						78%
Yanacocha[3]	9.75×9.75	14.34%(0.238m^2)	25×50		12.05%(0.20m^2)	25×50/80×50			

表 3-7　格子板开孔及开孔面积调整过程[11]

代次	砾石孔/mm	开孔面积 /cm^2	格子 板数	总面积 /cm^2	开孔面积 /%	时间	通过能力 /t · h^{-1}
第一代	63.5	2645	32	84627	8.6	2004.4~2004.12	1205
第一和 第二代	63.5 76.2	2645 2974	22 10	58181 29744	8.9	2004.12~2005.2	1247
第二代	76.2	2974	32	95181	9.7	2005.2~2005.5	1416
第二和第三代	76.2 88.9	2974 3485	22 10	64437 34852	10.2	2005.5~2005.8	1559
第一、第二和 第三代	63.5 76.2 88.9	2645 2974 3485	18 1 13	47603 2974 45308	9.7	2005.8~2005.9	1572
第一和第三代	63.5 88.9	2645 3485	9 23	23801 80160	10.5	2005.9~2005.12	1639
第四代	76.2 和 88.9	3352	32	107264	10.9	2005.12~2006.2	—
第五代	76.2 和 88.9	3352	32	107264	10.9	2006.2~2006.4	—
第六代	76.2 和 88.9	3299	32	105568	10.7	2006.4~2006.6	1643
第七代	76.2 和 88.9	3056	32	97792	9.9	2006.6~2006.8	1694

注："—"表示该段时间内球磨机没有运行，故处理能力受限。

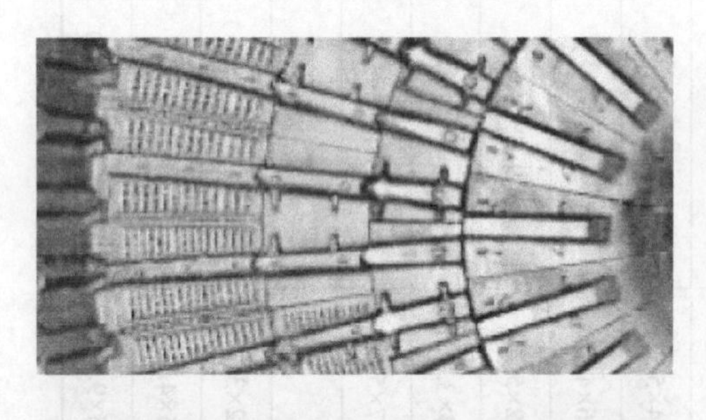

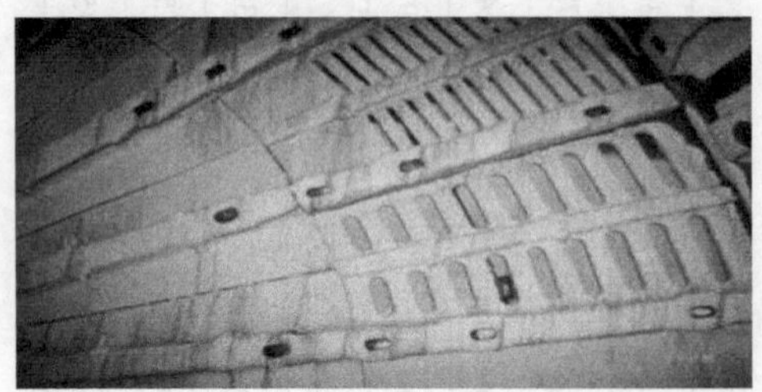

图 3-25 部分矿山半自磨机使用的格子板配置

3.1.3 矿浆提升器

在自磨机和半自磨机中，影响磨矿效率和磨机处理能力的因素很多，从图3-26中看出，除了排矿格子板之外，矿浆提升器在其中起着极其重要的作用。

在磨矿过程中，矿浆提升器及格子板的性能决定着磨机的通过能力。磨矿后，矿浆透过格子板，透过的矿浆通过矿浆提升器将其提升至中空轴排出。矿浆提升器排出矿浆速度的快慢，直接影响着自磨机/半自磨机的处理能力和磨矿效率。

常用的矿浆提升器为放射状矿浆提升器（见图 3-27），使用中发现，放射状矿浆提升器在矿浆提升的过程中存在返流和滞留现象，且其量的多少与格子板的开孔面积、磨机的充填率也密切有关，也与磨机的转速率有关。当转速过高时，会有部分矿浆由于离心力的作用而滞留在矿浆提升器上，并进入下一个循环。转速率不高时，部分矿浆会由于散逸作用而回流（见图 3-28 和图 3-29），并通过格子板返回到磨机内，使得在磨机筒体内易形成“浆池”，影响磨机的处理能力和磨矿效率，同时也影响磨机的功率输出。

John A. Herbst 等人[45]通过研究发现，放射状矿浆提升器把矿浆提起后排入中心端的排矿锥，在磨机高速运行状态下，只有 30%的矿浆排入了排矿锥，70%的矿浆返回了磨机；在磨机低速运行的状态下，有 50%的矿浆排入了排矿锥，50%的矿浆返回了磨机。当改变矿浆提升器和格子板的结构及配置后，在磨机高

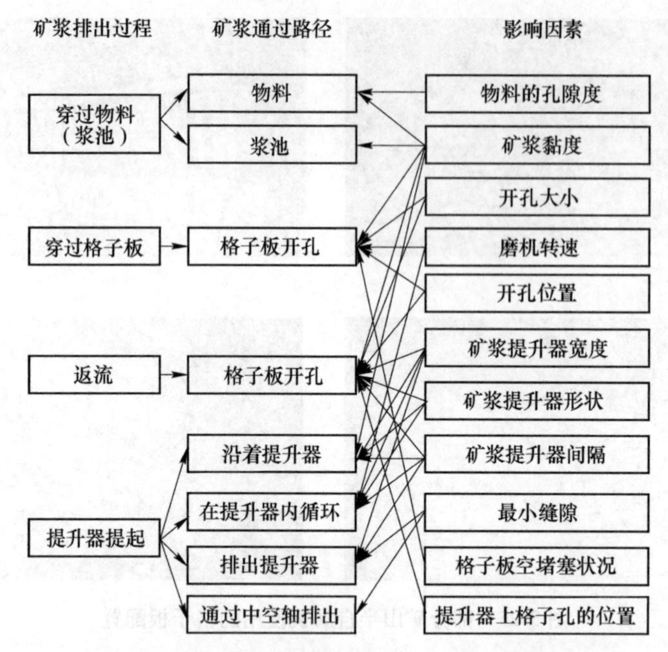

图 3-26 影响自磨机和半自磨机排矿的各种因素[43]

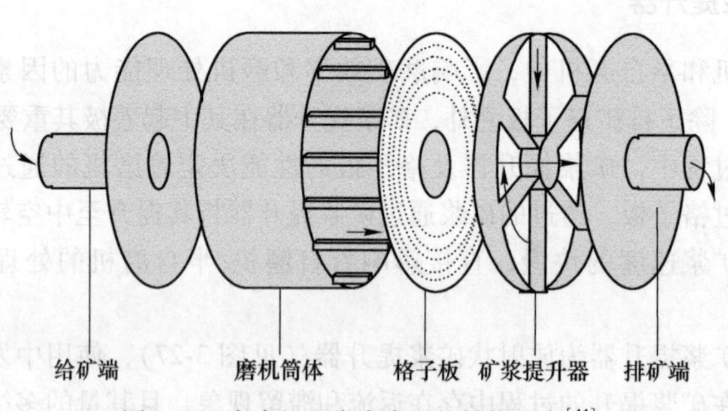

图 3-27 自磨机和半自磨机的结构示意[44]

速运行状态下，有 85%的矿浆排入了排矿锥，15%的矿浆返回了磨机；在磨机低速运行的状态下，有 89%的矿浆排入了排矿锥，只有 11%的矿浆返回了磨机。在生产实践中，也有另一种情况，澳大利亚 ST. IVES 黄金公司的 LEFROY 选矿厂采用了单段半自磨机—顽石破碎流程[40]，考虑半自磨机将来要求双向转动的情况，从放射状矿浆提升器和螺旋状矿浆提升器中选择了放射状矿浆提升器，在投产后的运行过程中，一直没有出现“浆池”现象。经过检查发现，实际情况是半自磨机一直在接近于形成“浆池”的临界状态或低于该状态下运行，但始终没有形成“浆池”，分析其主要原因是磨矿回路的循环负荷较低，一直小

图 3-28　自磨机和半自磨机中的返流现象[44]

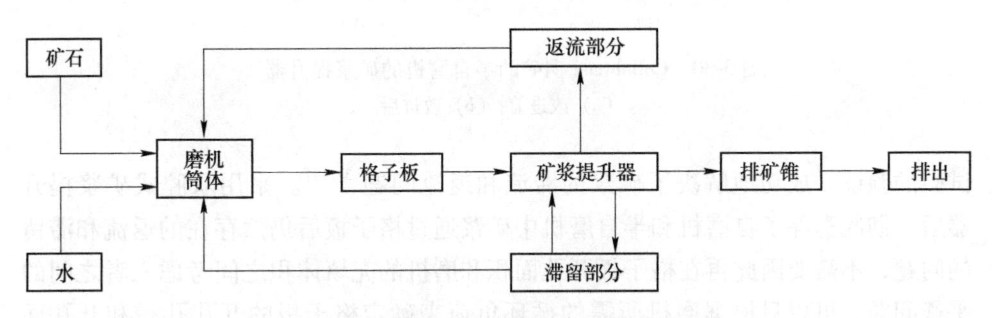

图 3-29　自磨机或半自磨机中矿浆输送过程

于250%。

由于矿浆提升器的形状、宽度（沿磨机中心线方向）及结构布置均与其性能有着密切的关系，长期以来，放射状矿浆提升器所存在的矿浆返流和滞留问题一直是自磨机和半自磨机生产过程中关注的重点。如智利 Collahuasi 铜矿的半自磨机的矿浆提升器原采用铸造形式，由于铸造结构的原因，在提升器中间设计有支撑，但生产中该支撑的存在易造成卡球而影响矿浆的流通，后来改用钢板制作，外衬自然橡胶，取消了原来的支撑，既解决了矿浆的阻塞问题，又提高了矿浆提升器的使用寿命，如图 3-30 所示。也有一些矿山在半自磨机中采用了螺旋状矿浆提升器，螺旋状矿浆提升器与放射状矿浆提升器相比，减少了矿浆返流，使粗颗粒更早排出，降低了提升器的磨损。但由于螺旋状矿浆提升器只能使磨机单方向运行，因此使用上受到限制。

为了解决放射状矿浆提升器的矿浆滞留和返流问题，人们提出了双腔式矿浆提升器（Twin Chamber Pulp Lifter，TCPL）的概念（见图 3-31），并且经过工业

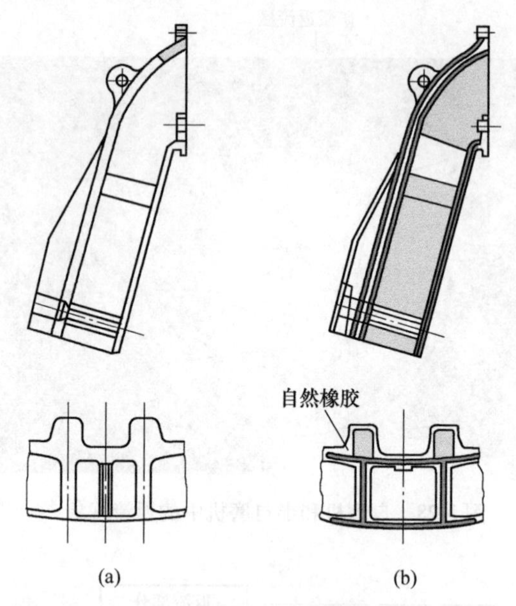

图 3-30 Collahuasi 铜矿的半自磨机的矿浆提升器[23]
（a）改进前；（b）改进后

试验的验证，成功地解决了矿浆的滞流和返流问题[33,46]。采用双腔式矿浆提升器后，彻底消除了自磨机和半自磨机中矿浆通过格子板后仍然存在的返流和滞留的问题，不需要因此再在格子板开孔面积和磨机的充填体积之间考虑三者之间的平衡问题，可以只根据磨机所需的循环负荷来确定格子板的开孔孔径和开孔面积，也可以只根据磨机的处理能力来确定充填率的大小。试验的结果是工业半自磨机的能力提高了 15%以上，且产品粒度由于磨矿环境的改善而变细[44]，同时，磨机转速的变化也不再直接影响矿浆的返流和滞留。

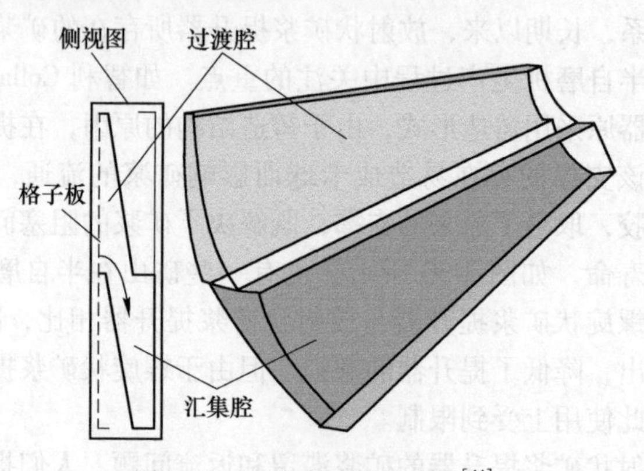

图 3-31 双腔式矿浆提升器[44]

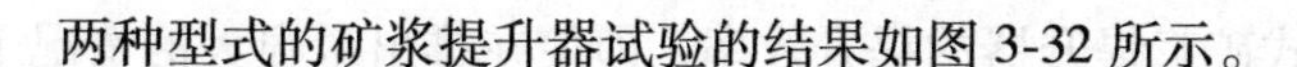

两种型式的矿浆提升器试验的结果如图 3-32 所示。

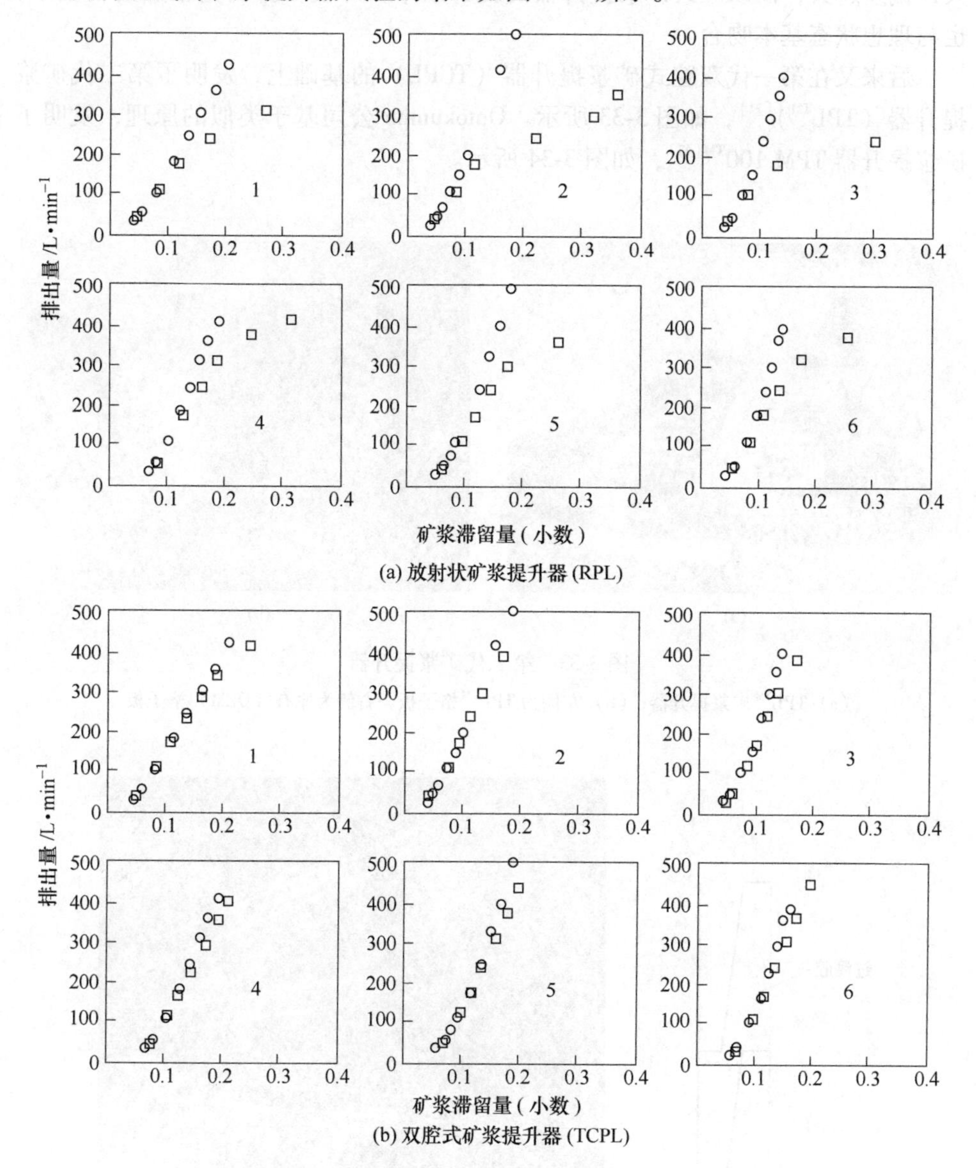

(a) 放射状矿浆提升器 (RPL)

(b) 双腔式矿浆提升器 (TCPL)

图 3-32　两种型式的矿浆提升器提升效率比较[33]

○—理想状态；□—实际状态

1—充填率 15%，开孔面积 3.6%；2—充填率 15%，开孔面积 7%；

3—充填率 15%，开孔面积 10%；4—充填率 30%，开孔面积 3.6%；

5—充填率 30%，开孔面积 7%；6—充填率 30%，开孔面积 10%

图 3-32 中的理想状态是假定磨机排矿端没有端盖，只有格子板的排矿状态。从图中看出，放射状矿浆提升器的提升效率与理想状态差别很大，且排出量越

大，偏差越大；而双腔式矿浆提升器的提升效率，即使在排出量很大的情况下，也与理想状态基本吻合。

后来又在第一代双腔式矿浆提升器（TCPL）的基础上，发明了第二代矿浆提升器（TPL™）[21]，如图 3-33 所示。Outokumpu 公司基于类似的原理，发明了矿浆提升器 TPM 100™[47]，如图 3-34 所示。

(a)

(b)

图 3-33 第二代矿浆提升器

（a）TPL™矿浆提升器；（b）左侧为 TPL™格子板，右侧为原有（OEM）格子板

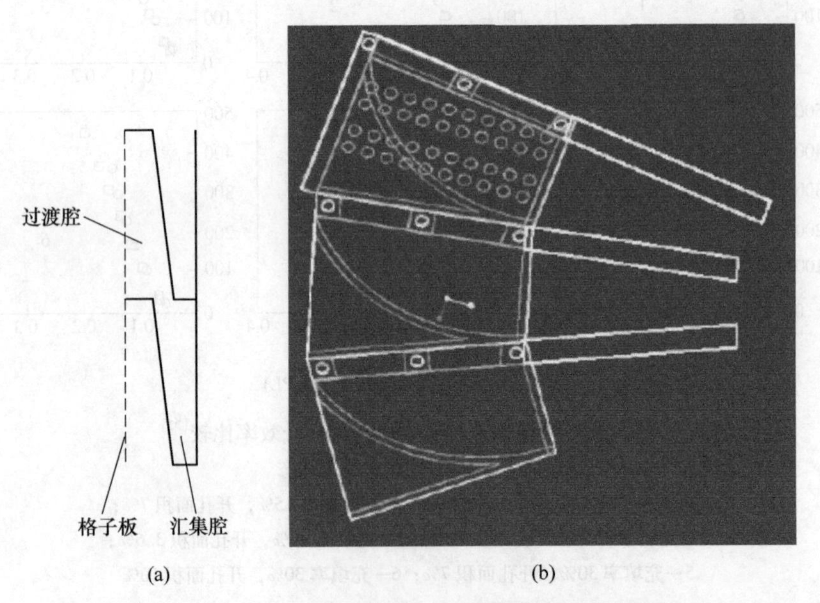

(a) (b)

图 3-34 Outokumpu 公司的 TPM 100™矿浆提升器

（a）侧视图；（b）轴向视图

3.1.4 排矿锥

排矿锥是自磨机或半自磨机内的物料排出的最后通道，通过格子板的矿浆及物料由矿浆提升器提升后自流给入排矿锥，在排矿锥的作用下经磨机的排矿端中空轴排出。因而，排矿锥是半自磨机或自磨机中磨损最强烈、最集中的区域。在大型自磨机或半自磨机（如 φ9.75m 及以上）的结构上，排矿锥已经是常规配置。

排矿锥由于结构、质量、安装过程等多方面的原因，通常分成多瓣，安装好后即为一个锥形，如图 3-35 所示。

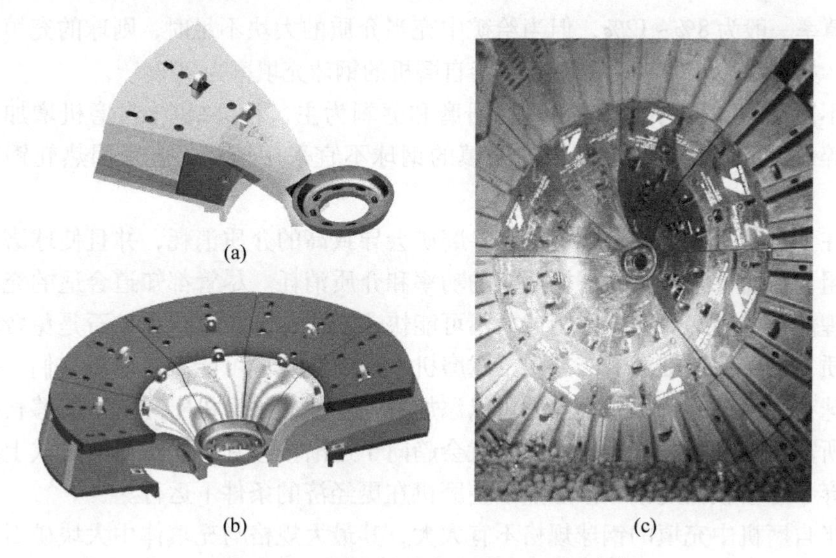

图 3-35 自磨机和半自磨机的排矿锥[48]

(a) 排矿锥部件；(b) 组装的排矿锥；(c) 安装后的排矿锥

随着自磨机或半自磨机的规格越来越大，排矿锥的型式及分瓣的数量要考虑的关键因素有磨机排矿端端盖的钻孔型式，以便于安装固定；衬板机械手的提升能力及安全负荷，以利于安全地安装；给矿端耳轴孔径大小，以便于其输送到磨机体内。此外即是耐磨材料，要考虑其耐磨性能、整套质量和整体使用寿命等。

排矿锥的材料通常采用铬钼钢或钢骨架外包橡胶，径向上根据磨机的规格大小适当地做成一体或分为两段。

3.2 操作因素

影响自磨机/半自磨机运行的操作因素是指设备安装调试完毕之后，由运行使用单位按照设备的运行使用要求结合使用矿山的矿石性质进行控制使用的参数。这些操作因素主要是磨矿介质（材质、规格）、充填率（充填体的体积、磨矿介质的体积)、转速率。根据国内外的生产实践,这些参数是影响自磨机/半自磨机运行性能的最关键因素,自磨机/半自磨机在一个矿山使用中是否发挥了其效能,关键就在于这几个参数控制使用的是否正确。

3.2.1 磨矿介质

自磨机或半自磨机的磨矿介质均以矿石自身为主,在半自磨机中辅之以部分钢球。通常自磨机或半自磨机的给矿为粗碎后的产品,粒度上限为 $F_{100}=300$(或350)~200mm,自磨机给矿粒度大一些,半自磨机给矿粒度则相对小一些,而产品粒度则为 $P_{80}=150\mu m$(单段磨矿)及 $T_{80}=4000\mu m$。磨机添加的磨矿介质——钢球的充填率一般为8%~12%,但当给矿中充当介质的大块不足时,则球的充填率需增大,如Freeport的No.4选矿厂的半自磨机的钢球充填率为20%[49]。

不同于球磨机内的磨矿机理以研磨和磨剥为主,自磨机/半自磨机增加了冲击破碎作用。因此,半自磨机内充填的钢球不宜采用铸球,应采用热轧钢球或锻球。

在半自磨机中过度依靠钢球主导磨矿会导致高的介质消耗,并且使球磨机给矿变粗,从而导致挤压球磨机所需的功率和介质消耗。尽管都知道合适的充球率是处理能力的很好保障,因为球荷不可能快速变化,但应该记住矿石是免费的磨矿介质,能够保证细粒的产品送给球磨机,因而应该尽可能多地使用它们。要想增加球荷是可以的,不到半小时可以添加数吨,但如果磨机实际上不能够长时间保持所需的处理能力,磨机的运行就会趋向于逐渐偏移到容易操作的方式上,从而放弃了寻求较低的钢球添加点以使磨机在更经济的条件下运行。

半自磨机中充填的钢球规格不宜太大,其最大规格与充填体中大块矿石的数量及其硬度有关。在确定的充填率下,钢球规格太大,则充填的钢球数量会减少,从而影响钢球与矿石之间的冲击次数,会使磨矿产品粒度变粗。

部分矿山的半自磨机的钢球充填率和所添加钢球的规格情况见表3-8。

表3-8 部分矿山半自磨机的介质使用情况

矿山	磨机规格 ($\phi\times L$) /m×m	给矿粒度 /mm	产品粒度 T_{80}/mm	充球率 /%	钢球规格 /mm	转速率 /%
Highland Valley[25]	9.75×4.72	$F_{100}=200$		12	127	
Lefroy[40]	10.72×5.48	$F_{80}=110$	0.125	8.5	125	63.9
Batu Hijau[29]	10.72×5.79	$F_{80}=63$		16~18	133	74~80
Sossego[11]	11.58×7.0	$F_{80}=125\sim150$	2.5	15	133和140	80
Phoenix[50,51]	10.97×5.03	$F_{80}=150\sim165$		12~14	127	73.5~74.1
Fimiston[27]	10.72×4.88	$F_{100}=150$	$P_{100}=10$	12~14	140	80

续表 3-8

矿　山	磨机规格 ($\phi \times L$) /m×m	给矿粒度 /mm	产品粒度 T_{80}/mm	充球率 /%	钢球规格 /mm	转速率 /%
Ahafo	10. 36×5. 48	$F_{80}=108$			127	
Candelaria[18]	10. 97×4. 57			12	127	73
Kennecott	10. 36×5. 18			12	120	75
Northparks[30]	8. 5×4. 3	$F_{80}=150$		10	125	78
Sarcheshmeh[12]	9. 75×4. 88	$F_{100}=175$	$P_{100}<5$	12	125	80
Cadia Hill[52]	12. 2×6. 1	$F_{80}=120$	1. 34	12	125	74~81
Los Blances	10. 36×4. 72		2. 715	14	125	74
Kinross[53,54]	11. 58×7. 56	$F_{80}=200$	1. 2	12~13	127	75
Toromocho	12. 19×7. 92	$F_{80}=180$	5. 739	12	127	76
Mount Isa（铜）	9. 75×4. 62	$F_{80}=200$	2	4~10		78
Los Pelambres[10]	10. 97×5. 18	$F_{80}=80\sim115$		<19. 5	140	74~77
Phu Kham[55]	10. 36×6. 1	$F_{80}=125$	2	10~18		
Yanacocha[3]	9. 75× 9. 75	$F_{80}=180$	0. 075	18~20	105	74~76
Meadowbank[56]	7. 93×3. 73	$F_{80}=38$	1. 239	13. 5	102 和 127	75
Copper Mountain[57~59]	10. 36×6. 10	$F_{80}=150$	2. 2	12~15		76

3. 2. 2 充填率

自磨机或半自磨机内的充填体由矿石和水或者矿石、钢球和水构成。通过控制给入磨机的矿石粒度分布以及添加的钢球规格和充球率使得磨机内的总充填率控制在合理的范围内磨矿，满足后续作业的产品粒度要求。充填体内单位体积内的磨矿介质含量（作为介质用的大块矿石或钢球）应该保持恒定。

磨机充填率是磨矿回路一个重要的运行参数，通过对其控制和优化，可以对生产能力和能效上产生极大的改善，要保持稳定的磨机运行性能关键就是保持稳定的磨机充填率。第 4 章中所叙述的磨矿曲线，其最主要的控制因素就是磨机的充填率。图 3-36 所示为半自磨机不同的充填率下处理能力随磨机转速变化的趋势[60]。

从图 3-36 中可以看出，不同的充填率下，半自磨机的处理能力峰值相差很大。因此，充填率的控制和优化对自磨机/半自磨机的处理能力是很关键的。

然而，许多矿山在控制和优化自磨机或半自磨机的磨矿回路时，采用的信号往往是来自于磨机的负荷传感器，或者根据磨机两端的轴承压力，而不是采用实际的磨机充填体质量作为控制信号。这个实践是有缺陷的，如果通常控制的设定

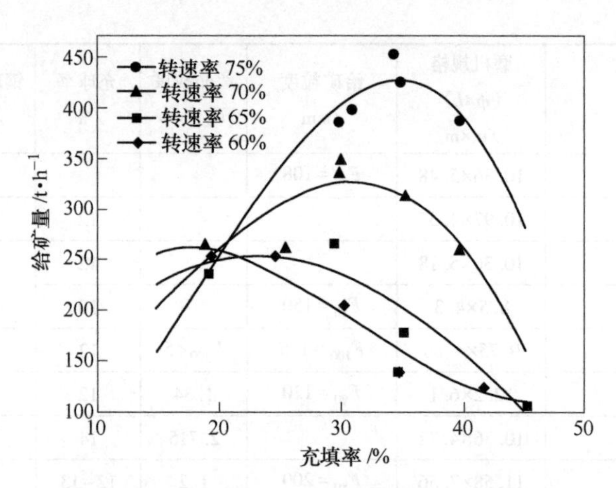

图 3-36 半自磨机不同充填率下处理能力与转速的相互关系

点是磨机负荷恒定，随着衬板磨损，负荷会降低，此时控制系统会在控制范围内自动调整增加磨机的给矿量，但磨损损失的是钢材质，补偿的是矿石，两者的密度相差约 3 倍，因而在磨机负荷并没有变化的情况下，实际上却造成了磨机内充填体增大，实际充填率增加。在半自磨机中，由于部分破碎和研磨功能是通过钢球来实现，磨机内实际充填率的增加，使得充填体中的矿球比增大，单位体积内的钢球比例降低，从而影响磨矿效率和处理能力。

因此，矿山应通过跟踪测定磨机衬板使用周期内的充填率变化规律，把磨机内的充填率恒定作为控制优化设定点，以使更好地发挥自磨机/半自磨机的特点，得到最大的磨矿效益。

3.2.3 转速率

一般说来，所有的自磨机和半自磨机应该是变速驱动，变速范围为临界转速的 60%~80%，通常运行的转速率为 74%~80%，当矿石性质变化或提升棒磨损后则根据具体情况调整磨机的转速率以保证磨机处理能力的稳定。从图 3-36 中也可以看出，不同的转速率下，半自磨机的处理能力差别是很大的。

变速的另一个关键的原因则是根据磨机内物料的运行状态来调整磨机的转速，改变磨机内充填体肩部的抛落轨迹，使其保持在充填体的趾部之内，以避免对衬板和提升棒造成破坏。鉴于这个原因，一些早期由于给矿性质均匀，或者由于投资节省原因安装的定速的自磨机或半自磨机，已经在实践中出现过高的衬板破损和缺少操作上的灵活性等问题，因此改变为变速驱动。如 Escondida 在其三期工程中采用的定速驱动半自磨机，在随后的生产中，由于上述问题又改造为变速驱动[49]。

3.3 工艺因素

影响自磨机/半自磨机运行性能的工艺因素是在磨机运行过程中时刻都在变化的因素，如磨机的给矿粒度（分布）、给矿量、磨矿浓度、顽石量、顽石循环方式等。这些因素是由选矿厂处理的矿石自身的性质所导致的，也是磨矿回路稳定运行必须要控制的。

3.3.1 给矿粒度

选择自磨机和半自磨机的目的是要以所处理的矿石自身作为介质来进行磨矿以节省钢耗且给下游选别作业创造一个有利的选别环境。因此，除了矿石的耐磨性之外，所给入矿石的粒度分布是影响半自磨机处理能力的一个重要的因素。图3-37所示为一台充球率为12%~15%的半自磨机的给矿 F_{80} 与处理能力和比能耗的相互关系。

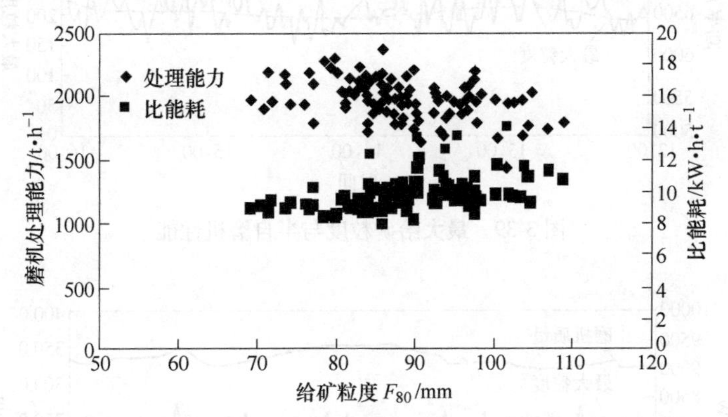

图3-37　半自磨机给矿 F_{80} 与处理能力和比能耗的相互关系[61]

从图3-37中可以看出，磨机的性能数据很分散，没有可循的规律，首先是矿石耐磨性的变化，其次是仅用 F_{80} 来表示给矿的粒度分布是不合适的。由于不同的矿石性质以及不同的形成过程，会导致同样的 F_{80} 却有着不同甚至相差很大的粒度分布。图3-38所示为相同的 F_{80}，但粒度分布却不同的两个不同现场的给矿粒度分布情况[61]。

自磨机以矿石自身作为磨矿介质，因而对磨机的给矿粒度分布是非常敏感的。半自磨机运行过程中添加部分钢球作为介质，其对给矿粒度的敏感性相对低一些。图3-39和图3-40所示分别为半自磨机和自磨机给矿中最大粒度对磨机性能的影响[61]。

从图3-39很清楚地看到随着最大粒度的增大，磨机质量增加，磨机本身更难以破碎这些更大的矿石，因而功率响应磨机质量的增加会继续增加功率输出。

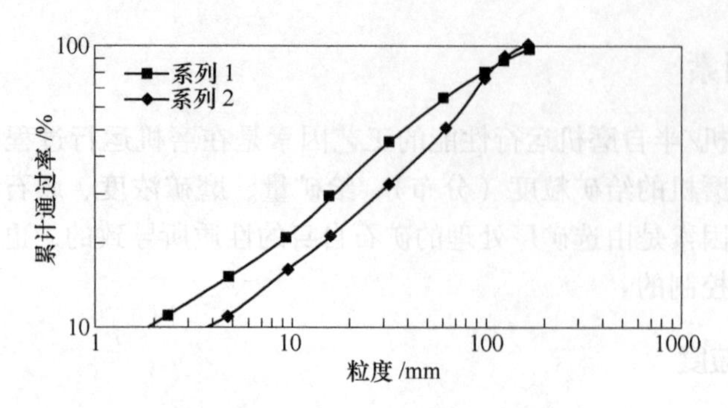

图 3-38　相同 F_{80} 的不同粒度分布

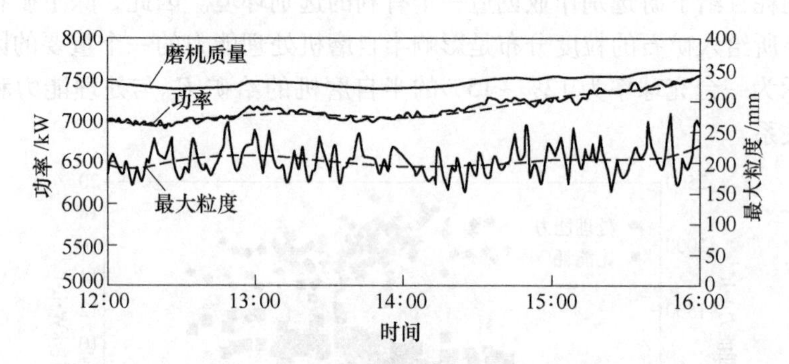

图 3-39　最大给矿粒度与半自磨机性能

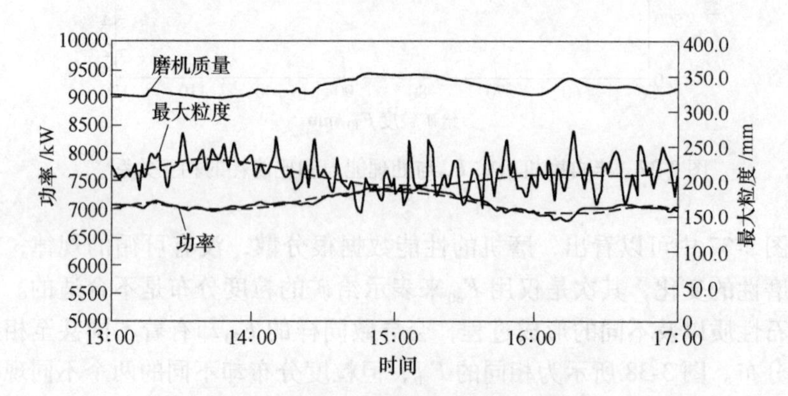

图 3-40　最大给矿粒度与自磨机性能

在恒定的质量/功率输出控制策略下，这就会导致处理能力的降低。图 3-40 所示为与图 3-39 同一台磨机只是以自磨模式运行的结果，其与半自磨机运行结果并不相同。在自磨机运行模式下随着给矿中最大粒度的增大，磨机质量反而降低，而功率输出的响应也是降低。自磨机和半自磨机对给矿粒度变化的不同响应，认为是在自磨机中需要一些大块的矿石来破碎中间粒级的矿石。如果这些大块的矿石没有足够的数量，则中间粒级的矿石就不能够以足够高的速率破碎，从而发展成为所谓的临界粒级累积，导致处理能力受限。

当然，这并不是说自磨机性能能够通过不断地增大给矿粒度普遍地改善，而是需要在粗粒矿石的数量和中间粒级矿石的数量之间达到平衡。如果给到磨机中的矿石大块太多，会造成不平衡从而开始累积，导致处理能力受限。对半自磨机也是同样的情况。然而，在这种情况下需要的粗粒和中间粒级矿石之间的平衡对自磨机来说是不同的。这是由于在半自磨机中有钢球来承担大块矿石的任务，更多的钢球装入半自磨机中因而很少需要大块的矿石。因此，在半自磨机中的基本趋势是较细的给矿比较粗的给矿更好。从目前生产实践来看，矿石粒度分布倾向于两端粒级更有益，即100mm 以上粒级和30mm 以下粒级，而中间粒级越少越好。

尽管 F_{80} 和最大粒度是给矿粒度的很好的判据，但仅仅依靠这两个数据是有风险的。图 3-38 和范围更大的图 3-41 是这方面最好的例子。图 3-38 所示的数据来自不同的现场，而图 3-41 中的两个分布来自同一个矿堆，两者之间的不一致是由于完全是矿堆给料离析所造成的，样品取之于对两台半自磨机（12%充球率）的非对称的矿堆给矿皮带。每个矿流的 F_{80} 几乎是相同的。然而，较细的给矿粒度分布导致其处理能力比较粗的给矿粒度高 50%。

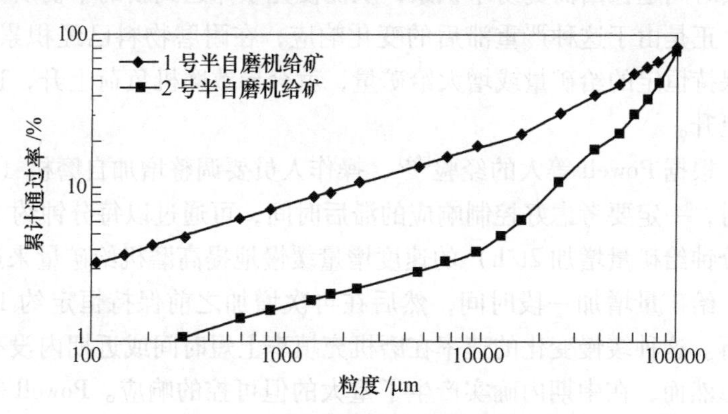

图 3-41 矿堆离析造成的给矿粒度变化

因此，为了保证自磨机/半自磨机的运行性能平稳，必须严格控制给矿粒度。有人根据 JK Tech 的典型给矿粒度分布数据库中的给矿粒度分布提出了一个半自磨机给矿粒度与磨蚀碎裂系数 *ta* 的相关关系[62]。

$$F_{80} = 71.3 - 28.4\ln(ta) \tag{3-2}$$

真正的半自磨机运行通常给矿中需要 10%的 100mm 以上粒级矿石以保持高的总充填率[63]。目前，国外矿山控制自磨机（半自磨机）给矿粒度的方式主要有两种：（1）在粗碎之后增加中碎回路，该方式更适合于半自磨机给矿；（2）改变矿山采矿的爆破方式使之产生更适合自磨或半自磨磨矿的给矿粒度。

由于作为磨矿介质的矿石粒度还与矿石自身的耐磨性密切相关，因此，具体矿山的磨机给矿粒度分布需结合自身矿石性质通过试验探索获得可靠数据后进行调整。自磨机/半自磨机的给矿粒度监控可在给矿皮带上安装带有图像分析的在线粒度仪对磨机给料粒度进行调整控制。

3.3.2 给矿量

与球磨机的恒定给矿、比例加水的控制方式不同，由于自磨机/半自磨机所给矿石性质和内部磨矿机理的变化，其给矿量会随着磨机内充填率的变化和矿石耐磨性的变化而变化，也与自磨机/半自磨机内磨矿物料的输送有着密切的关系。

不同于球磨机内溢流型的物料输送，自磨机/半自磨机内物料的输送是一个常常被忽略的关键的响应，根据 Powell 等人的研究表明[64]，半自磨机给矿量调整之后到磨机内达到调整后的准稳态时的时间约需 20~25min，才能使物料从一个大的半自磨机的给矿端实实在在地流动到排矿端。这个输送时间导致磨机对控制上的变化响应严重滞后，由于充填体所有的参数（浓度、体积和粒度）需要改变达到一个新的运行平衡点，而不只是过去几分钟的给矿。越耐磨的物料在磨机中的持续时间越长因而更易于积累，从而使充填体达到新的平衡所需的时间越长。因此，正是由于这种严重滞后的变化响应，在耐磨物料已经积累的情况下，如果继续保持恒定的给矿量或增大给矿量，就会导致磨机负荷上升，造成功率输出的响应上升。

因此，根据 Powell 等人的经验[64]，操作人员要调整增加自磨机（半自磨机）的给矿量时，一定要考虑好控制响应的滞后时间，可通过以每分钟约 1t/h（也就是说每两分钟给矿量增加 2t/h）的速度增量缓慢地提高磨机给矿量来达到磨机运行准稳态。给矿量增加一段时间，然后在再次增加之前保持恒定约 1h，在磨机中分步进行。这种缓慢变化的速率在磨机充填率上短时间或近期内没有导致可测得的变化，然而，在中期内确实产生了重大的但可控的响应。Powell 等人反复地证明了“慢且稳”的控制响应导致了更高的长期处理能力。

3.3.3 磨矿浓度

矿浆浓度强烈地影响着磨矿能力，浓度太低了磨矿能力低，由于对矿浆中悬浮的细颗粒的能量传递效率降低；浓度太高了矿浆的黏性大，抑制冲击也降低了磨矿效率。此外，磨机中矿浆浓度越低，更细的物料（小于 1mm）的停留时间越低[65]，因而会降低细粒级物料的磨矿，导致半自磨机排矿中最终产品粒级的含量降低。

在磨机中不同粒级的传送速度是不同的，其受到矿浆黏度和流量的影响是不同的。1mm 以下的细粒级物料随矿浆流动，因此这些细粒级物料的输送随着通过磨机水流的变化即刻响应，其输送量与水的流量成正比。颗粒越大，其受水添加或矿浆黏度的影响越小。磨机充填体的孔隙率改变了矿浆和细粒的输送速率。随着磨机内充填体变细，输送速率降低；随着钢球占比增加，孔隙率增加，矿浆流量增加。

3.3.4 顽石及其循环过程

顽石几乎是自磨机/半自磨机磨矿过程中的必然产物，也是影响磨机处理能力的关键因素之一。由于这种磨矿过程主要以矿石自身作为介质，因此所处理的矿石必须有一定的硬度和耐磨性，因而顽石的形成是不可避免的。所谓的顽石，主要是指自磨机/半自磨机磨矿过程中形成的到达排矿格子板跟前的粒度为20~80mm范围的矿石，这部分矿石形状类似于鹅卵石，呈椭圆形，表面光滑，在充填体中研磨和磨剥效率低，破碎速率低（见图2-3中曲线右边低谷位置）。

在自磨机/半自磨机中，给矿矿石的耐碎磨性是不均匀的，且差异很大。生产实践和试验证明，给矿中的较硬矿石相比于较软矿石会在磨机充填体中优先累积。难磨矿石极其容易在磨矿过程中累积形成磨机充填体的不均衡部分。这里是一个很明显的实例[63]：当自磨机给矿中的难磨矿石从约8%变化到14%，则其处理能力减半。对磨机闪停后打开检查，发现磨机内主要是白色难磨的硅酸盐矿石，而较软的矿石是黑色的。估计磨机内的难磨矿石约为90%，而磨机的给矿中此类矿石中只有14%。这个结果说明磨机给矿中耐磨性强的矿物成分会在磨机的充填体中积累，导致充填体中结构成分的不断改变，充填体的内容平衡被破坏（见图3-42）。由此可以看出，磨机内的这种耐磨性强的矿石在磨机中的差异累积，说明不能直接用所给矿石的平均耐磨性来预测磨机性能，磨机处理能力与难磨矿石和较软矿石的比率是非线性的，而且每种成分的产品粒度分布也是很不一样的，不是基于功耗的计算能够预测的，因为这是一个不同矿石类型相互作用的函数。

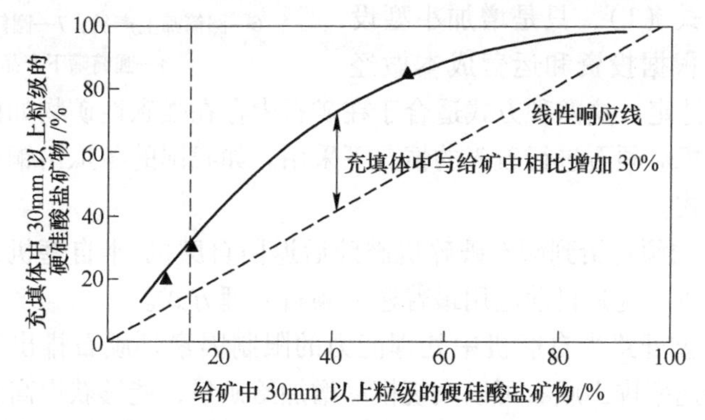

图3-42 给矿中难磨矿石含量和磨机负荷之间的非线性关系[63]

顽石在充填体中的累计，会导致磨机负荷的增加，增大功率输出，并使处理能力降低。顽石的排出，需要通过排矿格子板上的砾石窗。格子板上砾石窗数量的多少，则需在投产时期根据所处理矿石耐磨性和破碎速率的测试确定。

研究发现[66]，在正常磨机运行条件下，当给入磨机的矿石由多边形变成圆形时，功耗下降约7%，破碎速率急剧下降到正常条件下的13%。从这一点可以认为，对这种矿石的大小和强度，冲击能（J/kg）可能下降到低于临界值。在这种情况下，碎屑可能起着重要的作用。冲击破碎不再成为主导的作用。

在大多数的自磨机/半自磨机中，当矿石变成圆形时，破碎速率可能与相对的粒度和圆形边缘的数量成比例地降低。从这点可以看出，磨机排出的顽石不只是为了满足循环负荷的需求，还要考虑提高磨矿效率的需求。也就是说，顽石的破碎势在必取，顽石破碎机不仅只是使临界粒级分数最小化，而且要使矿石产生边缘以促进自磨机和半自磨机中的粉磨作用。

自磨机/半自磨机产生的顽石根据各自的生产实践有几种不同的处理循环方式：

（1）当顽石的量少（如占新给矿量的2%~10%）、不需要破碎时，在磨机的排矿端采用自返装置直接返回磨机内。自返装置示意如图3-43所示[67]。图中半自磨机排矿后的圆筒筛筛上产品（序号6）落到安装于圆筒筛中心位置的顽石料槽中，在高压水枪（序号3）的冲击下通过返料锥（序号7）返回到半自磨机内。美国犹他州的Copperton选矿厂即采用该种顽石冲返装置。

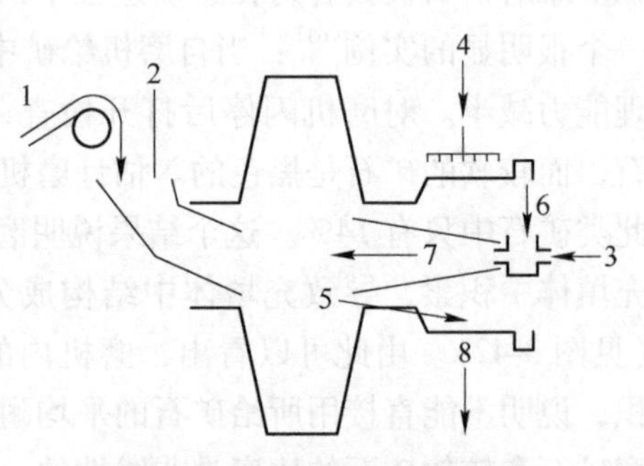

图3-43　顽石水力返回示意图

1—新给矿；2—给水；3—高压冲返水枪；4—圆筒筛冲洗水；5—半自磨机排矿；6—圆筒筛上产品；7—圆筒筛返回；8—圆筒筛下产品

（2）顽石排出后，直接经循环皮带返回到自磨机/半自磨机。该种顽石返回方式等同于方式（1），只是增加小型设备，对两者需根据投资和运营成本做经济上的比较后选定。这两种方式适合于在矿石中存在强磁性矿物如磁铁矿等不能直接采用破碎机对顽石进行破碎的情况下采用。如我国的冬瓜山铜矿选矿厂即采用此种返料方式。

（3）排出的顽石给到顽石破碎机破碎后返回自磨机/半自磨机，或者直接给到后续的球磨机。这是目前应用最普遍的顽石处理方式。

（4）在大型开路半自磨机中处理能力的限制因素是顽石排出的速率。通过以尽可能高的速率排出顽石可以大规模的增加给矿量，能够获得高达50%的原矿给矿量。要取得这个处理能力，排矿格子板的条缝要扩大到所有都是砾石窗。一般地总的开孔面积不能超过10%。

需要注意的一点是，在格子板开很大的条缝也会使矿浆的返流最大化，这样也降低了矿浆排出能力，因而其成为磨机运行的新的能力限制因素。此外，安装砾石窗增加了磨机的排矿需求，那就不只是过量的顽石排出，处于圆筒筛孔和理想的顽石粒级之间的中等粒级的约13~30mm的粒级物料也会被排出，但这些物料必须返回到磨机以保证充填体的粒级组成平衡。

3.4 浆池问题

理想的磨矿条件一般认为是当磨机中所含的矿浆恰好足以填满矿石和磨矿介质之间的空隙时发生。当矿浆排出速率不足时，过量的矿浆会形成浆池。浆池在两个方面降低了磨矿速率：重心偏移导致了功率输出降低和趾部冲击被浆池缓冲。

导致浆池形成有许多可能的原因：过大的格子板开孔面积提高了矿浆的返流，这些矿浆已经通过格子板进入矿浆提升器之后又返回了磨机；高的磨机转速使得放射状矿浆提升器的延滞效果增大而降低了提升器的泵送能力；碎裂的钢球和钢球残体也能堵塞格子板孔阻滞了矿浆的通过。

总之，磨机中浆池的出现是运行中各种因素影响导致矿浆滞留量增加所造成的综合结果，而这些因素中，充填体的成分和矿浆提升器的效率则起着更重要的作用。格子板由于能够排出很大的流量，因此矿浆排出的制约不在于格子板。

3.4.1 充填体的影响

充填体的物理成分对充填体的运动阻力有着极大的影响。从自磨磨矿到球磨磨矿以及从粗的磨机充填体到细的磨矿充填体，矿浆的流动阻力有着巨大的差别。如果磨机从开路磨矿转变到与细筛闭路，磨机内的矿浆滞留量大量增加，即使一般情况下当与筛子闭路时只有不到10%的循环负荷。这里的主要原因是更长的停留时间和砂质（1~10mm）物料导致的更细的磨机充填体[65]。

当磨机的给矿粒度分布变化时也能够导致磨机易于进入或移出浆池状态。在智利的Los Bronces现场的一台ϕ10.36m磨机中观察到了这种现象。在磨矿回路考查中，发现其2号半自磨机的功率下降了1500kW，尽管在功率开始下降时负荷在上升，并且给矿量在增加，然后一直维持，如图3-44所示。闪停之后对磨机检查，则发现了明显的浆池。

此外，在一台ϕ6m的单段自磨机与筛孔为1mm的筛子闭路的实例中，发现磨机通常是在一个浆池环境下[65]。然而，当给矿变得更粗时，磨机会突然经历一个功率的波动，在不到2min内功率输出增加约400kW，尽管给矿量是恒定的，并且磨机负荷没有变化。这个效果可以通过开关粗粒给矿机重复，并且直接与浆池相关。

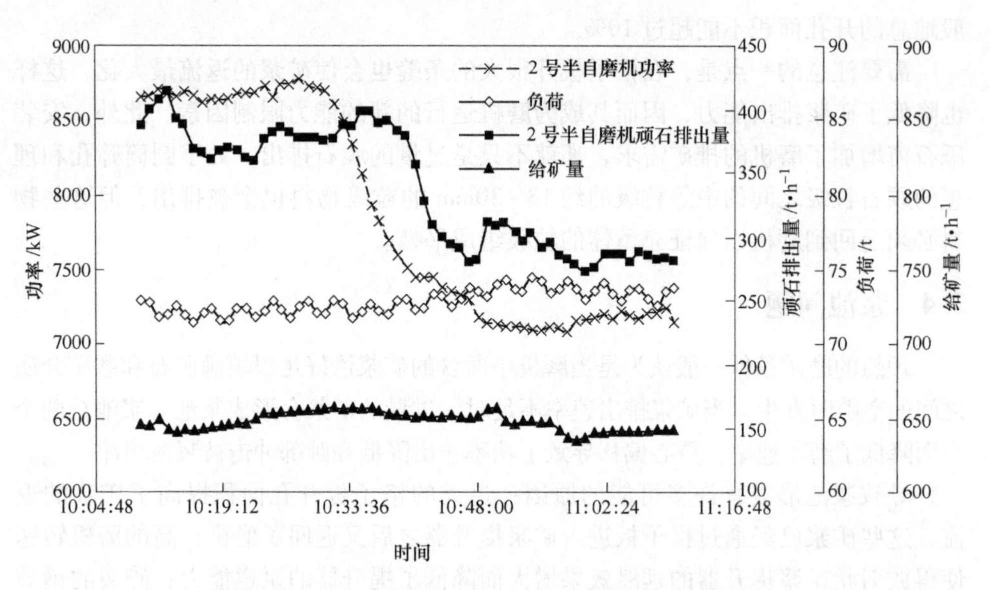

图 3-44　Los Bronces 2 号半自磨机浆池的开始[65]

3.4.2　矿浆提升器的影响

从 3.1.3 节我们知道，矿浆提升器的效率是磨机排出能力的主要影响因素之一。当把矿浆提升器看作事实上是一个反方向运行的离心泵时，可能就很好理解这个问题了：泵从中心抽出液体抛到周边，而矿浆提升器是把矿浆从周边移送到中心。

研究证明多数排矿发生在充填体的底部[65]，矿浆流通过格子板进入矿浆腔室，从底部被提升出，但同时，矿浆提升器的旋转运动使提升的矿浆受到离心力的影响产生一个离心加速度，由于最终的目标是要提升起的矿浆向心流向矿浆提升器排矿端位置的排矿锥，因此离心力和向心力共同作用的结果必须是产生一个净下降的朝向矿浆提升器的排矿端的径向加速度 A_{cc}（见式（3-3））。这就增加了矿浆在提升器内的停留时间，矿浆以远比倾注入静态倾斜通道慢得多的速度流向矿浆提升器的排矿端。

$$A_{cc} = g\sin\theta - \omega^2 r \tag{3-3}$$

式中　θ——提升器从水平方向起的瞬时角度；

g——重力加速度，m/s^2；

ω——角速度，rad/s；

r——沿矿浆提升器的半径。

因此，随着磨机转速越快，尽管矿浆提升器掠过的面积增加会增加其扬送能力，但离开矿浆提升器的流量会降低。净的效果是矿浆提升器的扬送能力随着磨机转速增加通过一个峰值，然后降低。这个峰值是在临界转速的85%以上出现，因此对大多数磨机似乎不太重要。然而，扬送能力在约80%的临界转速上非常平稳，因此会影响到更高转速磨机的排矿能力。因此，矿浆提升器的扬送能力和效率在浆池的形成原因上是一个值得关注的问题。

从式（3-2）可知，在常用的辐射状矿浆提升器中，提升器中的矿浆在每一循环周期中不可能全部排出或滞留在提升器中，磨机的每一转中大部分的矿浆没有到达矿浆提升器的端部。一旦矿浆提升器过了充填体与格子板开孔刚好对着使矿浆从磨机流出来的位置，矿浆由于相当慢地流下矿浆提升器则又会通过格子板返流回到磨机，而且这种返流效果在遇到格子板的下列情况下会加重：

（1）大孔径，因为其流动阻力最小；

（2）开孔处于矿浆提升器导向面冲刷的位置，由于整个矿浆提升器深度上的矿浆流下通道，可以直接进入到这些孔；

（3）朝向磨机中心线的孔，矿浆与这些孔有更多的接触时间，并且更接近于排矿中心；此外，朝向磨机中心线的孔如果没有与磨机内的充填体接触，则对磨机的排矿能力贡献为零，而只对返流有用。

3.4.3 浆池问题实例

在国外的一些生产实践中已经注意到随着磨机进入浆池状态，在磨机排矿能力上似乎有一点增加[65]。这个可能与浆池内的流动阻力低相关，其像河一样在充填体趾部之上流动。当水平达到排矿耳轴时则排矿能力急剧增加，磨机变为溢流排矿。从这一点上，对排矿速率不能通过矿浆提升器配置来控制或限制，矿浆只是简单通过而已。这个已经在一些单段细磨应用中观察到，这些磨机在高充填率下运行。

当在磨机闪停之后，矿浆继续流出排矿耳轴，这是磨机存在剧烈浆池现象和作为溢流磨机运行的绝对具体的证据。

图3-45所示为Los Bronces选矿厂的1号和2号半自磨机生产时的排矿状态和闪停之后的内部状态比较[65]。左边一列为1号ϕ8.53m磨机，右边一列为2号ϕ10.36m磨机。可以看到1号磨机排矿很好，矿浆在照片中圆圈的位置流出（见图3-45（a）），充填体的表面是干的（见图3-45（c））；而2号磨机排矿猛烈飞溅，矿浆只是在垂直点之后到虚线的左边位置开始排出（见图3-45（b））。这说明了在排矿过程中离心力对矿浆流量的影响程度：只有随着矿浆提升器到达垂直位置，矿浆才能到达中心排出。在压力下矿浆喷出来，表明耳轴排矿与矿浆流量不匹配，在矿浆提升器的腔室中产生了矿浆携带滞留。从这些观察中立刻推断出磨机会有浆池，果然，在闪停之后进入磨机发现磨机内是一个巨大的浆池（见图3-45（d））。

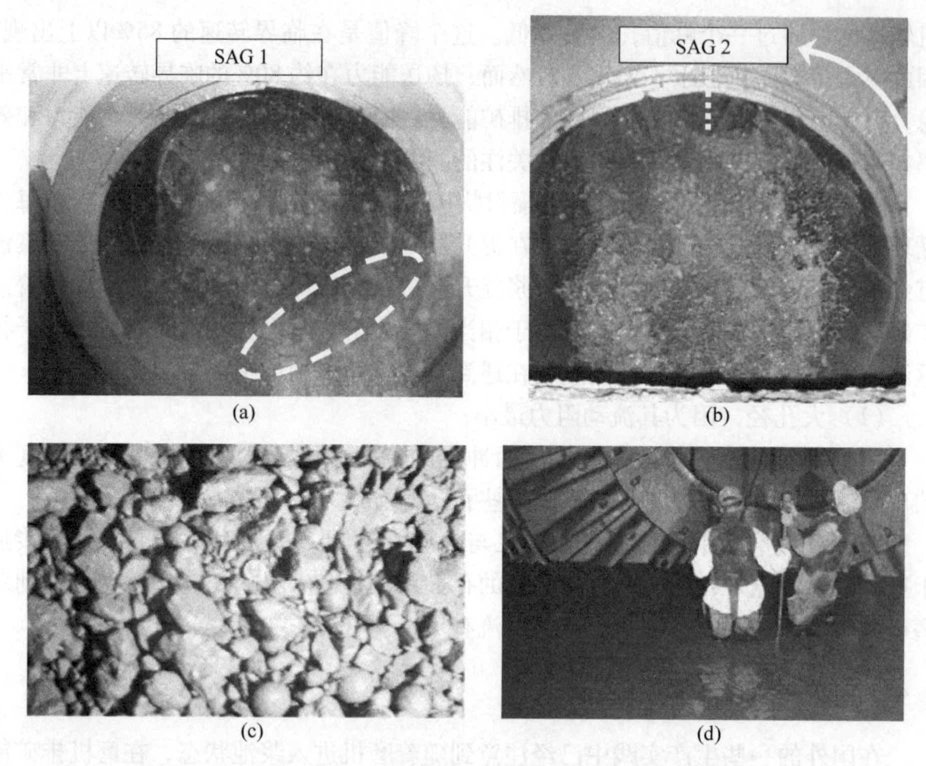

图 3-45　Los Bronces 半自磨机运行排矿和闪停之后状态比较

此外，该选矿厂 2 号磨机格子板的开孔面积为 14%，且采用了经典的大砾石窗（见图 3-46），其初衷是为了顽石排出量最大化。在这种情况下开孔面积是没有问题的，但伴随的成本是不合适的，毫无疑问会出现严重的矿浆返流问题。

图 3-46　Los Bronces 的 2 号磨机排矿格子板

后来，通过模拟采取以下措施，使问题得以解决：把 2 号磨机的格子板开孔面积从 14%降低为 10%，与 1 号磨机相同；矿浆提升器深度从 465mm 增大到

550mm；把格子板靠近磨机筒体外缘的未利用空间放置条缝（此处的条缝不会产生返流）。

图 3-47 所示为 Antamina 选矿厂的半自磨机出现的浆池现象[68]，后来通过试验，改进了排矿格子板的设计，调整了开孔面积后问题得以解决。

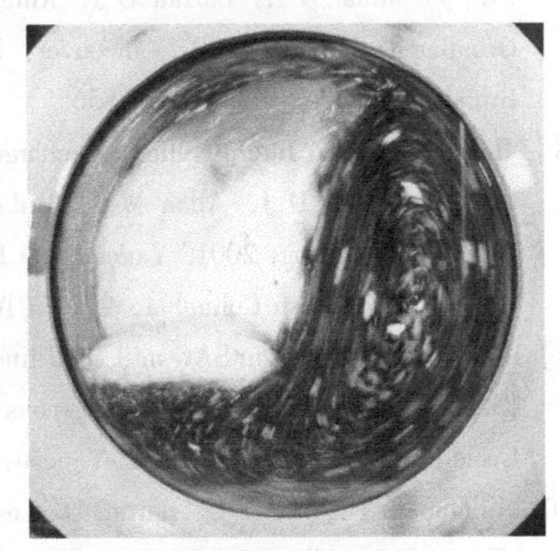

图 3-47　Antamina 选矿厂的半自磨机出现的浆池

参 考 文 献

[1] 雅申 B П，波尔特尼科夫 A B. 自磨理论和实践［M］. 北京：中国建筑工业出版社，1982.

[2] Eriksson Klas-Göran. Impact resistant poly-met shell liners for SAG mills［C］// Allan M J, Major K, Flintoff B C, et al. International Autogenous and SemiAutogenous Grinding Technology 2006. Vancouver：Department of Mining and Engineering, University of British Columbia, 2006（Ⅲ）：160~166.

[3] Burger B, Vargas L, Arevalo H, et al. Yanacocha gold single stage SAG mill design, operation, and optimization［C］// Major K, Flintoff B C, Klein B, et al. International Autogenous Grinding SemiAutogenous Grinding and High Pressure Grinding Roll Technology 2011. Vancouver：CIM, 2011：127.

[4] Fisbeck D E. Grinding circuit operating practices at Asarco Mission Complex South Mill［C］// Barratt D J, Allan M J, Mular A L. International Autogenous and SemiAutogenous Grinding Technology 2001. Vancouver：Department of Mining and Mineral Process Engineering, University of British Columbia, 2001（Ⅰ）：138~148.

[5] Möller T, Lichter J. K, Qiu X, et al. New development in liner design for large autogenous mills［C］// Major K, Flintoff B C, Klein B, et al. International Autogenous Grinding SemiAutogenous Grinding and High Pressure Grinding Roll Technology 2011. Vancouver：CIM, 2011：59.

[6] Weidenbach M, Triffett B, Treloar C. Optimization of the Prominent Hill SAG mill [C] // Major K, Flintoff B C, Klein B, et al. International Autogenous Grinding SemiAutogenous Grinding and High Pressure Grinding Roll Technology 2011. Vancouver: CIM, 2011: 33.

[7] Valderrama W, Magne L, Moyano G. The role of cascading and cataracting in mill liner wear [C] // Mular A L, Barratt D J, Knight D A. International Autogenous and SemiAutogenous Grinding Technology 1996. Vancouver: Mining and Mineral Process Engineering, University of British Columbia, 1996: 843~856.

[8] Royston David. Interpretation of charge throw and impact using multiple trajectory models [C] // Barratt D J, Allan M J, Mular A L. International Autogenous and SemiAutogenous Grinding Technology 2001. Vancouver: Department of Mining and Mineral Process Engineering, University of British Columbia, 2001 (Ⅳ): 113~123.

[9] Royston D. Packing in SAG mill shell liners-issues and controls [C] // Major K, Flintoff B C, Klein B, et al. International Autogenous Grinding SemiAutogenous Grinding and High Pressure Grinding Roll Technology 2011. Vancouver: CIM, 2011: 19.

[10] Villanueva F, Ibáñez L, Barratt D. Los Pelambres Concentrator operative experience [C] // Barratt D J, Allan M J, Mular A L. International Autogenous and SemiAutogenous Grinding Technology 2001. Vancouver: Department of Mining and Mineral Process Engineering, University of British Columbia, 2001 (Ⅳ): 380~398.

[11] Mendonça A M, Luiz D, Souza M, et al. Sossego SAG mill-10 years of operation and optimizations [C] // Klein B, McLeod K, Roufail R, et al. International Semi-Autogenous Grinding and High Pressure Grinding Roll Technology 2015. Vancouver: CIM, 2015: 16.

[12] Banisi S, Hadizadeh M, Mahmoodabadi H, et al. Sag mill liner wear and breakage at the new concentration plant of the Sarcheshmen Copper Complex [C] // Allan M J, Major K, Flintoff B C, et al. International Autogenous and SemiAutogenous Grinding Technology 2006. Vancouver: Department of Mining and Engineering, University of British Columbia, 2006 (Ⅲ): 88~103.

[13] Veloo C, DelCarlo B, Bracken S, et al. Optimization of the liner design at Kennecott Utah Copper's Copperton Concentrator [C] // Allan M J, Major K, Flintoff B C, et al. International Autogenous and SemiAutogenous Grinding Technology 2006. Vancouver: Department of Mining and Engineering, University of British Columbia, 2006 (Ⅲ): 167~178.

[14] Parks J L. Liner design, materials and operating practices for large primary mills [C] //Mular A L, Agar G E. Advances in Autogenous and Semiautogenous Grinding Technology. Vancouver: Department of Mining and Mineral Process Engineering, University of British Columbia, 1989: 565~580.

[15] Svalbonas Vytas. The design of grinding mills [C] // Mular A L, Halbe D N, Barratt D J. Minerl Processing Plant Design, Practice, and Control Proceedings. Vancouver: SME, 2002: 840~864.

[16] Chadwick John. Great mines: Grasberg concentrator [J]. International Mining, 2010 (5): 8~20.

[17] Rolando M M, Jorge M T, Patricio V L. SAG grinding integral optimization project at Codelco Norte [C] // Allan M J, Major K, Flintoff B C, et al. International Autogenous and Semi-Autogenous Grinding Technology 2006. Vancouver: Department of Mining and Engineering, University of British Columbia, 2006 (Ⅰ): 206~216.

[18] Kendrick M J, Marsden J O. Candelaria post expansion evolution of SAG mill liner design and milling performance, 1998 to 2001 [C] // Barratt D J, Allan M J, Mular A L. International Autogenous and SemiAutogenous Grinding Technology 2001. Vancouver: Department of Mining and Mineral Process Engineering, University of British Columbia, 2001 (Ⅲ): 270~287.

[19] Hart S, Nordell L, Faulkner C. Development of SAG mill shell liner design at Cadia using DEM modelling [C] // Allan M J, Major K, Flintoff B C, et al. International Autogenous and SemiAutogenous Grinding Technology 2006. Vancouver: Department of Mining and Engineering, University of British Columbia, 2006 (Ⅱ): 389~406.

[20] Buckingham L, Dupont Jean-Francois, Stieger J, et al. Improving energy efficiency in Barrick grinding circuits [C] // Major K, Flintoff B C, Klein B, et al. International Autogenous Grinding SemiAutogenous Grinding and High Pressure Grinding Roll Technology 2011. Vancouver: CIM, 2011: 150.

[21] Stieger J, Plummer D, Latchireddi S, et al. SAG mill operation at Cortez: evolution of liner design from current to future operations [C] // Proceedings of the 39th Annual Canadian Mineral Processors Conference, 2007: 123~151.

[22] Maleki-Moghaddam M, Yahyaei M, Banisi S. Converting AG to SAG mills: the Gol-E-Gohar Iron Ore Company case [C] // Major K, Flintoff B C, Klein B, et al. International Autogenous Grinding SemiAutogenous Grinding and High Pressure Grinding Roll Technology 2011. Vancouver: CIM, 2011: 3.

[23] Villouta R M. Collahuasi: after two years of operation [C] // Barratt D J, Allan M J, Mular A L. International Autogenous and SemiAutogenous Grinding Technology 2001. Vancouver: Department of Mining and Mineral Process Engineering, University of British Columbia, 2001 (Ⅰ): 31~42.

[24] Lawson V, Carr D, Jr W Valery, et al. Evolution and optimization of the concentrator autogenous grinding practices at Mount Isa Mines Limited [C] // Barratt D J, Allan M J, Mular A L. International Autogenous and SemiAutogenous Grinding Technology 2001. Vancouver: Department of Mining and Mineral Process Engineering, University of British Columbia, 2001 (Ⅰ): 301~313.

[25] Meekel W, Adams A, Hanna K. Mill liner development at Highland Valley Copper [C] // Barratt D J, Allan M J, Mular A L. International Autogenous and SemiAutogenous Grinding Technology 2001. Vancouver: Department of Mining and Mineral Process Engineering, University of British Columbia, 2001 (Ⅲ): 224~239.

[26] Strohmayr S, Jr W Valery. SAG mill circuit optimization at Ernest Henry Mining [C] // Barratt D J, Allan M J, Mular A L. International Autogenous and SemiAutogenous Grinding Technology 2001. Vancouver: Department of Mining and Mineral Process Engineering, University of

British Columbia, 2001 (Ⅲ): 11~42.

[27] Karageorgos J, Skrypniuk J, Valery W, et al. SAG milling At the Fimiston Plant (KCGM+) [C] // Barratt D J, Allan M J, Mular A L. International Autogenous and SemiAutogenous Grinding Technology 2001. Vancouver: Department of Mining and Mineral Process Engineering, University of British Columbia, 2001 (Ⅰ): 109~124.

[28] Sylvestre Y, Abols J, Barratt D. The benefits of pre-crushing at the Inmet Troilus Mine [C] // Barratt D J, Allan M J, Mular A L. International Autogenous and SemiAutogenous Grinding Technology 2001. Vancouver: Department of Mining and Mineral Process Engineering, University of British Columbia, 2001 (Ⅲ): 43~62.

[29] McLaren D, Mitchell J, Seidel, J et al. The design, startup and operation of the Batu Hijau Concentrator [C] // Barratt D J, Allan M J, Mular A L. International Autogenous and Semi-Autogenous Grinding Technology 2001. Vancouver: Department of Mining and Mineral Process Engineering, University of British Columbia, 2001 (Ⅳ): 316~333.

[30] Dunn R, Fenwick K, Royston D. Northparkes Mines SAG mill operations [C] // Allan M J, Major K, Flintoff B C, et al. International Autogenous and SemiAutogenous Grinding Technology 2006. Vancouver: Department of Mining and Engineering, University of British Columbia, 2006 (Ⅰ): 104~119.

[31] Breau Y, Sampson-Cobbah E, Kumar P, et al. POLYSTL™ liner development at Chirano Gold Mines Limited [C] // Klein B, McLeod K, Roufail R, et al. International Semi-Autogenous Grinding and High Pressure Grinding Roll Technology 2015. Vancouver: CIM, 2015: 49.

[32] Williams R, Berney B, Bissonette B, et al. Bringing life back to Pueblo Viejo-ore grinding equipment selection, design, construction, and commissioning [C] // Klein B, McLeod K, Roufail R, et al. International Semi-Autogenous Grinding and High Pressure Grinding Roll Technology 2015. Vancouver: CIM, 2015: 63.

[33] Latchireddi S, Rajamani R K. The influence of shell, grate and pulp lifters on SAG mill performance [D]. Salt Lake City: Department of Metallurgical Engineering, The University of Utah, 2007.

[34] Palmer E, Dixon S, Meadow D. An update of the SAG milling operation at the Penasquito Mine located in the Zactecas State, Mexico [C] // Major K, Flintoff B C, Klein B, et al. International Autogenous Grinding SemiAutogenous Grinding and High Pressure Grinding Roll Technology 2011. Vancouver: CIM, 2011: 169.

[35] Outotec. [EB/OL]. [2008-06-31]. www. outotec. com.

[36] Barratt D, Sherman M. Selection and sizing of autogenous and semi-autogenous mills [C] // A Mular L, Halbe D N, Barratt D J. Minerl Processing Plant Design, Practice, and Control Proceedings. Vancouver: SME. 2002: 755~782.

[37] Morrell S, Stephenson I. Slurry discharge capacity of autogenous and semi-autogenous mills and the effect of grate design [J]. International Journal of Mineral Processing, 1996, 46: 53~72.

[38] Meadows D G, Naranjo G, Bernstei N G, et al. A review and update of the grinding circuit performance at the Los Pelambres Concentrator, Chile [C] // Major K, Flintoff B C, Klein

B, et al. International Autogenous Grinding SemiAutogenous Grinding and High Pressure Grinding Roll Technology 2011. Vancouver: CIM, 2011: 143.

[39] Hollow J, Herbst J. Attempting to quantify improvements in SAG liner performance in a constantly changing ore environment [C] // Allan M J, Major K, Flintoff B C, et al. International Autogenous and SemiAutogenous Grinding Technology 2006. Vancouver: Department of Mining and Engineering, University of British Columbia, 2006 (Ⅰ): 359~372.

[40] Atasoy Y, Price J. Commissioning and optimization of a single state SAG mill grinding circuit at Lefroy Gold Plant-ST Ives Gold Mine-Kambalda/Australia [C] // Allan M J, Major K, Flintoff B C, et al. International Autogenous and SemiAutogenous Grinding Technology 2006. Vancouver: Department of Mining and Engineering, University of British Columbia, 2006 (Ⅰ): 51~68.

[41] Díaz P, Jiménez M. Laguna Seca, throughput increase since start-up [C] // Barratt D J, Allan M J, Mular A L. International Autogenous and SemiAutogenous Grinding Technology 2001. Vancouver: Department of Mining and Mineral Process Engineering, University of British Columbia, 2001 (Ⅰ): 27~38.

[42] Russell John. Advanced grinding mill relining for process metallurgists and management [C] // Allan M J, Major K, Flintoff B C, et al. International Autogenous and SemiAutogenous Grinding Technology 2006. Vancouver: Department of Mining and Engineering, University of British Columbia, 2006 (Ⅲ): 11~22.

[43] Condori P, Powell Mal S. A proposed mechanistic slurry discharge model for AG/SAG mills [C] // Allan M J, Major K, Flintoff B C, et al. International Autogenous and SemiAutogenous Grinding Technology 2006. Vancouver: Department of Mining and Engineering, University of British Columbia, 2006 (Ⅲ): 421~433.

[44] Latchireddi S R, Morrell S. Influence of discharge pulp lifter design on slurry flow in mills [C] // Julius Kruttschinitt Mineral Research Centre, University of Queensland. Mining Millennium 2000 Conference, Toronto: 2000.

[45] Herbst J A, Nordell L. Optimization of the design of SAG mill internals using high fidelity simulation [C] // Barratt D J, Allan M J, Mular A L. International Autogenous and SemiAutogenous Grinding Technology 2001. Vancouver: Department of Mining and Mineral Process Engineering, University of British Columbia, 2001 (Ⅳ): 150~164.

[46] Faria E, Latchireddi S. Commissioning and operation of milling circuit at Santarita Nickel operation [C] // Major K, Flintoff B C, Klein B, et al. International Autogenous Grinding SemiAutogenous Grinding and High Pressure Grinding Roll Technology 2011. Vancouver: CIM, 2011: 137.

[47] Latchireddi S. A new pulp discharger for efficient operation of AG/SAG mills with pebble circuit [C] // Allan M J, Major K, Flintoff B C, et al. International Autogenous and SemiAutogenous Grinding Technology 2006. Vancouver: Department of Mining and Engineering, University of British Columbia, 2006 (Ⅱ): 70~84.

[48] Faulkner Craig. Wear & design improvements in discharge cones for large AG/SAG mills

［C］// Major K，Flintoff B C，Klein B，et al. International Autogenous Grinding SemiAutogenous Grinding and High Pressure Grinding Roll Technology 2011. Vancouver：CIM，2011：8.

［49］Callow M I，Moon A G. Types and characteristics of grinding equipment and circuit flowsheets［C］// Mular A L，Halbe D N，Barratt D J. Minerl Processing Plant Design，Practice，and Control Proceedings. Vancouver：SME. 2002（Ⅰ）：698~709.

［50］Castillo G M，Bissue C. Evaluation of secondary crushing prior to SAG milling at Newmont' s Phoenix operation［C］// Major K，Flintoff B C，Klein B，et al. International Autogenous Grinding SemiAutogenous Grinding and High Pressure Grinding Roll Technology 2011. Vancouver：CIM，2011：39.

［51］Lee K，Rosario P，Schwab G，et al. An analysis on SAG pre-crush circuits［C］// Klein B，McLeod K，Roufail R，et al. International Semi-Autogenous Grinding and High Pressure Grinding Roll Technology 2015. Vancouver：CIM，2015：71.

［52］Dunne R，Morrell S，Lane G，et al. Design of the 40 foot diameter SAG mill installed at the Cadia Gold Copper Mine［C］// Barratt D J，Allan M J，Mular A L. International Autogenous and SemiAutogenous Grinding Technology 2001. Vancouver：Department of Mining and Mineral Process Engineering，University of British Columbia，2001（Ⅰ）：43~58.

［53］Junior L T S，Gomes M P D，Gomides R B，et al. Kinross Paracatu，start-up and optimization of SAG circuit［C］// Major K，Flintoff B C，Klein B，et al. International Autogenous Grinding SemiAutogenous Grinding and High Pressure Grinding Roll Technology 2011. Vancouver：CIM，2011：3.

［54］Tondo L A，Valery W，Peroni R，et al. Kinross' Rio ParacatuMineraçâo（RPM）mining and milling optimization of the existing and new SAG mill circuit［C］// Allan M J，Major K，Flintoff B C，et al. International Autogenous and SemiAutogenous Grinding Technology 2006. Vancouver：Department of Mining and Engineering，University of British Columbia，2006（Ⅱ）：301~313.

［55］Hadaway J B，Bennett D W. Years of operation of the SAG/ball mill grinding circuit at Phu Kham copper，gold operation in Laos［C］// Major K，Flintoff B C，Klein B，et al. International Autogenous Grinding SemiAutogenous Grinding and High Pressure Grinding Roll Technology 2011. Vancouver：CIM，2011：144.

［56］Muteb P N，Fortin M. Meadowbank Mine process plant throughput increase［C］// Klein B，McLeod K，Roufail R，et al. International Semi-Autogenous Grinding and High Pressure Grinding Roll Technology 2015. Vancouver：CIM，2015：72.

［57］Westendorf M，Rose D，Meadows D G. Increasing SAG mill capacity at the Copper Mountain Mine through the addition of a pre-crushing circuit［C］// Klein B，McLeod K，Roufail R，et al. International Semi-Autogenous Grinding and High Pressure Grinding Roll Technology 2015. Vancouver：CIM，2015：73.

［58］Van de Vijfeijken M，Filidore A，Walbert M，et al. Copper mountain：overview on the grinding mills and their dual pinion mill drives［C］// Major K，Flintoff B C，Klein B，et al. International Autogenous Grinding SemiAutogenous Grinding and High Pressure Grinding Roll Technology 2011. Vancouver：CIM，2011：23.

[59] Marks A，Sams C，Major K. Grinding circuit design for Similco Mines [C] // Major K，Flintoff B C，Klein B，et al. International Autogenous Grinding SemiAutogenous Grinding and High Pressure Grinding Roll Technology 2011. Vancouver：CIM，2011：21.

[60] Van der Westhuizen A P，Powell M S. Milling curves as a tool for characterizing SAG mill performance [C] // Allan M J，Major K，Flintoff B C，et al. International Autogenous and SemiAutogenous Grinding Technology 2006. Vancouver：Department of Mining and Engineering，University of British Columbia，2006 (Ⅰ)：217~232.

[61] Morrell S，Valery W. Influence of feed size on AG/SAG mill performance [C] // Barratt D J，Allan M J，Mular A L. International Autogenous and SemiAutogenous Grinding Technology 2001. Vancouver：Department of Mining and Mineral Process Engineering，University of British Columbia，2001 (Ⅰ)：203~214.

[62] Mateil V，Bailey C W，Morrell S. A new way of representing A and B parameters from JK Drop-Weight and SMC tests：the “SCSE” [C] // Klein B，McLeod K，Roufail R，et al. International Semi-Autogenous Grinding and High Pressure Grinding Roll Technology 2015. Vancouver：CIM，2015：16.

[63] Powell M S，Hilden M M，Mainza A N. Common operational issues on SAG mill circuit [C] // Klein B，McLeod K，Roufail R，et al. International Semi-Autogenous Grinding and High Pressure Grinding Roll Technology 2015. Vancouver：CIM，2015：104.

[64] Powell M S，Perkins T，Mainza A N. Grind curves applied to a range of SAG and AG mills [C] // Major K，Flintoff B C，Klein B，et al. International Autogenous Grinding SemiAutogenous Grinding and High Pressure Grinding Roll Technology 2011. Vancouver：CIM，2011：113.

[65] Powell M S，Valery W. Slurry pooling and transport issues in SAG mills [C] // Allan M J，Major K，Flintoff B C，et al. International Autogenous and SemiAutogenous Grinding Technology 2006. Vancouver：Department of Mining and Engineering，University of British Columbia，2006 (Ⅰ)：133~152.

[66] Nordell L K，Potapov A V，Herbst J A. Comminution simulation using discrete element method (DEM) approach-from single particle breakage to full-scale SAG mill operation [C] // Barratt D J，Allan M J，Mular A L. International Autogenous and SemiAutogenous Grinding Technology 2001. Vancouver：Department of Mining and Mineral Process Engineering，University of British Columbia，2001 (Ⅳ)：235~251.

[67] Farnell D，Thompson S. Trommel screens-their sizing and design [C] // Barratt D J，Allan M J，Mular A L. International Autogenous and SemiAutogenous Grinding Technology 2001. Vancouver：Department of Mining and Mineral Process Engineering，University of British Columbia，2001 (Ⅲ)：83~92.

[68] García J L. 10 years of history of Antamina's SAG mill [C] // Major K，Flintoff B C，Klein B，et al. International Autogenous Grinding SemiAutogenous Grinding and High Pressure Grinding Roll Technology 2011. Vancouver：CIM，2011：13.

4　磨矿曲线

4.1　磨矿曲线对磨机运行性能的表征

磨矿曲线的概念首次在2004年引入[1~3]，磨矿曲线是根据理想的处理能力和产品粒度需求来表征半自磨机运行的性能特点，以便于对给定的矿石类型、处理能力和磨矿要求根据已建立的磨矿曲线把最佳的磨机运行制度作为运行目标来进行控制。

磨矿曲线包括作为磨机充填率函数的处理能力曲线、输出功率曲线和磨矿产品粒度曲线。这些曲线的用途包括：

（1）能够用来确定半自磨机运行磨矿和处理能力所需的最佳充填率；

（2）能够被磨机操作人员或控制系统用来确定稳定区域以及如何在不同的充填率之间移动；

（3）能够用于不同的矿石类型来指导磨机的运行。

半自磨机是一种简单而又非常有效的磨矿装置，但其运行性能对磨机充填率是非常敏感的，充填率的合适与否直接影响到磨机的处理能力、功率输出以及整个回路的磨矿产品。这些性能参数的每一个峰值都是在不同的充填率下，清楚这些参数的变化规律，引导磨机根据最佳的处理能力和磨矿目标运行是非常有价值的。根据半自磨机的充填率，建立起相应的输出功率、处理能力和磨矿产品的函数曲线在工业生产上和研究工作中已经成为标准的实践。这里通过对South Deep金矿的一台ϕ6.62m×4.88m半自磨机的考查情况[2]来说明磨矿曲线与磨机运行性能的相互关系。考查过程中磨机运行的转速率为60%~75%，充填率为20%~45%。

半自磨机的性能对磨机的充填率敏感是因为半自磨机中的充填体除钢球之外，矿石自身形成了磨矿介质的一部分，充填率的变化将会导致半自磨机非常不同的性能。因而，在磨机中维持一个恒定的充填率经常是许多半自磨机控制系统的目标。通过给矿量控制半自磨机充填率，困难在于这两个变量是逆向相关的。给矿量和给矿性质会影响磨机充填率，而改变半自磨机充填率也会影响其处理能力。尽管磨机充填率对半自磨机性能有直接的影响，通常其并不能很好地表示大多数生产磨机的特性，而且也不容易利用模拟包来预测。

4.1.1　充填率和负荷的关系

如前面所述，半自磨机充填率是半自磨机性能的一个关键参数。然而，在控制室里没有磨机充填率百分数的显示，通常只有磨机负荷读数显示。这些磨机负荷读数是从磨机的给矿或排矿端下面的负荷传感器或从轴承压力信号得到的。在磨机考查期间，通常首先的目标之一是找到磨机负荷和磨机充填率之间的关系。在经过至少三次磨机停车和测定磨机充填率之后，能够得到磨机充填率和磨机负荷之间的相互关系。充填率-负荷曲线如图 4-1 所示，图中两条曲线都是从 South Deep 的半自磨机获得的，但中间相隔 8 个月。曲线 1 是新安装的提升棒，曲线 2 是完全磨损后的提升棒。曲线的上部实线部分是“标准”充填率-负荷曲线，在运行期间应用，因为磨机充填率随着矿石上升或随着磨矿下降。正常充填率-负荷曲线的下限是通过磨净来确定的：即停止磨机的给矿，磨机继续运行直到矿石磨净后只剩下钢球。这个应当小心进行以防止损坏衬板。曲线的下部虚线部分所示为如果在磨净之后除去钢球后的充填率-负荷关系。

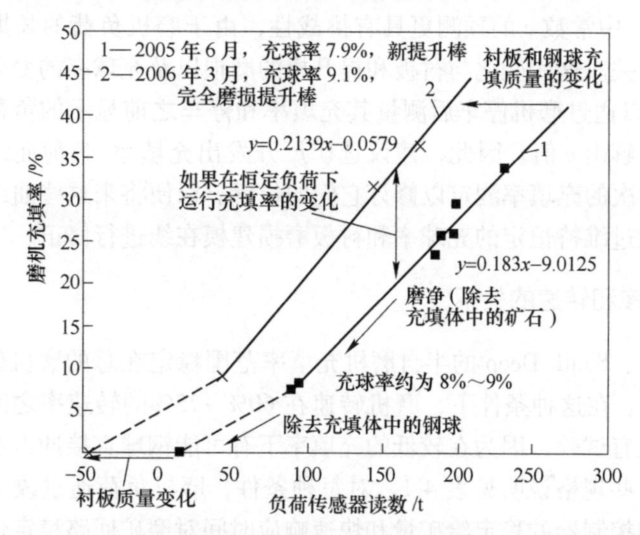

图 4-1 新的和完全磨损的提升棒条件下充填率-负荷的关系

由于通常只有磨机负荷读数在控制室显示，在操作人员当中似乎形成一种倾向，即使磨机甚至在整个衬板和提升棒的寿命周期内都运行在一定的负荷指示范围内。这种方式的错误从图 4-1 中能够很清楚地看到。功率也可用于对充填率进行检查，但功率也能够随着充球率的变化而变化。因此，如果此处的充填率-负荷相互关系能够继续改进，对磨机运行会有巨大的好处。可以看到充填率 J 对负荷传感器读数 M_{IC} 能够拟合成直线，则充填率 J 为：

$$J = mM_{IC} + c \tag{4-1}$$

如果以轴承压力作为负荷指示似乎不能给出直线的相关关系[4]，会需要一个稍有不同的方式。直线的斜率 m 与充填率的变化相关，因而与单位体积质量的变化相关。松散密度是单位体积质量变化的结果，因而斜率应当与矿石充填体的松散密度$\rho_{b,ore}$和磨机的体积V_{mill}逆相关。这个松散密度不包括钢充填体，因为随着充填率变化只有矿石磨净或充满。因此，斜率m为：

$$m = \frac{1}{\rho_{b,ore} V_{mill}} \tag{4-2}$$

矿石充填体的松散密度可以从矿石密度、孔隙率、以及充填在空隙中的矿浆密度计算出来。松散密度为：

$$\rho_{b,ore} = (1 - \varphi)\rho_{ore} + \varphi\rho_{slurry} \tag{4-3}$$

这种通过磨机体积和充填体松散密度计算直线斜率的方法，其计算的斜率非常接近图4-1中通过试验确定的曲线1和曲线2的平均斜率。式（4-2）也可以利用磨机体积和钢球充填体的松散密度，从空隙中排除矿浆后，来估算低于充球率以下的负荷-充填率曲线的斜率。这个直线斜率低于磨净点的0.10。

式（4-1）中常数c的预测更具有挑战性，由于磨机负荷的长期变化，它与曲线的位移有关。这些变化与衬板和提升棒的磨损以及充球率的变化有关。在实践中，c值可以通过磨机停车后测量其充填率和停车之前显示的负荷值，然后代入式（4-1），解出c值。因此，建议选矿厂开发出充填率-负荷曲线后，每个月进行1次或2次的充填率测定以修订它们的位置。以便将来这些曲线可以在整个时间周期内通过维持恒定的充球率和衬板磨损建模在线进行修正。

4.1.2　充填率和转速的关系

在考查中，South Deep的半自磨机充填率范围稳定在总的磨机体积的20%~45%之间变化。在这种条件下，磨机转速在60%~75%的转速率之间变化。更高的磨机转速没有试验，因为在较低的充填率下有可能钢球直接冲击造成衬板的损坏。磨机的一些规格说明见表4-1。对每种条件，磨机负荷通过改变给矿量来稳定。给矿机和控制器的稳定给矿量和快速响应时间对磨矿回路稳定性起着重要作用。在至少30min的稳定运行之后，对半自磨机的排矿进行取样，这个样由2~3次样量组成，每次截取5~10min，确定同个时期的平均功率输出和给矿量。通过采用4.1.1节提出的磨机充填率与磨机负荷的相互关系，把磨机负荷转变成磨机充填率，然后把功率、给矿量以及磨矿对应于在不同转速下的磨机充填率绘成曲线。由于试验了大量的条件，试验进行了几天。为了保证试验结果的可比性，原矿给矿的粒度分布和硬度均匀一致是很重要的。

表4-1　South Deep金矿半自磨机规格说明

参数	数据	参数	数据	参数	数据
直径（内径）/m	7.80	锥角/(°)	15.0	开孔面积/%	7.3
长度（筒体）/m	4.35	耳轴直径（D）/m	1.54	钢球规格/mm	100

4.1.2.1 不同转速下受充填率影响的半自磨机功率

输出功率可能是半自磨机性能最好调查研究和建立模型的参数，Morrell 等人[4~6]已经做了许多工作来建立输出功率的准确模型。在这个方法里，输出功率作为半自磨机中给予充填体的势能和动能的速率建模。增加磨机转速就增加了动能和势能（提高了肩部），因而随着磨机转速增加，输出功率更高。增大充填率意味着有更大的充填体从磨机中吸收可用的能量，因而随着充填率增加，输出功率更高。然而，在非常高的充填率下，充填体的质量中心就会开始超过增加的质量朝向磨机的中心移动，使磨机的转矩开始降低[7]。同时，在高充填率下附加的充填体提高了趾部，因而降低了给充填体的势能，造成了在非常高的充填率下输出功率下降，这就使得输出功率的峰值在某个充填率下出现，如 Powell 等人[8]所观察到的，这个功率峰值正常在充填率为约 45%~50%的磨机容积下出现。对每个试验的磨机转速，在 South Deep 金矿的半自磨机不同的充填率下得到的输出功率如图 4-2 所示，也如 Morrell 以及其他人所做的一样，一个二阶多项式通过原点拟合可以来描述功率和充填率之间的相互关系。从图 4-2 中可以看到，随着磨机充填率增加，功率输出增加，到达最大值后然后下降。如所预期的，可以看出对更高的磨机转速，功率输出会更高。在更高的磨机转速下的曲线也似乎更陡一下，其峰值更明显，可以推测其将会在非常高的充填率下出现，但随着转速增加其会移动到较低的充填率下。这就意味着在 75%或更高的转速率下高功率运行的有效充填率窗口更窄，特别是在超过 40%的更高磨机充填率下效率变低。因此，有时因细磨需要在约 40%或者更高的充填率下运行时，在 70%左右的较低转速率下可能会更有益。

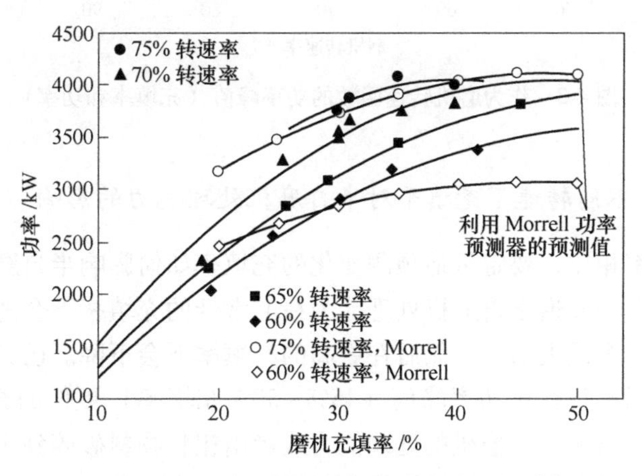

图 4-2 不同转速下功率作为充填率的函数[7]

利用 Morrell 给出的半自磨机功率模型也能得到预测的输出功率。如从 75%

转速率的预测所看到的，Morrell 模型对正常的 25%~40%充填率之间的运行区域显示出了非常准确的功率预测。对 40%以上充填率的实验数据的推断有些不确定。

看起来似乎如果 75%转速率下的功率峰值在比预测的更低的磨机充填率下发生，但总体而言在 75%的转速率下得到了非常好的预测。与此相反，当运行在很低的 60%转速率下时，很显然模型没能很好地预测这台磨机的功率输出。在这种情况下，似乎曲线的斜率而不是峰值的准确位置是一个问题。考虑到坡度，似乎预测的曲线并不是如通常所假定的那样倾向于通过原点。

在这项工作中得到的功率峰值绘制于图 4-3[6]，并且归纳于表 4-2。很明显，随着磨机转速的增加，South Deep 金矿半自磨机的功率峰值点以后的充填率随着磨机转速急剧下滑，而功率输出则是随着转速增加而急剧增加。从图 4-3 能够看到如同从拟合曲线推断的一样，这些峰值位于 50%充填率以上。因此，应当小心对待这些峰值。把在这些充填率点得到的功率峰值绘制出来，可以看到这台磨机功率峰值的充填率下降到更低的充填率比在更高的转速下快得多。

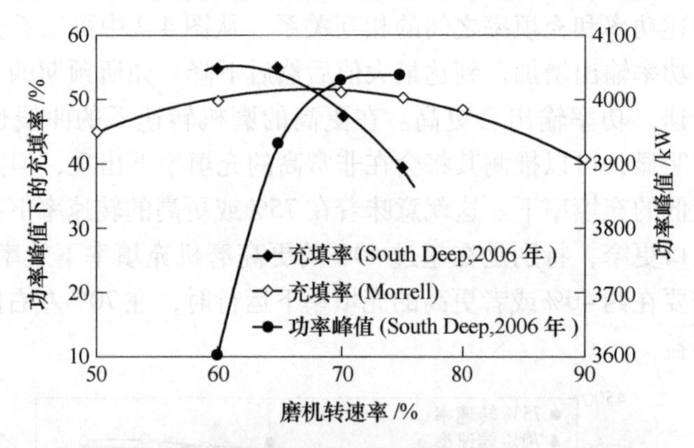

图 4-3　作为磨机转速函数的功率峰值（充填率和功率）

4.1.2.2　不同转速下充填率对半自磨机处理能力的影响

与输出功率相比，要定量地预测变化的充填率如何影响半自磨机的处理能力则困难得多。我们知道半自磨机处理能力在非常低的充填率下会随着充填率增加而增加，达到一个最大值后，然后在更高的充填率下会下降。已经观察到这个处理能力的峰值通常是在比功率峰值（45%~50%充填率）更低的充填率（20%~40%充填率）下出现[8]。磨机的处理能力或者由粗粒物料破碎到小于排矿格子板开孔粒度的速率或者由矿浆输送和排出的极限来确定。假定没有排出极限，磨机的处理能力则由粗粒部分破碎到小于排矿格子板开孔粒度的速率来确定。

磨机负荷对破碎速率常数（h^{-1}）的影响，是在 Morrell[6] 的新自磨机/半自磨机模型中预测的。其预测较粗颗粒（大于10mm）的破碎速率常数（h^{-1}）随充填率增加而降低。粗粒物料主要是通过冲击破碎来碎裂，其降低是因为随着磨机充填率增加，从充填体肩部到趾部的抛落高度降低，因而破碎速率常数降低。不管怎样，质量破碎速率（t/h）是破碎速率常数（h^{-1}）和磨机中粗粒物料质量含量（t）的乘积。对大多数情况下，如果磨机所含质量是恒定的，对破碎速率常数的影响与对质量破碎速率的影响是类似的，即使增加磨机充填率，粗粒物料的破碎速率常数也将降低，由于粗粒物料的可用质量增加，两者的乘积-质量破碎速率决定着磨机处理能力。因此，看起来似乎在较低的充填率下，粗粒物料的破碎速率常数降低滞后于磨机内增加后的粗粒物料，导致处理能力随充填率增加而增加。然而，在高的充填率下，破碎速率常数降低的粗粒物料比磨机含量增加后的降得更快，导致处理能力随磨机充填率增加而降低。正是在这些逆向的效果，即高、低充填率的不同条件下所导致的破碎速率常数变化的差异，使之出现了处理能力峰值。

South Deep金矿的半自磨机，在每个试验的磨机转速和充填率条件下的磨机给矿量如图4-4所示。在每个磨机转速下，处理能力随充填率增加而增加，达到一个峰值后下降。在South Deep金矿的磨机中从没观察到浆池，因而期待这里所观察到的处理能力趋势真正是因为破碎，而不是因为矿浆输送和排出极限。很明显，磨机转速对半自磨机处理能力有着强烈的影响，较高的转速给出比正常充填范围（20%~40%）高得多的处理能力。特别是随着增加磨机转速超过65%~75%的转速率范围，处理能力有一个大的增加。

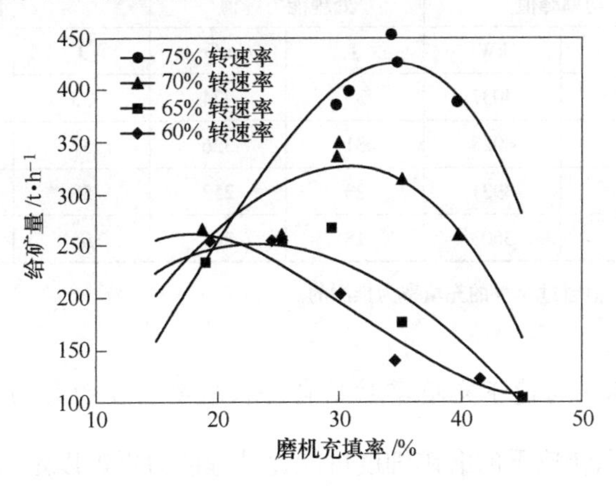

图4-4 不同磨机转速下充填率与处理能力的关系

在图4-4中，处理能力的峰值随着磨机转速增加向更高的充填率方向（右边）移动，这与在4.1.2.1节观察到的功率峰值随着磨机转速增加而向较低充填率的方向移动是相反的。这意味着处理能力峰值和功率峰值随着磨机转速增加几乎一起移动。同对功率峰值所观察到的一样，处理能力曲线似乎随着磨机转速增加，峰值更突出也变得更陡。这就使得在更高的转速下对磨机的有效控制更具有挑战性，因为在负荷上一点小的变化，就会对磨机的处理能力产生很大的影响。

处理能力峰值与磨机转速的关系如图 4-5 及表 4-2 所示。如前所述，可以看到处理能力的峰值随着磨机转速的增加而移动到更高的充填率下。在每个峰值的处理能力在超过 65%~75%的转速率范围后也急剧增加。

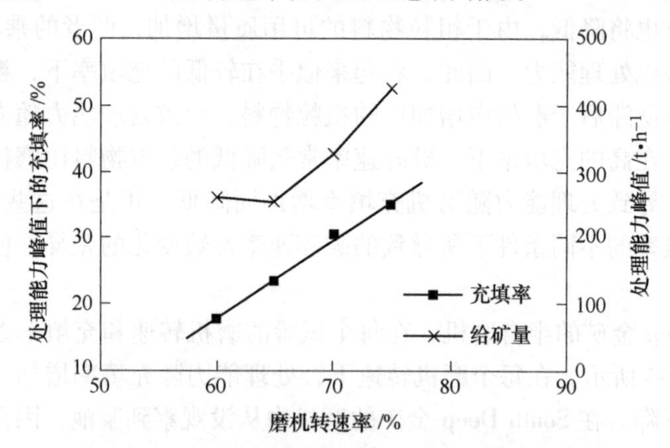

图 4-5　处理能力峰值与转速率和充填率的关系

表 4-2　性能峰值

磨机转速率/%	功率峰值		处理能力峰值		磨矿峰值	
	J	kW	J	t/h	J	小于 150μm 含量/%
75	39	4037	35	424	33	56
70	47	4028	31	326	37	69
65	55	3931	23	252	58	94
60	54	3603	18	261	63	100

注：灰色区域的峰值超过 50%的充填率为推测的。

4.1.2.3　不同转速下充填率对半自磨机磨矿细度的影响

不同充填率和转速下的磨矿细度可能比处理能力更难以定量预测。通常用来预测磨矿影响的基本经验法是磨矿会遵循功率曲线，或者换句话说，磨矿随着充填率增加会变得更细。

这里处理能力主要是受到粗粒破碎速率常数（h^{-1}）和磨机内所含粗粒的量（t）的影响，磨矿细度主要受细粒（<1mm）破碎速率常数（h^{-1}）和磨机内矿浆量的影响。关于这一点，Morrell 的新自磨机/半自磨机模型预测细粒的破碎速

率常数（1/h）随着充填率的增加而增加[7]。也预期着磨机内矿浆的固体含量（t）随着充填率的增加也增加。因此，利用细粒的质量破碎速率（t/h）预测磨矿应当总是在较高的充填率下增加细粒。

把在考查期间取得的样品筛分，将小于150μm的百分含量作为半自磨机磨矿细度的指示器，结果如图4-6所示。从图中可以看出，较高的磨机转速得到了最高的功率输出和最高的处理能力，同时也得到了最粗的磨矿。把磨机转速从75%的转速率降低到70%和65%的转速率，观察到磨矿有了很大的改善，但也牺牲了处理能力。同时也注意到功率和磨矿曲线在较高的转速下变得更陡。图4-6看起来意味着磨矿细度降低，充填率的影响变小（曲线变得更平了）。如果功率增加并且处理能力降低，磨矿细度预期会增加，如同在高充填率下所发生的结果一样。因此，在高充填率下，功率和处理能力曲线之间的偏离越大，磨矿预期会变得越细。

从二元多项式拟合中，可以得到磨矿曲线，并且可以看到，随着磨机转速增加，在较粗的磨矿和较低的充填率下出现的磨矿峰值，如图4-7所示。

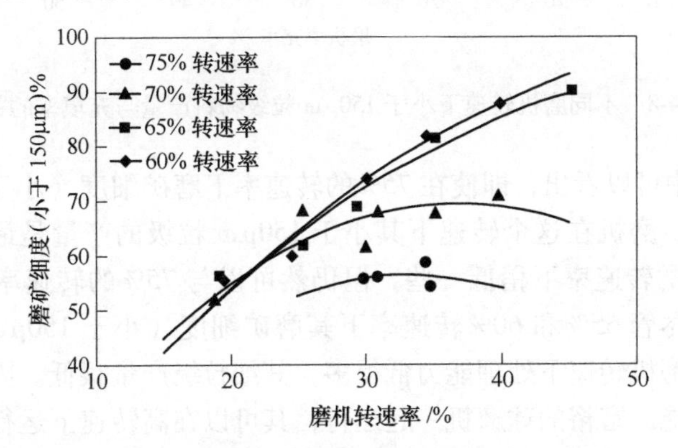

图4-6 不同磨机转速下的充填率与磨矿细度

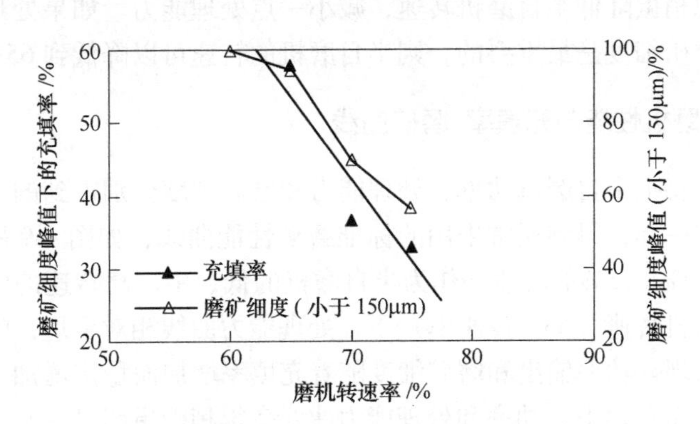

图4-7 磨机转速与磨矿细度和充填率的关系

根据试验结果，可能意味着半自磨机更好地磨矿必须在较低的转速下运行。但由于处理能力同时降低，它并不意味着半自磨机在较低的转速下会更好地产生合格的细粒。因此，如果考虑半自磨机中相对于磨机不同的充填率和转速率下的细粒级产量（t/h，小于150μm），则得到图 4-8 所示的曲线。

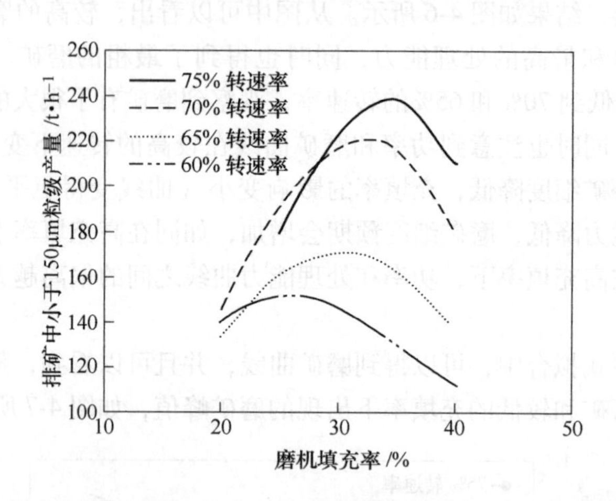

图 4-8　不同磨机转速下小于 150μm 粒级物料产量与充填率的关系

从图 4-8 中可以看出，即使在 75%的转速率下磨矿细度（小于 150μm 粒级）含量是最低的，磨机在这个转速下其小于 150μm 粒级的产量是最高的。细粒级的产量在 70%的转速率下稍低一些，但仍然可以与 75%的转速率下的结果相比较。可以看到尽管 65%和 60%转速率下其磨矿细度（小于 150μm 粒级）最好，但由于在这些磨机转速下处理能力低得多，其细粒级产量很低。因此，如果半自磨机与第二段能力富裕的球磨机一起运行，其可以在高转速下运行，处理能力最好，细粒级产量也最好。然而，如果遇到磨矿细度问题，并且第二段磨机运行很好，可以考虑稍微降低半自磨机转速，减小一点处理能力。如果处理能力不是优先考虑的，磨矿细度是最重要的，则半自磨机的转速可以降低到 65%的转速率。

4.1.3　半自磨机性能与充填率-磨矿曲线

本节中，将把半自磨机功率、处理能力和磨矿细度分别得到的与充填率的关系曲线绘制在一起，得到通常采用的标准磨矿性能曲线，如图 4-9 所示。这些曲线以 65%、70%、75%的转速率作为半自磨机的低、中、高转速的磨矿曲线的例子。在低的磨机转速（65%转速率）下，处理能力曲线相对平坦，峰值在非常低的充填率下出现。功率输出和磨矿细度随着充填率增加而稳定增加。在中的磨机转速（70%转速率）下，功率和处理能力曲线变得稍微更明显一些，处理能力峰值出现在充填率约 30%的条件下，功率峰值则在超过了正常的运行充填率后出现，

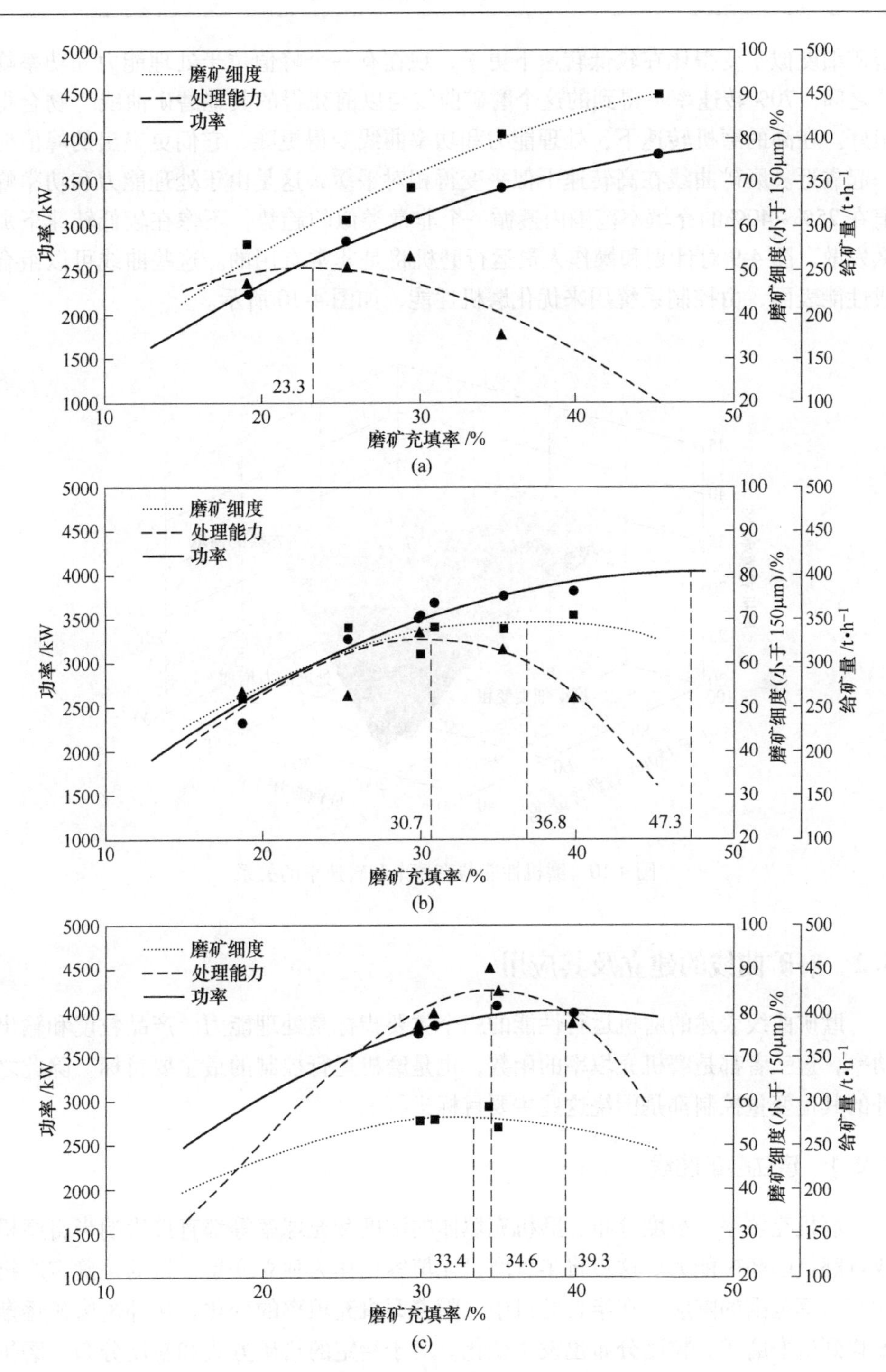

图 4-9 South Deep 金矿半自磨机在 65%、70%、75%转速率下运行的性能曲线

（a）65%转速率；（b）70%转速率；（c）75%转速率

磨矿细度似乎变得比在较低转速下更平，现在有一个峰值位于处理能力和功率峰值之间。70%转速率下得到的这个磨矿曲线与以前获得的其他磨矿曲线[4]吻合得很好。在高的磨机转速下，处理能力和功率曲线变得更陡，它们更突出的峰值向一起靠近。磨矿曲线在高转速下似乎变得相对平缓，这是由于处理能力和功率峰值在25%~40%的充填率范围内遵循一个非常类似的趋势，不像在较低转速下那么发散。图4-9对计划和操作人员运行磨机将是非常有用的。这些曲线可以组合成性能表面，由控制系统用来优化磨机性能，如图4-10所示。

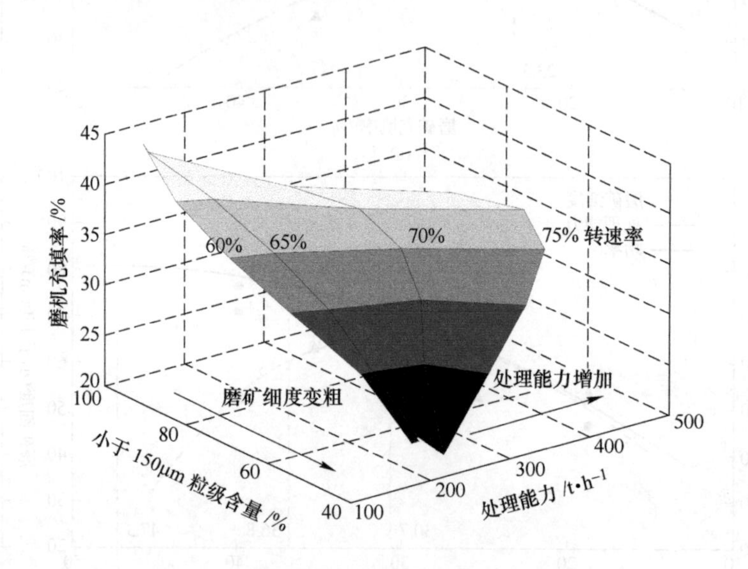

图4-10 磨机性能与充填率和转速率的关系

4.2 磨矿曲线的建立及其应用

磨矿曲线表述的磨机运行性能的三个主要指标是处理能力、产品粒度和输出功率，这三者都是磨机充填率的函数，也是磨机运行控制的最主要目标。除此之外的其他变量控制都是围绕这些主要目标进行的。

4.2.1 建立磨矿曲线

磨机充填率、粒度分布、磨机充填体的浓度和充球率等都直接影响半自磨机或自磨机的磨矿能力。这里将半自磨机充填容积作为独立变量，目的是确定磨机对充填率范围的响应。在半自磨机中，随着磨机充填率的变化，从冲击磨矿逐渐偏移到研磨磨矿，粒度分布也发生变化。对于给定的给矿方式和粒度分布，磨机性能的最初控制是通过控制磨机的充填率实现。需要注意的是磨机的充填率和负荷，从4.1节我们知道，尽管两者是相关的，但不是相同的。

磨机充填率都是以容积为基础，如磨机内容积圆柱体部分的百分比，这是一个在工业上和在 JKMRC 模型中采用的标准术语，这与真正的内部容积并不相同，因为磨机的锥形端部在磨机给定的充填率水平下有不同的容积充填率。在计算真正的容积充填体的质量时必须同时考虑磨机锥形端部的容积。

4.2.1.1 取样

建立一个磨矿曲线的基础是在一个很宽的范围内不断改变磨机的充填率并且测定其在每个选定充填率下的性能。如采用快速考查[9]，在整个 5~7min 期间内只从流动的矿浆流中取样，测定流程上的每个点。然后在闪停之前，在最后一个试验点上进行一个全面的调查。磨矿产品通常是唯一可接近的，其通过排矿筛或圆筒筛分离为筛上和筛下产品。筛上产品通常取样简单，或者从皮带上截取，或者在转运点截取。然而筛下产品由于工程设计时可能没有考虑磨机性能的测定去如何截取，通常筛下产品与球磨机排矿在一个共用泵池中混合，截取也是比较困难的。如果没有取到或是球磨机或是半自磨机的产品样品，就不可能从共用的砂泵池中得到单独的自磨机或半自磨机产品。

A 磨机排矿

对于磨机排矿到筛分机上，基本上是可以直接取到排矿样品。然而，也可能有点令人畏缩，因为排矿的流量大（300~7000m³/h）、颗粒粗（特别是有砾石窗时）、排矿点通常是罩着的，如何进入很棘手。

由 Powell 等人所做的一个修改版的摆动式取样器在 Los Bronces 半自磨机回路给矿量高达 1500t/h 的条件下成功应用[10]，如图 4-11 所示。

图 4-11 半自磨机排矿取样器——放下去取排矿样和淮析样品

取样器设计的要截取半自磨机排矿振动筛的等量的筛下物料，筛上物料的合格样品一般通过顽石皮带截取。基于这一点，其选择的取样器宽度与半自磨机排矿筛的筛孔尺寸（20mm 条形孔）相匹配，取样器设计用来截取小于 20mm 的物料，其宽度设计为 60mm，截取全粒度分布将需要 230mm 的取样器宽度，必须取一个平常很难操作的大样。在取样中，取样器悬挂在桥式起重机上拉着横过排出的矿浆流，然后用绳子再拉回来，通过一个钢杆保持取样器对着矿浆流。取样器有一轴装在钢支撑臂上，可以倾翻将其倒空（见图 4-11）。

半自磨机的全排矿样品必须用排矿端截取的样品和顽石部分的样品重新构成，振动筛孔用作分离点，然后进行合并。对于 20mm 筛孔，顽石取大于 18mm 的粒级，矿浆取小于 18mm 的粒级，这个范围之外的任何物料全部从各自的粒级分布中除去。为了重新合成全粒级分布，根据在各自矿流中的流量分数把两个粒度分布重新合并在一起。

B　圆筒筛

圆筒筛取样是在圆筒筛下面利用横断面直接截取，以平行切片方式覆盖所有或大部分的排矿区域。图 4-12 描述了如何进行圆筒筛横切截取技术，图中实线方框代表进入圆筒筛罩子内的窗口，虚线方框代表样品截取的位置。为了保证有代表性的样品，每一片必须刚好与上一次相接，每一次截取的时间长短必须与上一次相同，排矿的整个长度需要被不断的截取全覆盖。

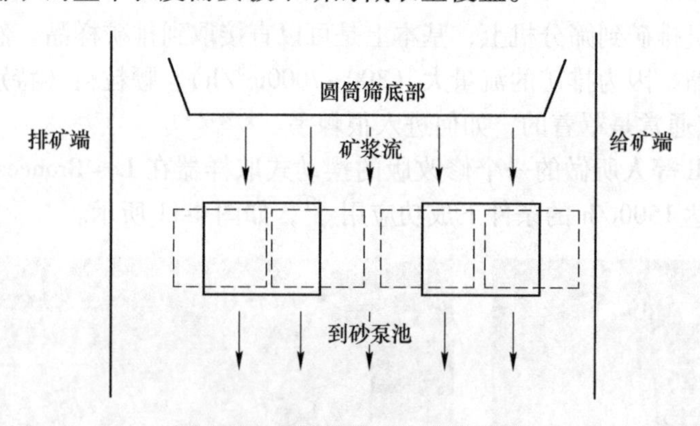

图 4-12　圆筒筛横切面截取过程

取样器设计的条缝宽度为圆筒筛条缝宽度的 3 倍，固定到一个长的可以达到横跨圆筒筛宽度的钢杆上，如图 4-13 所示。把取样器旋转上下颠倒后，从窗口插入横切方式推入到圆筒筛下矿流的最远点，然后旋转正常位置向上并且快速横切矿浆流拉回到窗口。

C　循环矿流

随着磨机充填率的改变，循环矿流能够产生重大的变化，应当对这些矿流进行测量。破碎的顽石可以在转运点取样。如果磨机与旋流器闭路，这就有更多的工作要做，围绕着旋流器的所有三个矿流（给矿、溢流、底流）都需要取样，

图 4-13 圆筒筛底流取样器

以建立数量平衡。旋流器溢流对于单段磨矿回路来说就是半自磨机回路产品，因此必须取样。

D 给矿

尽管不是严格地必须测量磨机的给矿，但为了建立磨矿曲线，还是强烈地建议对磨机的给矿进行测量，因为在所有辛苦的工作进行之后还要考虑到磨机建模。此外，这也能提供特定的磨矿曲线与给矿矿石类型和粒度分布的相关关系。磨机给矿取样只能在整个考查的最后阶段进行，在磨机闪停之后，从给矿皮带上截取。

4.2.1.2 充填率校准[9]

磨矿的负荷测量可以由安装在轴承座下面的负荷传感器或磨机轴承上的润滑油背压测量来提供。负荷传感器可以提供磨机和充填体的总质量，也可以只在磨机的一端下面测量，这样给出的就大约是总质量的一半。轴承压力值直接但非线性地与磨机总负荷相关，尽管其响应是平滑的并且可能相当准确，但其对轴承的油温还是敏感的，因而室温变化就会导致输出信号的重大的偏移。这两种输出信号都能够作为控制设定值来维持稳定的磨机充填率，然而，准确的磨机充填率还是不知道的。在负荷读数和磨机充填率之间的相关关系随着矿石密度变化、钢球充填率的偏移和衬板的磨损而变化。因此，为了维持恒定一致的充填率，必须根据测得的负荷输出信号校准充填率。

闪停和磨净（对半自磨机）磨机中的矿石提供了校准负荷测定的两个极值点。对负荷传感器，负荷响应是线性的，因此两个点足以校准磨机的充填率。然而，对轴承反压力，其响应是非线性的，因此需要更多的点。然后，充填的负荷可以根据测定的磨机总充填率和充球率进行计算。磨机充填率，连同内部尺寸和锥角一起，提供出数据来计算充填体的体积，包括总的充填体和钢球的体积（根据磨净矿石后的数据)。需要来确定充填体质量的相关关系见式(4-4)~式(4-12)。

$$充填率_{(闪停或磨净)}(\%)=100\times\frac{A-B}{C} \tag{4-4}$$

$$A=D\times\frac{D}{4}\times\arccos(2\times\frac{H}{D}-1) \tag{4-5}$$

$$B=\left(H-\frac{D}{2}\right)\times\sqrt{H\times D-H\times H} \tag{4-6}$$

$$C=\pi\times\frac{D^2}{4} \tag{4-7}$$

$$V_{(闪停或磨净)}=\frac{充填率(\%)}{100}\times\sqrt{\frac{D}{2}}\times\pi\times L\times\frac{2}{3}\times\tan\left(\frac{\theta}{180}\times\pi\right)\times(D-H)\times(A-B) \tag{4-8}$$

$$矿浆质量=\left(\frac{孔隙率}{100}\times矿浆密度\right)\times V_{(闪停)}\times矿浆充填分数 \tag{4-9}$$

$$球荷质量=V_{(磨净)}\times\frac{100-孔隙率}{100}\times钢球密度 \tag{4-10}$$

$$矿石质量=\frac{100-孔隙率}{100}\times(V_{(闪停)}-V_{(磨净)})\times矿石密度 \tag{4-11}$$

$$充填体质量=矿浆质量+钢球质量+矿石质量 \tag{4-12}$$

式中 D——磨机内径；

H——沿磨机中心线从充填体顶部到磨机顶部的距离；

L——磨机筒体的长度；

$V_{(闪停或磨净)}$——闪停或矿石磨净后充填体所占的磨机体积；

θ——磨机筒体锥角。

上述计算用来校准磨机中充填体采用负荷传感器或轴承压力测得的读数的实际质量，这些方程能够用来建立一个简单的负荷传感器和充填体(%)之间的相互关系，然后可以用来根据整个衬板寿命周期内衬板质量的损失进行调整。

校准的实例如图4-1所示，该实例中做了比实际所需更多的点，该校准描述了负荷传感器响应的线性性质。测的点提供了试验当时的校准情况。然而，随着衬板的磨损，这个标定必须调整。在这个例子中，衬板磨损的影响也很清晰地描绘出来，在整个衬板使用期间，对固定的负荷传感器170t的设定值，充填率从25%偏移到39%。这就证明了在磨机质量中要包括衬板质量以及充填率控制输出信号的重要性。在整个衬板寿命周期内，结合着变化的衬板质量不断地调整负荷-充填率标定将会使校准的磨矿曲线依然有效。

4.2.1.3 确定充填率范围

建立磨矿曲线需要3~4个点，每一套数据的采集应当在磨机稳态运行下进行。因此，如何在每一个测定点之后使磨机很快移动过充填率急剧变化的范围而尽可能快地进入到下一个平衡状态是一个挑战。

做出一个曲线是从低的充填率开始，在一段时期内逐渐地增大充填率。这种方式是在磨机中形成一个正常的充填体，而负荷的磨蚀却又导致矿石充填体不断地磨损和过度地搅动。磨机在开始运行的最低充填率时启动，这时，这个点通常是受控于钢球对衬板的冲击，根据辨听到的磨机中钢球冲击衬板的声音是建立可接受的和有用的充填率最低点的先决条件。要认识到，要得到一个有意义的曲线，需要使磨机在一个比正常运行的充填率宽得多的充填率范围内运行，这是最关键的。

最好是使磨机在晚班时改变到商定的最低充填率，并在白班前的最后几个小时内一直保持磨机负荷在商定的设定值，这样能够使得磨机快速稳定在理想的充填率上。然后考查人员整体控制和检查回路的稳定性。检查加水比例和给矿机设定值，给矿量基本设定为手动，因而给矿量成为唯一的调整磨机平稳运行的因素，保持其在理想的负荷设定值。不必要非盯住某些准确的设定值，使得磨机稳定在其自然负荷值上。当其已经稳定至少半个小时，即可进行快速考查。

在第一个点数据获得之后，然后以每几分钟2~3t/h的增量增加给矿量，逐渐增加磨机充填率。这个一定要按照要求说明的方式进行，根据选择的给矿量步骤和时间增量，二者紧密结合。这个看起来似乎很慢，但实际上比快速急剧增加充填率然后等待磨机达到稳态要快得多。由于磨机充填或排空其负荷的粒度分布会发生变化，因此试图在两设定点之间进行快速改变则不可能像上面建议的较慢的方法那样尽可能快地取得平衡条件。应当注意到磨机性能在给矿量较大跨度变化之后趋向于周期性的变化，结果，现有磨机的内容在补加了不同粒度分布和成分的新给矿后可能需要花费数小时才能重新稳定下来，因为磨机负荷要逐渐变化到新的粒度分布平衡。此外，要找到磨机将保持的在目标充填率下的合适给矿量，也要花费大量的时间。当这些挑战叠加到波动的磨机性能和充填率上时，这个过程很容易需花费4~8h来稳定。因此，此时一定要有耐心，避免扰动磨机内容，由于下一个理想的设定点已经接近，磨机给矿量保持不变约15min，观察磨机负荷的变化速率，分几步降低给矿量以帮助调整负荷。然后，给矿量可能再次向上调整以达到稳定的负荷值，控制范围取决于负荷测量的敏感性。尽管没有校准磨机充填率之前采用轴承反压力估算有一点难度，但基本上是使负荷传感器的范围在2t之内。

这种方法使得磨机快速进入负荷设定点，下一个要取样的磨矿曲线点在半个小时之内达到这个设定点。一整天之内建立的磨矿曲线如图 4-14 所示。采集的第一个点在 6.55MPa，下一个点在 6.85MPa。给矿量稳步增加很清楚，增加 70t 负荷用了 3h 多。给矿量的轻微下调在调查开始 1h 内是很明显的，在回调后稳定了。遗憾的是由于历史数据记录造成数据分辨问题，因此轴承压力显示在 0.1MPa 间隔上是一条直线。实际上这些数据尽管沿着整个试验曲线是平的，在图上不很明显。第二个建立的磨矿曲线如图 4-15 所示，这个做的是为磨机最好的运行窗口提供快速指导，因此没进行考查，黑框所示的三个稳态窗口不是理想的稳态，但对此目的考虑是合适的。因而，这种描述对开发一个磨矿曲线是很好的方法。

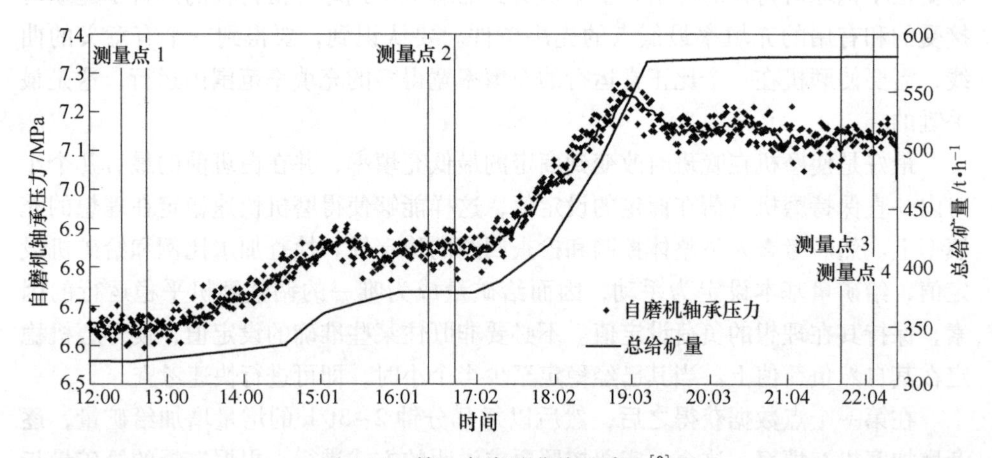

图 4-14 第一条磨矿曲线的建立[9]

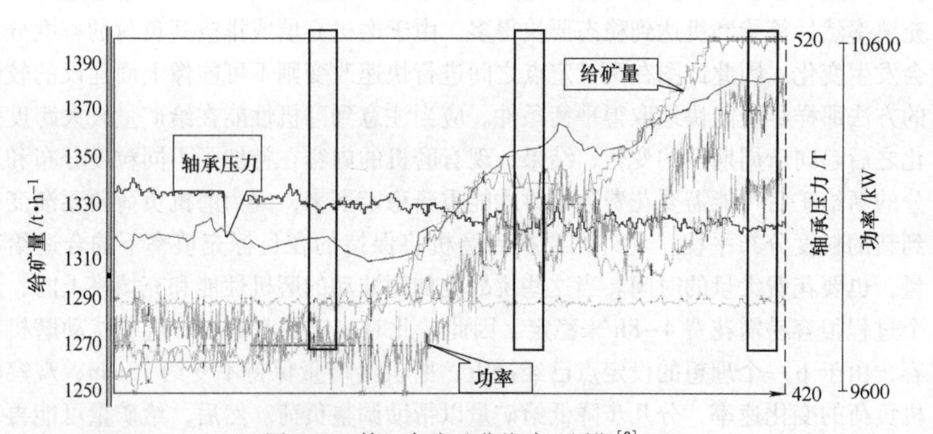

图 4-15 第二条磨矿曲线建立周期[9]

在最后的考查之后，磨机被闪停，然后进去测量磨机充填率、矿浆充填量、磨机内部尺寸和衬板形状。要非常仔细地准确进行测量，因为小的误差，如只有

100mm，也会导致磨机充填体质量误差达数吨。最好的办法是采用激光测距仪沿着中心轴垂直测量到磨机顶部的距离，沿着磨机任何一个角度，测四五次数据，得到一个平均值。如果充填体表面不平，影响测量，则可微拖动磨机直到充填体刚好瀑落态势，通常提供平的表面进行测量。

在半自磨机的场合，在这种检查之后，磨机需要磨净矿石以进行钢球负荷的精确测量。最好的办法是在没有给矿的情况下运行磨机并且减少进入的水，水应当不要全部排出，因为全部冲刷出磨机会导致降低磨矿速率，造成缺少来自矿浆的“铺垫”，造成对衬板和钢球更极其严重的冲击。需要的补加水通过观察磨机排矿粗略地估算，并且调整给出一个看上去合理的矿浆黏度——有一点水汽，有低的湍流，能够达到耳轴的边缘，大约为通常补加水量的 1/3 基本上是合理的。随着磨机负荷曲线开始变平，在停磨机之前，磨机用少量的水冲洗几分钟。

4.2.2 磨矿曲线数据

所做的磨矿曲线数据见表 4-3[9]。

表 4-3 磨矿曲线数据

矿山	注释	磨机规格 $D \times L$/m×m	充填率/%		给矿量范围 /t·h^{-1}	功率范围 /kW	磨矿粒度	
			钢球	总计			含量/%	粒级/μm
Kopanang	与旋流器闭路，细粒产品，耐磨矿石	5.0×8.8	7	19~40	45~88	1250~1930	77~87	75 以下
Platinum	与 1mm 筛闭路，细粒产品，中软矿石	5.8×4.8	5	27~42	188~198	1650~2050	75~85	300 以下
South Deep	开路，最好范围的转速和充填率，耐磨矿石	7.9×4.9	7	19~45	264~314	2395~3154	64~75	150 以下
LKAB	与螺旋分级机闭路，自磨，中硬、软、耐磨矿石	6.3×5.9	0	19~42	350~533	1951~3857	70~78	130 以下
Cu-Gold	与顽石破碎机闭路，中间磨矿，中硬矿石	10.2×5.1	11	29~37	1247~1399	9700~10142	79~81	212 以下
Gold 1	与顽石破碎机闭路，中间磨矿，硬矿石，非常低的磨机充填率	6.9×3.1	7	10~18	220~247	1601~2088	22~27	106 以下
Gold 2	与顽石破碎机和旋流器闭路，破碎后给矿，中等细产品，耐磨矿石	9.5×4.5	13	17~19	580~821	6268~6546	25~30	106 以下
Platinum 高充填率	与 1mm 筛闭路，细粒产品，中硬矿石	5.9×8.0	28	45~63	—	5000~5934	—	

4.2.2.1　拟合曲线

目前磨矿曲线拟合成一个二阶多项式。要改善拟合，可以添加这些测量点以外的其他已知的点。处理能力的低限发生于当磨机中的充填体完全由钢球组成时，因此在钢球充填时处理能力设定为零。磨机中没有负荷时磨机将输出无负荷功率。因而功率曲线起点固定于计算的充填率为零时的无负荷功率输出。图 4-16 所示为由于操作人员缺少在负荷传感器和磨机充填率之间的相关关系，不经意疏忽导致过度充填的磨机的数据。最大的充填率为 65%，零充填率固定于无负荷功率，功率曲线得到了很好的拟合。在充填率为 44%时产生一个功率峰值，无负荷功率时的截距在 8.7%充填率。该曲线拟合是对于 28%的高充球率，因此随着负荷向着自磨转变，其曲率预期能够变平，峰值会在 50%的充填率时达到。因而尽管这个关系对所有的磨机不是完全相同，这确实给出了一个很好的曲线形成的标识，这些数据也表明在充填率和负荷之间是线性关系。

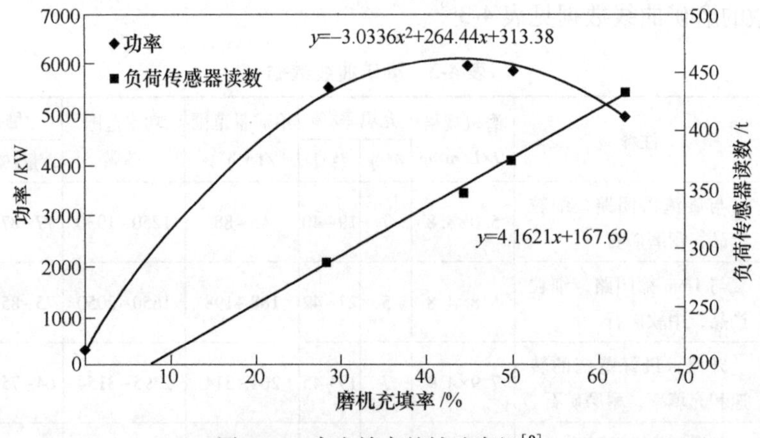

图 4-16　高充填率的铂矿磨机[9]

4.2.2.2　磨矿曲线

本节的大部分内容都与表 4-3 给出的磨矿曲线数据有关，这些数据本身就是来自磨机的不同响应的信息。差别来自几个因素，包括矿石耐磨性、产品粒度、循环负荷（给矿和粒度分布的百分数）、充球率、磨机转速和磨机长径比，以及其他一些因素。

南非 Kopanang 金矿的磨机与旋流器闭路生产单段细粒产品，该磨机能够在高的充填率下运行以得到功率、处理能力和磨矿细度的清晰峰值，如图 4-17 所示。其功率和处理能力的峰值在约 35%和 30%的充填率下得到。这就证明了磨机有一个最佳运行的清晰窗口：在 31%~33%的充填率范围内，尽管其低于功率峰值。值得注意的是，最佳区域低于磨机在 38%~40%充填率下数据组所示出的基本运行区域。

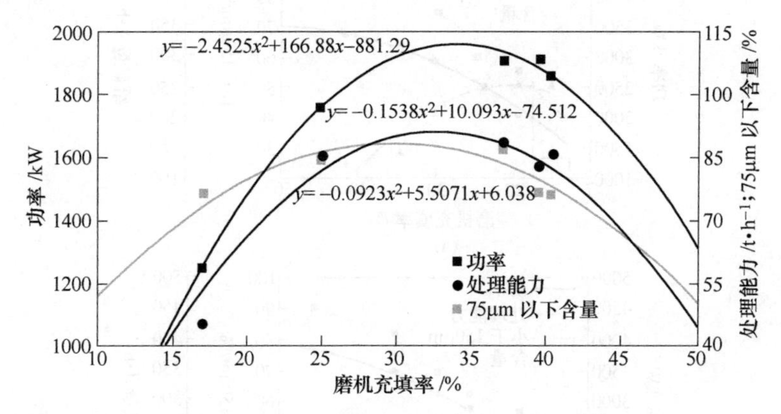

图 4-17 南非 Kopanang 金矿的磨矿曲线[9]

图 4-18 所示为某铂矿磨矿曲线，该铂矿磨机与筛孔为 1mm 的筛分机闭路，循环负荷很低，其处理能力峰值出现在 33%充填率下，比所做出的最细磨矿的 44%充填率低得多，而磨机运行的功率峰值则与最细的磨矿点处于同一充填率下。由于选矿厂处理能力不足，因此改在这个较低的充填率下运行。磨矿细度曲线实际上在峰值附近相当平缓，250μm 以下粒级最终产品的生产在较低的充填率下增加了。

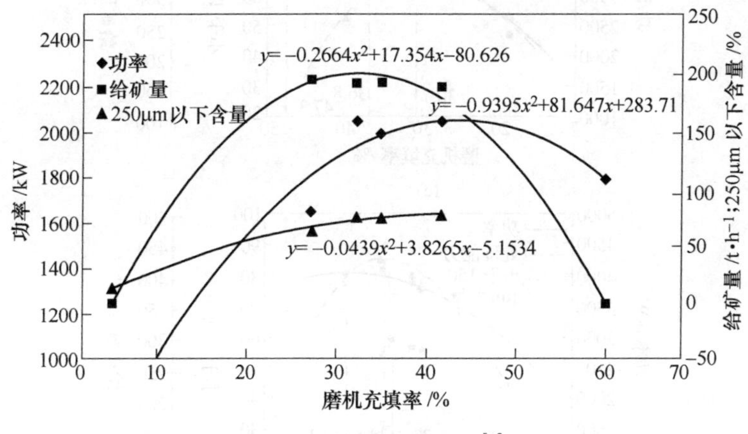

图 4-18 铂矿磨矿曲线[9]

图 4-19 所示为 South Deep 金矿的半自磨机磨矿曲线，这套数据清楚地表明了磨机性能是如何随着磨机转速变化的，在不同的充填率下峰值随着转速而变化。处理能力峰值随着磨机转速提高而提高，从 17%充填率下转变到 35%充填率下，而磨矿细度的峰值则向相反的方向转变，从大约 50%充填率降到 34%充填率。

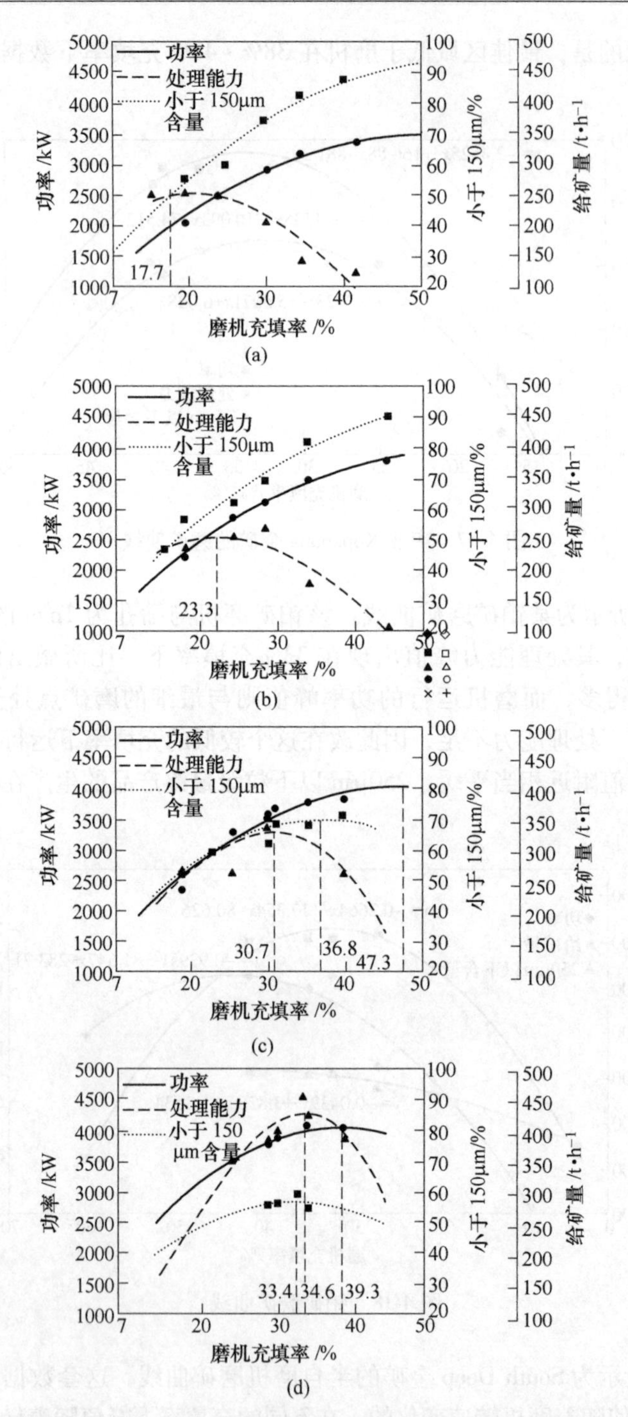

图 4-19 South Deep 半自磨机在不同转速下的磨矿曲线[9]

(a) 60%转速率；(b) 65%转速率；(c) 70%转速率；(d) 75%转速率

LKAB 在选矿厂对自磨机和磨矿回路用不同的给矿混合进行了一系列详细的考查[11]。随着从粗粒到细粒的混合控制，对大于 30mm 粒级的给矿用单独的矿仓，使给矿能够用可控的方式改变，试验结果如图 4-20 所示。从图中可以看出，随着给矿的变粗，处理能力的峰值从 43%充填率变化到 37%充填率，但其在整个非常宽的充填率范围内却产生了类似的产品粒度，在所有试验的充填率下约 75%小于 130μm。在更细的标准给矿条件下，功率和处理能力的峰值也很接近，磨矿性能趋向于围绕着峰值有一个相当平稳的磨矿粒度。这就为操作人员控制磨机提供了一个在目标充填率下很有用的指导，最好是在处理能力的峰值条件下运行，该峰值的变化与给矿中的粗粒级分数有直接的相关关系。

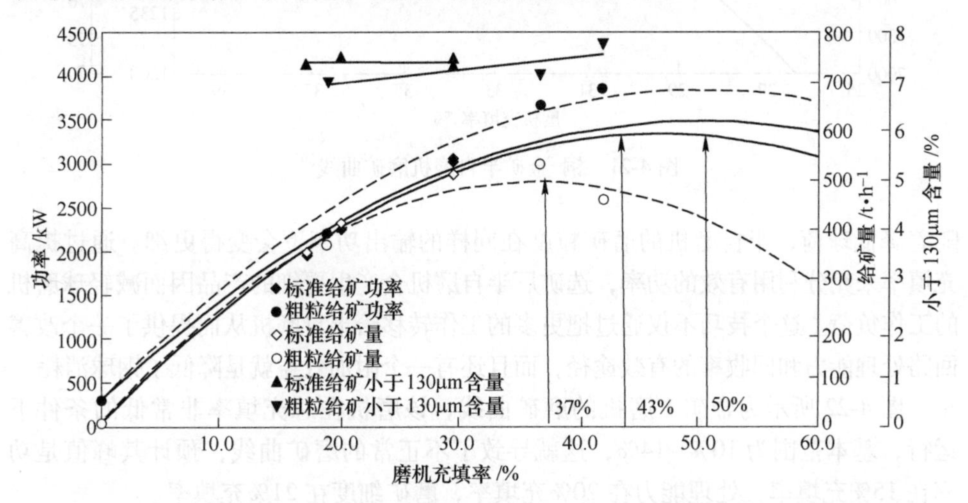

图 4-20 LKAB 自磨机给矿中粗粒物料为 36%（标准）和 55%（粗粒）时的磨矿曲线

铜-金矿的半自磨机磨矿曲线如图 4-21 所示。在这个曲线和其他磨矿曲线之间的重要的差别是这里给出的磨矿粒度是球磨机之后旋流器溢流的回路最终产品粒度，而不是半自磨机的产品。这里没有机会考查半自磨机排矿，因此采用旋流器溢流自动取样机的样品作为回路性能的指示。很显然，这里半自磨机根本不在给矿量峰值附近，估计是在 45%充填率左右，只是刚好接近在 40%充填率的功率峰值。回路磨矿细度峰值在 31%的半自磨机充填率，低于半自磨机的潜在性能，表明球磨机是回路的瓶颈。考虑这一点以及磨矿-回收率的响应，操作人员应当努力实现整个回路磨矿性能的平衡。这个磨矿曲线意味着选矿厂应当关注于改进球磨机的性能。当然，如果性能很好，则要考虑增加球磨机磨矿能力。

半自磨机有几乎 2000kW 的富余功率，但其使用受到由于球磨机过负荷而使整个回路产品变粗的限制。在完成这个磨矿曲线之后，操作人员实际上降低了给矿量以便于恢复回路的磨矿粒度。因此，另一种办法是把半自磨机中钢球负荷从目前的 11%降低到约 9%，使半自磨机在更高的充填率下运行来提高功率输出。

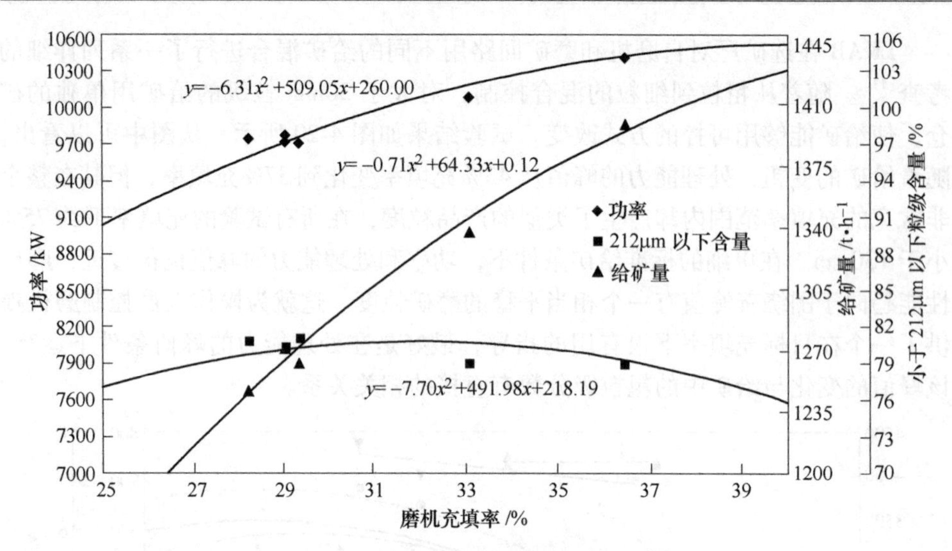

图 4-21　铜-金矿半自磨机磨矿曲线[9]

随着降低球荷，半自磨机的磨矿粒度在同样的输出功率下会变得更细。通过提高充填率来充分利用有效的功率，选矿厂半自磨机会产生更细的产品因而减轻球磨机的工作负荷。这个技巧不仅通过把更多的工作转移给半自磨机从而提供了一个改善回路处理能力和回收率的有效途径，而且还有一个附加效益就是降低了钢球消耗。

图 4-22 所示为金矿 1 磨机的磨矿曲线，该磨机在总充填率非常低的条件下运行，基本范围为 10%~14%，这就导致了不正常的磨矿曲线，预计其峰值是功率在 15%充填率，处理能力在 20%充填率，磨矿细度在 21%充填率。

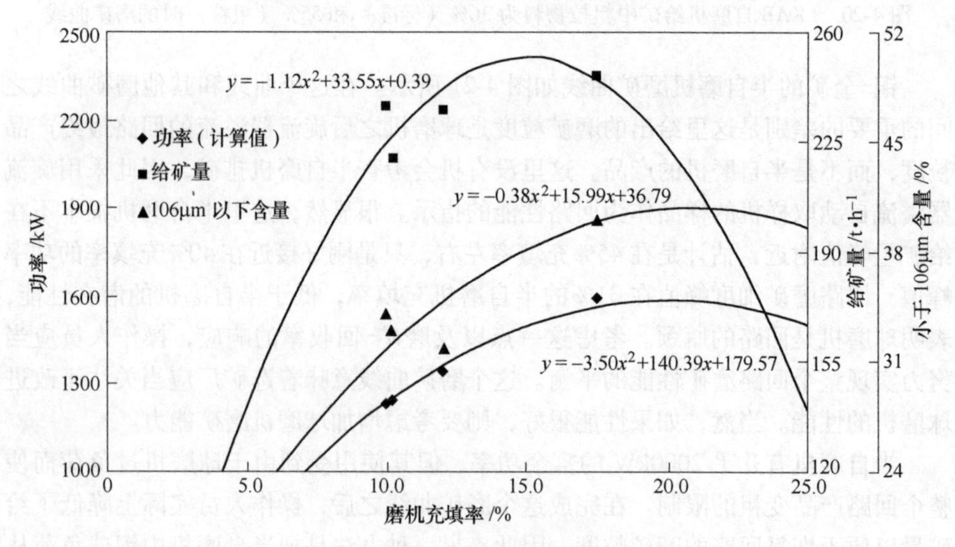

图 4-22　金矿 1 磨矿曲线

图 4-23 所示为金矿 2 的磨矿曲线，该磨机的给矿为第二段破碎后的矿石，在磨机中矿石含量低，因此不作为标准的半自磨机来运行，其功率和给矿量在 19%充填率条件下上升得很快，但磨机安装功率只有 6500kW，因此磨机的充填率必须限定在该点。这就限制了开发该磨机能力的机会，尤其是现场磨机运行和控制的灵活性。有趣的是，即使在这些低的充填率下，产品粒度随着充填率的增加显示出稍微的降低。这个发现与标准的经验直接形成对比，从磨矿曲线的响应来看，很显然磨机的行为不像一台常规的半自磨机，因为这台磨机是 100%小于 75mm 的全破碎的给矿，没有粗的矿石介质，其行为像一台混合的球磨/半自磨机。因此，如果这台磨机处理只有部分预破碎的矿石可能实质上会更好，然后把 13%的高充填率可以降低到 8%左右，用自磨介质替代，以改善磨机充填率和更细的磨矿，在同样的功率输出下维持处理能力不变。

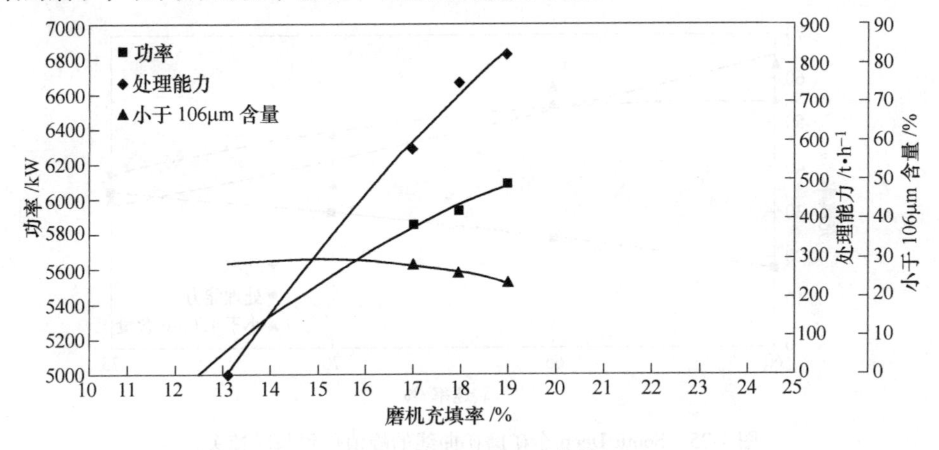

图 4-23　金矿 2 磨矿曲线

4.2.3 通用关系

从磨矿曲线的数据中难以归纳出简单的通用关系，在矿石耐磨性、充球率、矿球比、分级粒度、排出的顽石和破碎的顽石循环等变量上，要想得到一个标准的规律，这些因素具有太多的可变性。但对每个应用来说，这是相对直接的和有更多的信息来建立和拟合曲线。

South Deep 金矿的数据对在磨机转速变化中的峰值响应提供了一套值得关注的趋势，图 4-24 给出了峰值的移动。功率在 75%转速率下变平了，但是处理能力仍然在上升，导致随着磨机的加速，磨矿产品变粗了。峰值的位置和磨机转速之间的相互关系如图 4-25 所示。功率的峰值随着磨机加速移动到较低的值，而处理能力的峰值则一直在增加，随着磨机加速最细的磨矿产品粒度出现在较低的磨机充填率时。值得关注的是所有三个输出值几乎在同一充填率值下重合，即 75%的转速率下，可能表明这是一个最佳运行转速。

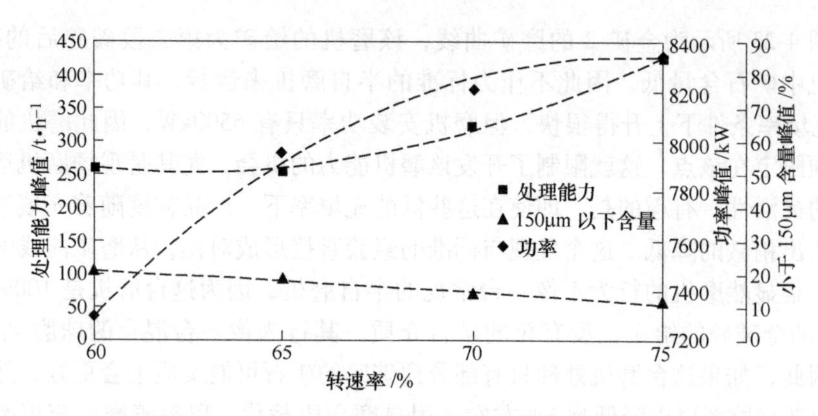

图 4-24 South Deep 金矿磨矿曲线的峰值与转速关系

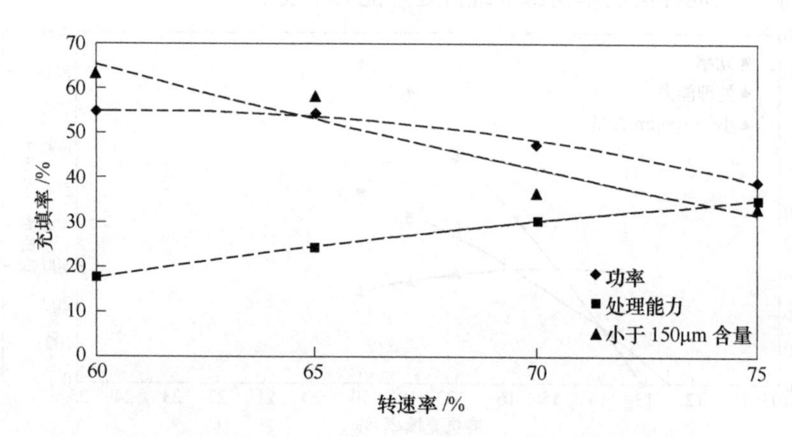

图 4-25 South Deep 金矿磨矿曲线的峰值位置与转速关系

4.2.4 磨矿曲线的应用

4.2.4.1 控制

首先，如果在较长的时间内采用校准的磨矿曲线，必须采用充填率而不是负荷读数进行校准。如果校准得准确，不仅能够采用已有的磨矿曲线，而且能够在不需要停磨机的情况下开发出新的磨矿曲线。这样，就能够利用磨矿曲线方法对新的给矿类型下磨机的响应提供可控的措施，当给矿类型有重大的变化时，就可以知道如何采取措施应对。

磨机滞后时间通常比较长，在对磨机的运行做出改变和负荷的响应之间的时间差可能是很大的，有时长达20min。这个滞后时间一般会导致重复纠正而引起磨机性能大的波动，如处理能力、功率输出和磨机充填率。因而，准确评估滞后时间对维持稳定的磨机性能具有重要的意义。

4.2.4.2 操作人员培训

从给矿量和充填率慢慢提升的过程中能够学到的是对磨机中滞后时间的理解和评价，磨机中有大量滞留的充填体，因此给矿中的变化需要花费一定的时间来实现。对于图 4-14 和图 4-15 中所示的用来建立磨矿曲线的磨机的滞后时间约20min，从当磨机给矿变化时开始测定到当负荷开始变化时止。这是一个令许多操作人员措手不及的因素，如果他们要增加磨机充填率往往趋向于在给矿量上一步完成，然后等待直到磨机达到目标负荷设定值时才开始减少给矿量，但是之后磨机充填继续，尽管减少了给矿量，然而操作者必须过度纠正给矿量，将其拉低迫使磨机在过充填之前转回，这就在充填和给矿量之间建立了一个循环周期，这个周期可能持续数小时。如果操作人员已经做出了磨矿曲线程序，他们就对磨机的响应和滞后时间有了正确的认识，因此就会在达到理想的设定点之前减缓控制响应，改变运行条件，使其在可控的条件下进行。

4.2.4.3 建模

本书 4.2 节中所提出的磨矿曲线对半自磨机模型的发展和改进提供了一个很好的数据，为一致条件下磨机运行的变化提供了优秀的数据来拟合和有效地应用半自磨机模型。磨矿曲线没有通用的直接规则，为了提供一个通用的预测能力，则需要一个合适的自磨/半自磨模型。

参考文献

[1] Powell M S, Perkins T, Mainza A N. Grindcurves applied to a range of SAG and AG mills [C]// Major K, Flintoff B C, Klein B, et al. International Autogenous Grinding SemiAutogenous Grinding and High Pressure Grinding Roll Technology 2011. Vancouver: CIM, 2011: 115.

[2] van der Westhuizen A P, Powell M S. Milling curves as a tool for characterizing SAG mill performance [C]// Allan M J, Major K, Flintoff B C, et al. International Autogenous and Semi-Autogenous Grinding Technology 2006. Vancouver: Department of Mining and Engineering, University of British Columbia, 2006 (I): 214~232.

[3] Powell M S, van der Westhuizen A P, et al. Applying grindcurves to mill operation and optimization [J]. Minerals Engineering, 2009, 22: 625~632.

[4] Morrell S. Power draw of wet tumbling mills and its relationship to charge dynamics-Part 2: an empirical approach to modelling mill power draw [J]. Trans. Instn. Min. Metall. (Sect C), 1996, 105 (1~4): 54~62.

[5] Morrell S. A new autogeneous and semi-autogeneous mill model for scale-up, design, and optimization [J]. Minerals Engineering, 2004, 17: 434~445.

[6] Powell M S, Morrell S, Latchireddi S. Developments in the understanding of South African style SAG mills [J]. Minerals Engineering, 2001, 14: 1143~1153.

[7] Govender I, Powell M S. Validation of DEM using an empirical power model derived from 3D particle tracking experiments [J]. Minerals Engineering, Special issue—computation 05, 2006.

[8] Powell M S, Mainza A N. Extended grinding curves are essential to the comparison of milling performance [C]//Proceedings Comminution, Perth, 2006: 13.

[9] Powell M S, Perkins T, Mainza A N. Grindcurves applied to a range of SAG and AG mills [C]// Major K, Flintoff B C, Klein B, et al. International Autogenous Grinding SemiAutogenous Grinding and High Pressure Grinding Roll Technology 2011. Vancouver: CIM, 2011: 115.

[10] Powell M S, Valery W. Slurry pooling and transport issues in SAG mills [C]// Allan M J, Major K, Flintoff B C, et al. International Autogenous and SemiAutogenous Grinding Technology 2006. Vancouver: Department of Mining and Engineering, University of British Columbia, 2006 (I): 133~152.

[11] Powell M S, Benzer H, Dundar H, et al. LKAB AG Milling of Magnetite [C]// Major K, Flintoff B C, Klein B, et al. International Autogenous Grinding SemiAutogenous Grinding and High Pressure Grinding Roll Technology 2011. Vancouver: CIM, 2011: 112.

下　篇

工业实践

5 部分预破碎—半自磨—球磨—顽石破碎（CSABC）流程（TARKWA金矿）

5.1 概述

Tarkwa金矿[1]位于西非的加纳西区，东距首都阿克拉约300km。矿山位于Tarkwa镇西边4km，交通和基础设施很好。另外，矿山有一条主要公路与东南90km面临大西洋的Takoradi港口相连。

矿山的采矿历史始于19世纪末，当时靠近Tarkwa镇附近有几个小的采矿公司拥有着Abontiakoon的矿权，共有8条竖井和许多小的露天矿开采。目前，Tarkwa金矿大规模的露天矿开采量达到1.4亿吨/年，原来选矿厂共有两条堆浸设施和一个采用炭浸（CIL）工艺的选矿车间，其北部堆浸厂采用常规的破碎工艺，南部堆浸厂采用HPGR工艺，处理能力分别为每年1000万吨和400万吨，但后来把1200万吨/年的CIL厂作为唯一的处理工艺后堆浸厂就停止了。Tarkwa金矿的提金工艺流程如图5-1所示。原矿采用旋回破碎机破碎后，粗粒和细粒分别进入各自的矿堆，然后按比例通过各自的带式输送机组合后给入半自磨机。原有的堆浸停止后，其破碎系统则给选矿厂使用。

磨矿回路由一台半自磨机和一台球磨机组成，两者各自与独立的旋流器组构成闭路。半自磨机的产品通过一台筛孔为12mm的排矿筛筛分，筛上产品经破碎后返回半自磨机。筛下产品泵送到半自磨回路的旋流器分级。半自磨机旋流器的底流给到球磨机。球磨机排矿经泵送到与其构成闭路的旋流器组，半自磨机和球磨机回路的旋流器溢流合并给到筛孔为0.8mm的除屑筛，除屑筛的筛上物料进入尾矿，筛下产品给入浸前浓缩机。浓缩后的矿浆进入炭浸回路，炭浸回路呈平行两排布置，每排8个炭浸槽。

Tarkwa金矿选矿厂的磨矿回路是独特的，其有一台高长径比的ϕ8.23m×12.8m半自磨机，最初设计是采用单段半自磨机，后来又添加一台ϕ7.92m×10.97m球磨机和顽石破碎机，改成了半自磨—球磨—顽石破碎（SABC）回路。回路的主要设备性能见表5-1和表5-2。

在扩建之后半自磨机配置为开路运行，但仍留有当球磨机离线时作为单段半自磨机运行的灵活性。在该配置中，半自磨机产品给到一组直径500mm的Krebs旋流器中，旋流器底流给到球磨机中进一步磨矿，球磨机与一组直径500mm的Krebs的gMax型旋流器构成闭路。旋流器的底流返回球磨机，溢流与半自磨机回

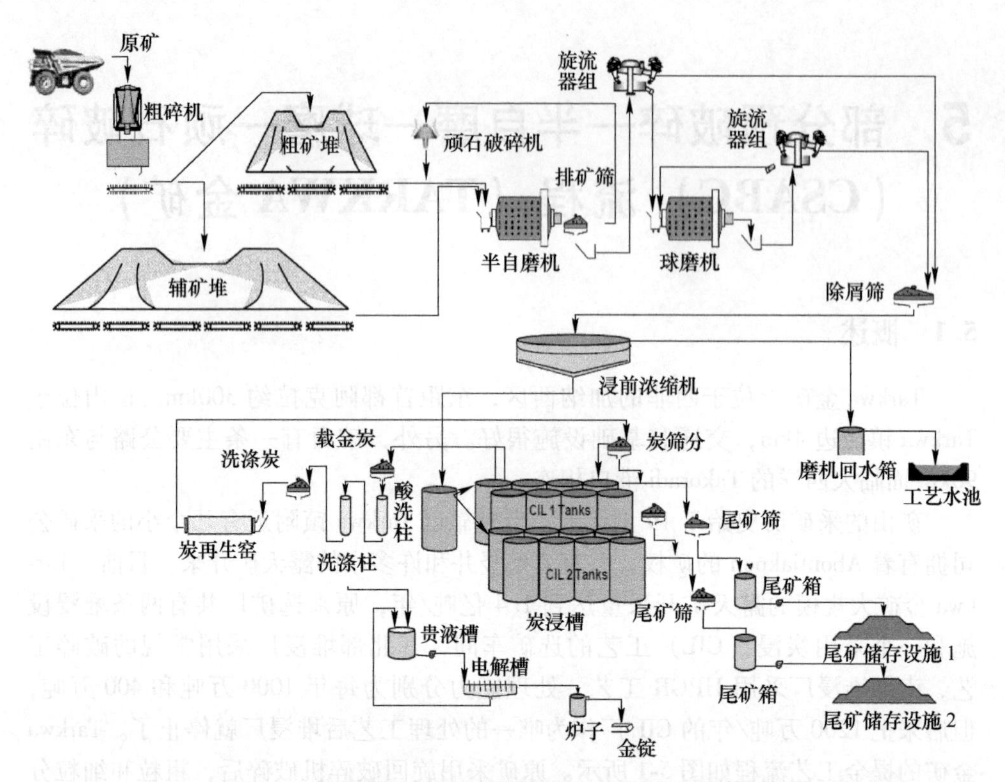

图 5-1 采用部分预破碎之前的 Tarkwa 金矿选矿厂流程

路的旋流器溢流合并一起给到炭浸（CIL）回路。炭浸回路能力增加到 1200 万吨/年（有效运转率 93%），半自磨机的处理能力约为 1500t/h。

表 5-1 Tarkwa 金矿磨矿回路的磨机性能

参　数	半自磨机	球磨机
直径/m	8.23	7.92
有效长度/m	12.2	10.97
安装功率/MW	14	14
转速率/%	63~74	75
最大充球率/%	18	29
格子板开孔	25~25mm	溢流型
格子板开孔面积/%	9	—
相对径向位置	0.81	—

表 5-2 Tarkwa 金矿磨矿回路旋流器规格

参　数	Krebs D20	Krebs 20 gMax
直径/m	0.650	0.650
当量入口直径/m	0.235	0.235
溢流口直径/m	0.175	0.205
沉砂嘴直径/m	0.155	0.170
圆柱体高度/m	0.425	0.425
锥角/(°)	20	变化

5.2 磨矿回路经历的制约和挑战

Tarkwa 金矿出矿坑口比较多，给到选矿厂的矿石性质变化比较大，导致了磨矿回路处理能力和产品粒度分布上的波动较大。在堆浸停产后，矿山主要依靠选矿厂来处理矿石。因而，对于炭浸回路来说，消除处理能力上的制约成为首要任务。

磨矿回路处理能力波动的主要原因是给矿粒度分布的变化和矿石破碎特性的变化。研究已经表明，给矿粒度分布和矿石的耐磨性影响半自磨机的处理能力和产品细度。除处理能力和产品细度之外，给矿粒度分布的波动也影响磨机稳定性，由于充填体组成的变化导致了其中作为介质和临界粒度物料的粗粒物料的变化。当处理耐磨性强的矿石类型时，临界物料的累积很明显，其导致了处理能力的降低。

Tarkwa 金矿采用在矿堆自然分离的方法，通过平衡控制矿堆中部的给矿机（主要是细粒）和边缘的给矿机（主要是粗粒）的比例，取得了高的处理能力。然而，当采出的矿石细粒较少时，仅靠调整不同的给矿机之间的比例就不能取得与所需一致的处理能力。不管是原来的单段半自磨机还是半自磨—球磨回路的设计配置都没有把进一步的破碎作为改变给矿粒度分布的方案。

为了选择最好的方法能够使选矿厂达到一致的处理能力目标，在炭浸厂设计实施了一个磨矿回路考查。对给到炭浸厂的处理能力高的矿石类型和处理能力低的矿石类型共进行了两次考查。对矿山开采的粗粒矿石给矿，建议采用部分预破碎以解决遇到的处理能力问题，关停堆浸处理厂用来破碎部分给矿，使选矿厂解决处理能力不一致的问题。

5.3 部分预破碎的实施

准备好实施部分预破碎之后，安装了中碎破碎机。在中碎破碎机取得部分预破碎目标的试车过程中，关停了堆浸厂以及用于准备堆浸给矿的破碎回路，使其用于炭浸厂的处理回路。利用这部分破碎系统，Tarkwa 金矿实施了部分预破碎系统，原矿通过粗碎、中碎和细碎回路可以达到 500t/h 的能力，用于炭浸厂的部分给矿。破碎系统设计的产品粒度为 12～0mm，细碎与筛分构成闭路。图 5-2 所示为 12mm 筛孔筛分的筛下物料，给入选矿厂给矿的辅助矿堆。图 5-3 和图 5-4 所示分别为 Tarkwa 金矿简化的原矿采用部分预破碎系统之前和之后的碎磨回路流程图。图 5-4 所示为部分预破碎的筛下产品给入主矿堆和原矿给矿混合。

图 5-2 部分破碎系统的细碎筛分机

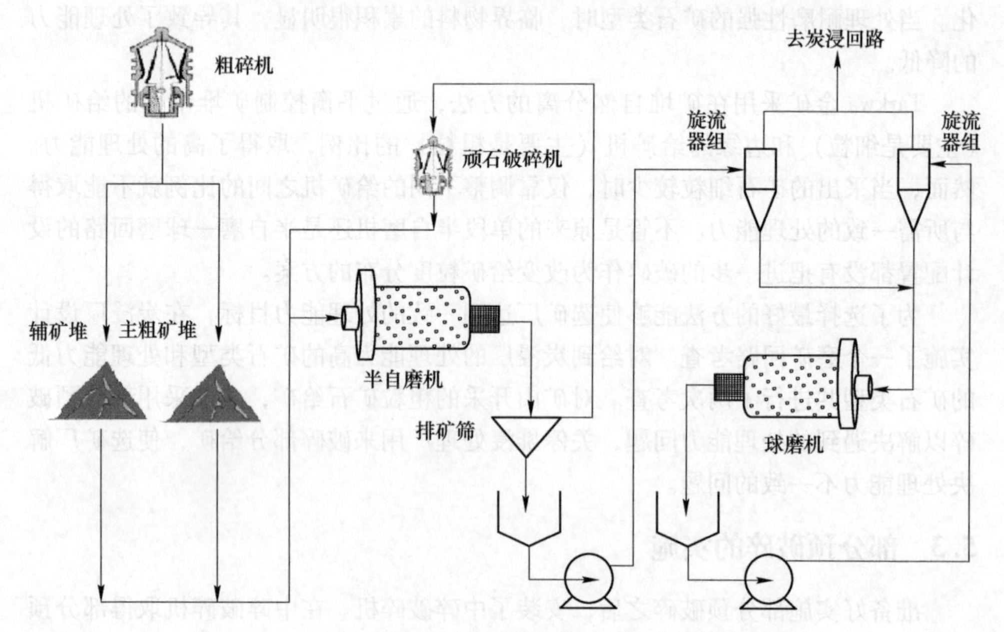

图 5-3 Tarkwa 金矿选矿厂采用部分破碎系统之前的碎磨流程

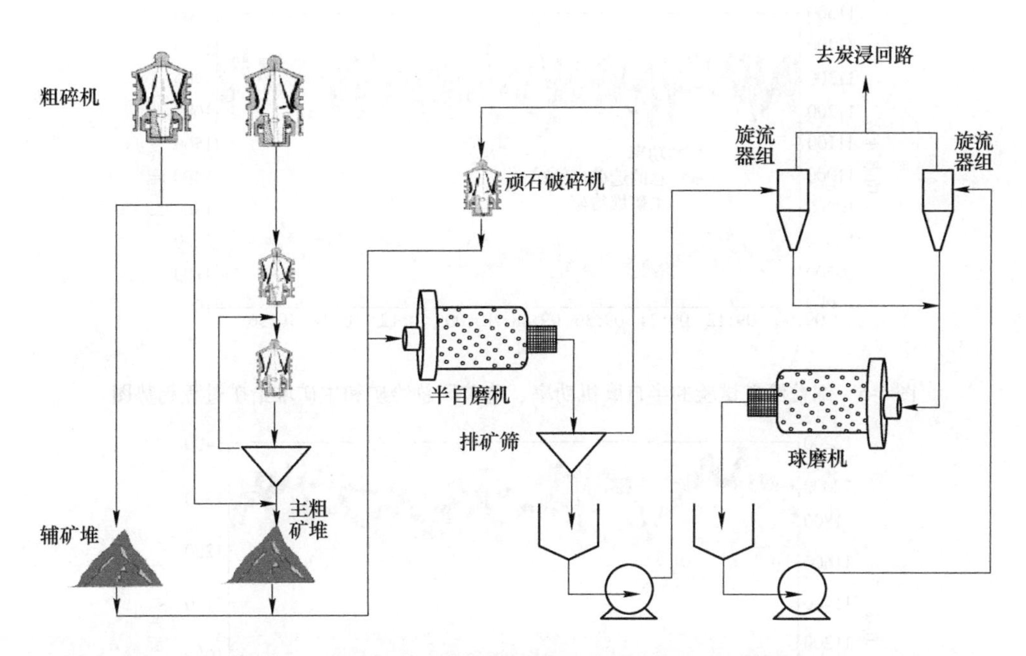

图 5-4 Tarkwa 金矿采用部分破碎系统之后的碎磨回路

5.4 回路考察

Tarkwa 金矿在不同的给矿条件下进行了全流程考查来评估部分预破碎对处理能力的影响。所采用的涉及选矿厂运行的全流程考察方法要尽可能接近稳定状态的条件。考查中最重要的稳定状态指示器是半自磨机的负荷。半自磨机的负荷要控制的使磨机的给矿速率能调节最小使其保持在合理的范围内。每次考查，选矿厂的稳定状态根据监测的控制室中过程监控器的所有关键数据的趋势来评估。监测的数据包括给矿量、半自磨机负荷、半自磨机功率、球磨机负荷、球磨机功率、旋流器压力、水量、矿浆量和固体量。图 5-5~图 5-7 所示为每次考查期间半自磨机的功率和给矿。可以看到考查期间选矿厂运行相当稳定。在保证选矿厂是在稳定的条件下运行之后，围绕着磨矿回路的所有主要矿浆流都取了矿浆样。矿浆样取之于选矿厂运行期间和在半自磨机及球磨机闪停检查后约 1.5h 之后。半自磨机给矿和顽石返回皮带上取样采用标准的皮带取样方法，在闪停之后进行。然后打开半自磨机和球磨机进行充填水平测量，计算总的充填体积和矿浆液位。在得到所有的闪停后测量值后，进行半自磨机和球磨机的磨矿，直到矿石磨尽后进行球荷的测量。

矿样加工后进行水分测定数据和粒度分析，其中一个矿样送到 Mintek 试验室用于矿石破碎特性试验。

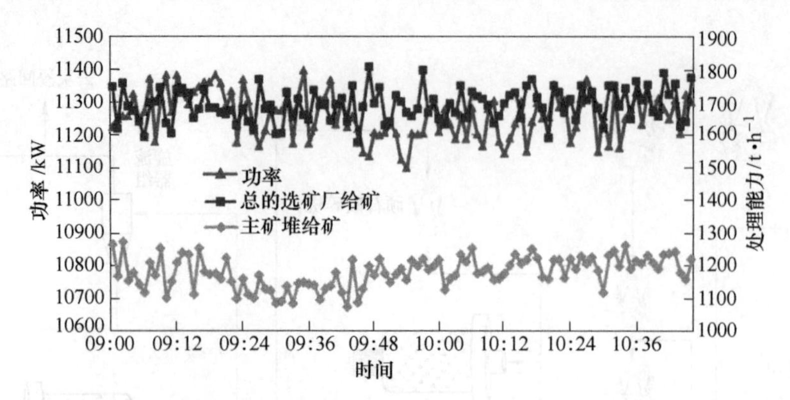

图 5-5　细粒给矿试验的半自磨机功率、选矿厂总给矿和主矿堆给矿过程趋势图

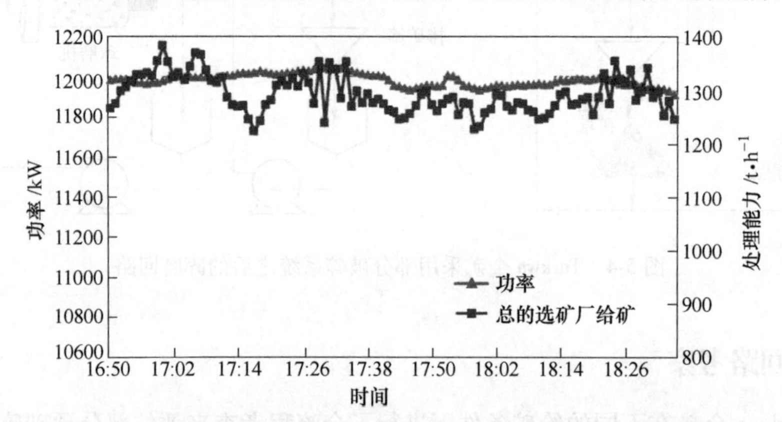

图 5-6　粗粒给矿试验的半自磨机功率、选矿厂总给矿过程趋势图

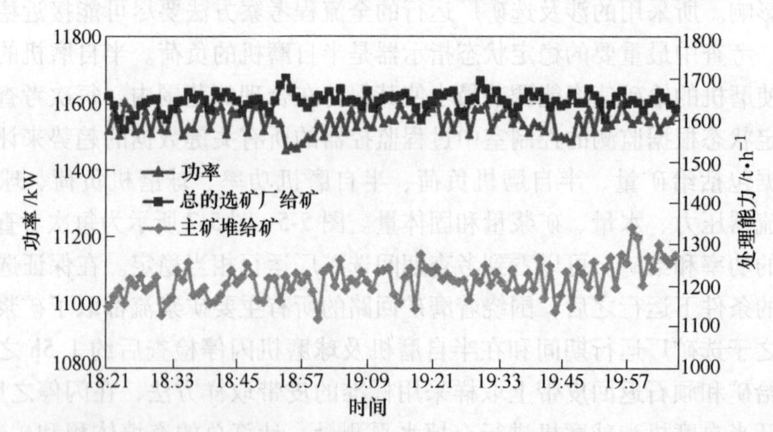

图 5-7　部分预破碎给矿试验的半自磨机功率、选矿厂总给矿和主矿堆给矿过程趋势图

5.5　考察结果和数据分析

尽管对不同给矿条件进行了两次考查，但这里只是其中一次的考查数据。所

做的考查用来评估选矿厂在三种不同的给矿条件下的性能。图 5-8（a）和（b）所示的照片分别为细粒和粗粒考查期间取之于给矿皮带上的给矿物料，图 5-8（a）所示的照片有合理高比例的细粒级，而图 5-8（b）所示的照片中给矿没有细粒。

(a)

(b)

图 5-8　细粒和粗粒考察期间取之于给矿皮带上的给矿照片

（a）含有粗粒和细粒的半自磨机给矿；（b）粗粒的半自磨机给矿

三种不同条件下的回路性能见表 5-3。从考查结果中可以看到在给矿中有大比例的小于 22.4mm 粒级（可能是通过爆破或部分预破碎的物料添加所致）的矿石具有处理能力高和比能耗低的特点。而当处理粗粒矿石时，处理能力降到 1270t/h，低于设计能力。该试验条件下，其比能耗也高于其他两个给矿条件。采用三个不同给矿条件下考查的磨矿回路给矿和产品粒度分布如图 5-9 所示。可以看到在所有不同的给矿粒度分布条件下试验的回路产品粒度分布非常相似。

表 5-3　三个不同给矿条件下回路的性能数据

参　数	细粒给矿	粗粒给矿	部分破碎给矿
处理能力（设计）/$t \cdot h^{-1}$	1500	1500	1500
处理能力（考察，干矿）/$t \cdot h^{-1}$	1639	1264	1760
半自磨给矿粒度 F_{80}/mm	83	184	85
半自磨机功耗/kW	11300	11900	11500
半自磨机比能耗/$kW \cdot h \cdot t^{-1}$	6.91	9.44	6.5
半自磨机充填率/%	30.5	30.9	30.1
半自磨机充球率/%	14	10	10.2
半自磨机产品粒度 P_{80}/μm	812	2627	852
球磨机功耗/kW	11800	11750	11300
回路能耗/$kW \cdot h \cdot t^{-1}$	13.6	18.77	12.9
回路产品粒度 P_{80}/μm	147	147	149
回路产品粒度（小于 75μm）/%	60.7	59.4	57

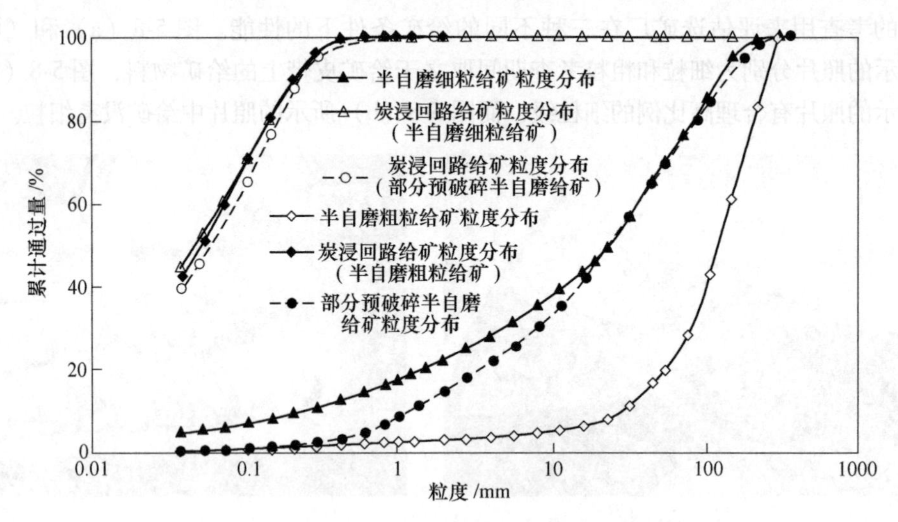

图 5-9 不同给矿条件下考察的矿流粒度分布

从考查结果中看出，处理能力高是由于在给矿中含有高比例的小于格子板开孔物料的条件下取得的。图 5-9 的粒度分布表明，在粗粒的考察中，大于 100mm 粒级含量有 60%，而细粒级和部分破碎给矿的粒度分布中大于 100mm 粒级只有约 15%。关键的给矿粒度系数见表 5-4。可以看到，参考细粒给矿的条件，粗粒给矿在所有粒级中有极高比例的不同。部分破碎的给矿有着类似的 P_{80} 和小于 22. 4mm 粒级含量，但在小于 4. 0mm 以下和小于 1. 0mm 粒级含量更低。

表 5-4 不同条件下半自磨机给矿粒度分布

粒 度	细粒半自磨机给矿	粗粒半自磨机给矿	部分破碎的半自磨机给矿
F_{80}/mm	85	210	85
22. 4mm 以下粒级含量/%	49. 8	8. 4	49. 8
4. 0mm 以下粒级含量/%	28. 0	3. 7	22. 0
1. 0mm 以下粒级含量/%	17. 3	2. 6	8. 9

在闪停的条件下充填体的状态对运行期间的实际状况提供了关键的证据，图 5-10 和图 5-11 所示为细粒给矿和粗粒给矿下考查的闪停后的照片。图 5-10 所示为细粒给矿考查时充填体的表面细粒级的物料，而图 5-11 为粗粒给矿考查呈现的是没有更小的粒级。通常充填体表面很少或根本没有细粒级物料，表明磨机在给定的运行条件下已接近处理能力的极限。在这样的条件下试图取得更高的处理能力将会导致半自磨机的过负荷。

图 5-10 细粒给矿条件下闪停后的充填体表面

（a）半自磨机充填体表面；（b）半自磨机充填体表面特写

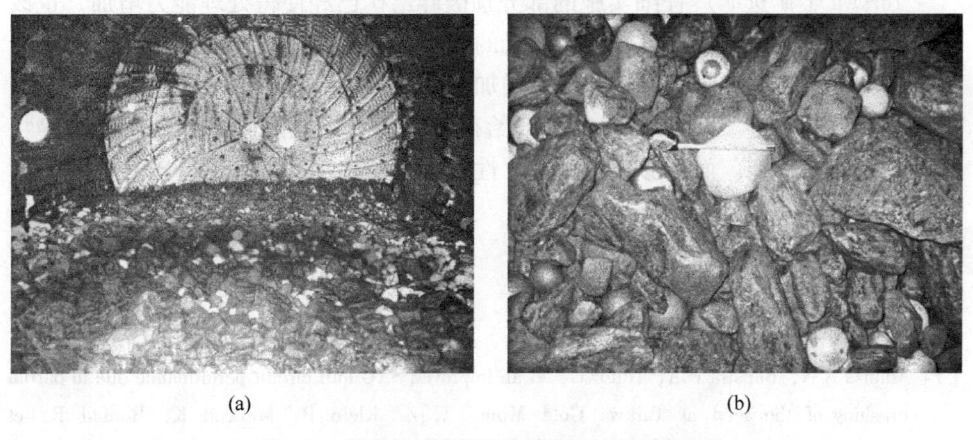

图 5-11 粗粒给矿条件下闪停后的充填体表面

（a）半自磨机充填体表面；（b）半自磨机充填体表面特写

为了查明性能的改善是否主要是由于爆破或者部分预破碎给矿的添加，是给矿粒度分布中细粒和粗粒级的平衡而不是由于矿石耐磨性的差异所致，对给矿的矿样进行了 JK 落重试验。表 5-5 所列为落重试验的结果。破碎特性试验结果表明两种给矿矿样在耐冲击破碎的性能 $A \times b$ 值上没有大的差别，根据 JKTech 分类标准，两种矿石都属于中等耐破碎类别。然而，利用 ta 值来指示的耐研磨性能则两种矿样处于不同的类别，细粒给矿考查样品 ta 值为 0.31，粗粒样品为 0.40，表明细粒给矿样品为硬矿石类别，而粗粒级给矿样品属于中硬矿石类别。从矿石破碎特性结果可以得到两者在选矿性能上的差别不是由于矿石耐磨性的差别所致。

表 5-5 JK 落重试验结果

参　　数	半自磨机细粒给矿	半自磨机粗粒给矿
A	59.3	62.9
b	0.94	0.82
$A\times b$	55.7	51.6
ta	0.31	0.40
SG/t·m^{-3}	2.68	3.08

在所有的三个试验期间不可能保持球荷相同，但粗粒给矿和部分破碎给矿考查是在相当接近的充球率水平下进行的，因此，给矿粒度分布上的重大差别应该是在部分预破碎给矿考查期间所看到的性能改善的主要原因。从破碎的给矿考查得到的改善是部分预破碎的结果，如果操作正确，能够提高选矿厂的性能。即从试验中可以得出：给矿粒度是改善选矿厂磨矿性能的一个重要因素。

Tarkwa 金矿选矿厂仔细实施的部分预破碎给矿已经使得处理能力增加，也改善了回路性能的一致性，尽管其粗碎机的产品粒度分布是波动的。在作为磨矿介质的粗粒矿石和细粒级矿石之间通过增加部分预破碎所取得的平衡是取得稳定的高处理能力的关键。在 Tarkwa 不同的给矿条件考查期间观察到，在矿石破碎特性上没有大的差别，而能够导致选矿厂性能上大的差别的因素是给矿粒度。

参 考 文 献

[1] Mainza A N, Bepswa P A, Nutor G, et al. Improved SAG mill circuit performance due to partial crushing of the feed at Tarkwa Gold Mine [C]// Klein B, McLeod K, Roufail R, et al. International Semi-Autogenous Grinding and High Pressure Grinding Roll Technology 2015. Vancouver: CIM, 2015: 74.

6 半自磨机处理能力瓶颈的消除（Meadowbank 金矿）

6.1 概述

Meadowbank 金矿[1]隶属于 Agnico-Eagle 矿业有限公司，位于加拿大北部的 Nunavut 的 Kivalliq 区。选矿厂目前的处理能力为 11800t/d，含金品位在 2.9～3.6g/t 之间变化。选矿厂的供矿原来来自三个露天矿：Goose、Portage 和 Vault，2015 年之后来自 Portage 和 Vault 两个露天矿。根据最初资料，矿石硬度是软到中硬，因此给矿粒度对半自磨机处理能力影响很大。该矿平均金的回收率为 91.0%～95.0%，其中重选回路的回收率为 15%～30%。Meadowbank 金矿于 2010 年 2 月开始试车，碎磨流程为一段破碎—二段磨矿。2010 年 3 月正式生产。

在试车期间观察到，要达到 8500t/d 的设计处理能力有一些困难，需要插入一个第二段破碎。插入第二段破碎有两个目的：一是达到设计处理能力，二是增加潜在的选矿厂处理能力来进一步消除瓶颈。在评估了各种方案之后，决定采用安装第二段破碎机、增加半自磨机和球磨机的电机功率、其他部分维持不变的方案。2011 年初，随着黄金市场形势的好转，确定在粗碎机和一段磨矿之间安装第二段破碎机。从而使半自磨机处理能力从设计的 8500t/d 增加到 2014 年的 11800t/d，解决了半自磨机处理能力与原设计能力之间的问题。

Agnico-Eagle 是加拿大的一个黄金生产企业，其在加拿大、芬兰、墨西哥和美国有采矿和勘探业务。Meadowbank 项目是位于加拿大北部 Nunavut 的 Kivalliq 区的一个露天矿。该矿位于 Third Portage Lake 地区，哈姆雷特的贝克湖北面约 70km。Meadowbank 区域位于亚北极生态气候圈之内，被认为是加拿大最冷和最干燥的区域之一。北极冬天的条件是从 10 月到次年 5 月，温度为-60～+5℃。夏天温度范围从-5～+25℃，降雨量开始增加直到 9 月。

Meadowbank 最初金的储量为 112t（每年处理 310 万吨矿石，品位为 3.7g/t）。金的总回收率约为 93.13%，其中重选回路的回收率约为 30%。Meadowbank 的现场位置如图 6-1 所示。Meadowbank 选矿厂于 2010 年 2 月开始生产，处理能力约 8500t/d，从那时开始生产增加到平均 11300t/d，高峰时在 12000～12500t/d 之间。

Meadowbank 金矿的选矿方法最初采用常规的黄金选矿流程，包括粗碎、磨矿采用半自磨机—球磨机—顽石破碎机（SABC）、重选、炭浆法（CIP）金回收回路。设计工作制度为 365d/a，设计处理能力为 270 万吨/年（7500t/d）矿石。

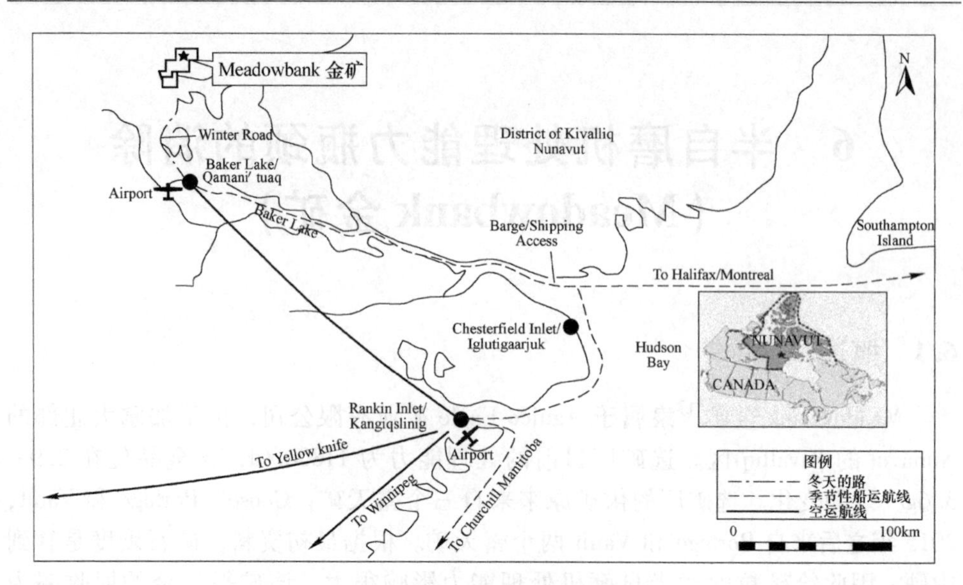

图 6-1　Meadowbank 金矿位置图

当 Agnico-Eagle 在 2007 年春天接手 Cumberland 资源和它的 Meadowbank 项目时，Hatch 工程公司采用相同的资料设计时把处理能力提高到 8500t/d（310 万吨/年）。选矿厂的试车在 2010 年 2 月进行，一个月后开始正式生产。在 2010 年共处理了 1404606t 矿石，含金品位为 4.48g/t，到年底粗矿堆仍有矿石 838925t，估计品位为 3.13g/t。在 2010 年生产了 8.23t 的金。2010 年早期，Agnico-Eagle 的管理团队就开始寻找各种扩建方案和一些能够提供潜在的增加处理能力的破碎工艺方案。

选矿厂的处理能力随着不同矿石来源的矿石硬度和最终磨矿细度而变化。在增加第二段破碎之前，2010 年早期，选矿厂的平均处理能力为 6916t/d。

图 6-2 所示为 Meadowbank 金矿现场配置。

尽管最初在半自磨回路为安全起见配置了顽石破碎机，从一开始其不能运行证明其对取得设计能力是有害的，矿石中的磁铁矿含量使得顽石破碎机无法运行。根据进一步的调查，认识到原矿中磁铁矿的存在是整个 Meadowbank 矿山寿命周期内的特性。

为了提供潜在增加的处理能力来达到最小的设计处理量，以及考虑进一步突破瓶颈超过设计能力的可能，评估了各种各样的方案。2011 年早期，随着黄金市场形势好转，决定在粗碎机和一段磨矿之间安装第二段破碎机。2011 年 6 月，一台 671kW 的 XL900 中碎机进行试车，主要目的是把半自磨机的给矿粒度从 114.3～0mm 降低到 38.1～0mm。在旋回破碎机和第一段磨矿之间安装了第二段破碎机，使得半自磨机的处理能力在 2011 年底从 8500t/d 增加到 9840t/d。Meadowbank在第二段破碎安装之前的简化流程如图 6-3 所示。

图 6-2 Meadowbank 金矿现场配置

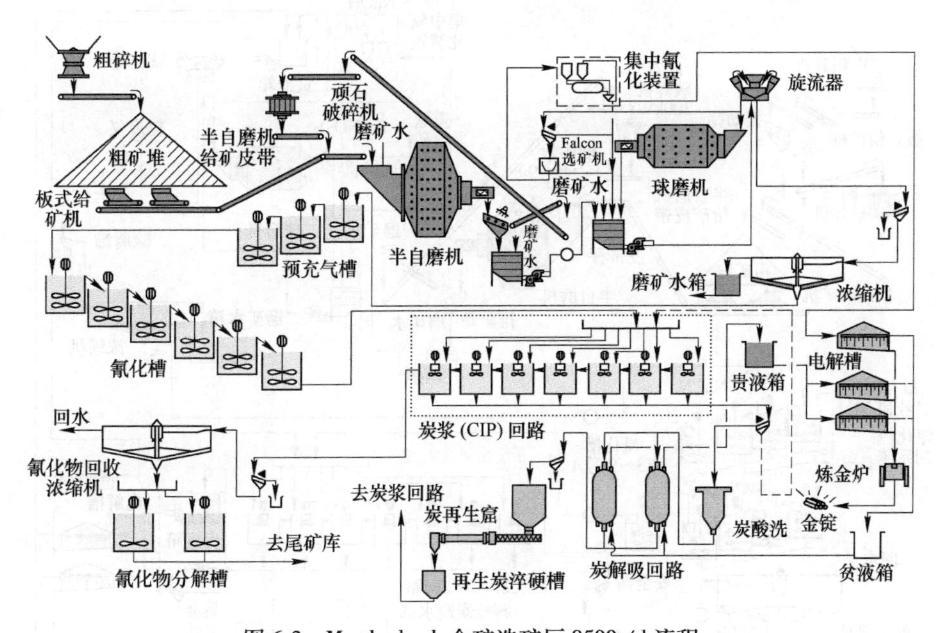

图 6-3 Meadowbank 金矿选矿厂 8500t/d 流程

6.2 流程调整

Meadowbank 金矿的破碎流程在第二段破碎机安装之前有一段旋回破碎机，把原矿破碎到 80%通过 102~114mm，平均破碎能力为 833t/h，满足磨机给矿能力 385t/h 的需求。在 2011 年 6 月增加了第二段破碎后使得选矿厂的总体处理能力从 310 万吨/年（8500t/d）增加到 359 万吨/年（9840t/d）。此后一直超过 8500t/d 的设计能力。半自磨机的处理能力从 385t/h 增加到 440t/h。

第二段671kW的XL900中碎机根据所需的磨机给矿量和矿石硬度，把旋回破碎机102~114mm的产品破碎到25~38mm。中碎机设计的日运转率为75%，处理能力为625~850t/h。为了使中碎机运行最佳化，在中碎机之前安装了一台双层振动筛，在矿石进入中碎机之前除去细粒级物料。双层振动筛的筛孔分别为99mm和38mm。破碎后的矿石给到有效容积为8500t的粗矿堆，粗矿堆下面有两台板式给矿机，矿石给到带式给矿机后给入半自磨机。顽石破碎机尽管已经试车，由于矿石中很高的磁铁矿含量（在Portage为22%~25%），一直不能用。

半自磨机为ϕ7.93m×3.73m，装机功率3650kW，开路运行，与一台ϕ5.49m×8.84m，装机功率4474kW的球磨机一起把矿石根据其类型和硬度磨到$P_{80}=80\sim106\mu m$。球磨机与旋流器构成闭路，约30%的旋流器底流通过隔粗筛后给入Falcon离心选矿机，重选精矿给入一个集中氰化装置（ICU），集中氰化装置的含金贵液通过电积回收，然后熔炼得到金锭。含有中碎的简化流程如图6-4所示。

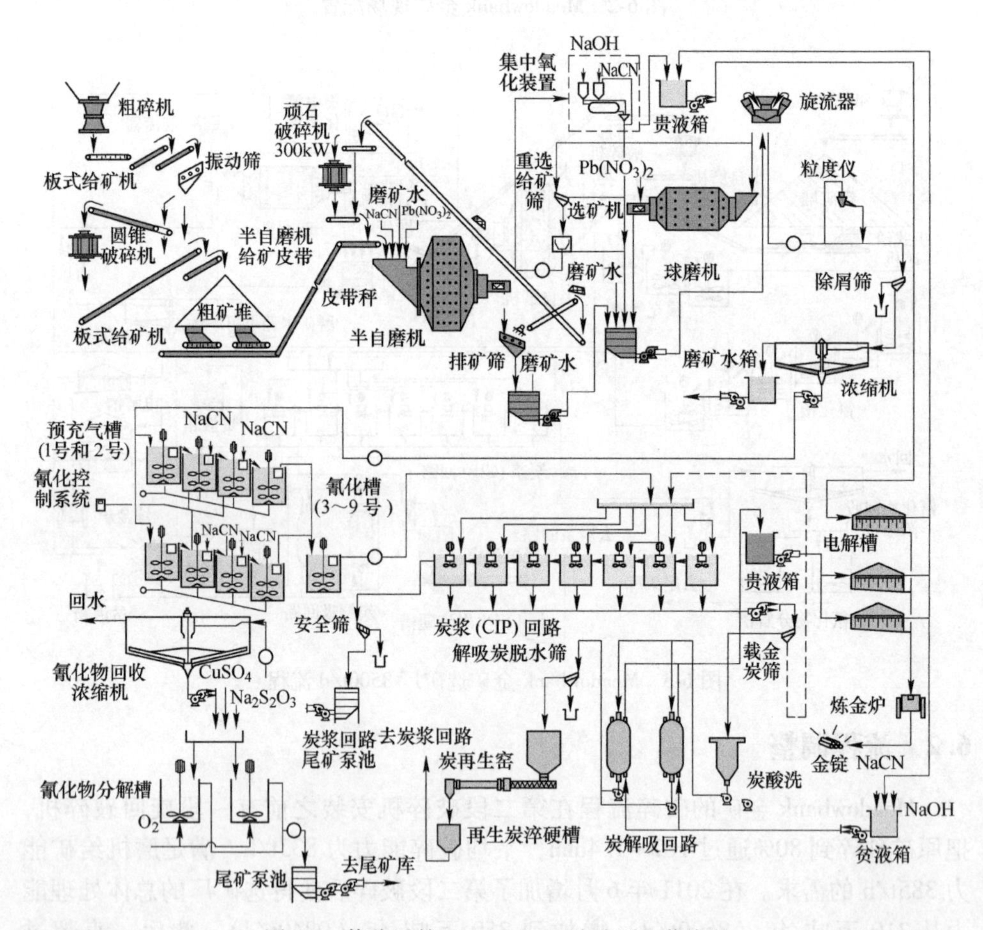

图6-4 修改后的Meadowbank选矿厂工艺流程

旋流器的溢流浓缩后，给入预充气和浸出回路，该回路有2个4200m^3的预充气槽，随后为7个4200m^3的氰化浸出槽。依据预充气槽中的溶解氧水平和所处理的矿石，预充气槽经常转换成浸出槽，主要是在更冷的时段（九月到五月）。预充气槽的除去使得浸出回路的停留时间增加了。浸出的矿浆直接给入炭浆回路采用炭吸附回收金。炭浆回路有7个142m^3槽子，呈旋转式配置，来自浸出回路溶液中的金在CIP回路中被炭吸附回收，随后解吸，通过电积回收，最终产品熔炼成金锭。

CIP回路的尾矿浓缩后，从溶液中回收游离氰给入磨矿回路，浓缩机的底流采用标准的SO_2/空气工艺来破坏残存的氰化物，尾矿用泵扬送到永久尾矿设施。尾矿设施设计为零排放，所有的水回收再使用。

6.3 措施研究

选矿厂试车后，金的回收率迅速达到预期的设计值，有效运转率也满足设定目标。然而，自从选矿厂开始运行，选矿厂的处理能力一直小于设计值385t/h。由于矿石中磁铁矿含量较高，磁铁不能保护顽石破碎机免于半自磨机排矿中存在的碎钢屑的影响。原本Hatch设计的流程预计在半自磨机循环负荷没有采用顽石破碎机的条件下就能达到设计的处理能力。

项目管理团队建议增加顽石破碎机以增加后备能力和运行的灵活性，但由于矿石中存在很高的磁铁矿含量使得顽石破碎机无法运行。

在Goldex矿运行中增加的一台预破碎是一个用来评估预破碎潜力的因素，同样，Goldex预破碎的经历在决定圆锥破碎机的选择和破碎机回路布置上也起着重要的作用。2010年生产后，在第二季度安装了一台临时的预破碎设备来除去较大的物料，以降低粗粒给矿对半自磨机的影响。这次修改使处理能力增加了，从15%增加到20%，选矿厂处理能力增加到340t/h，然后决定增加一台永久性的预破碎设备。

在2010年的下半年，为了尽快提高选矿厂的处理能力，研究了几种方案。为了评估不同半自磨机给矿粒度对整体处理能力的影响也进行了几种不同的模拟，整个活动计划完全按照严谨的方法进行以实现对问题的解决和对结果进行分析。矿石硬度特性、给矿粒度特性、过程检测、磨矿回路取样、破碎策略评估、过程模拟、半自磨机优化、多变量数据分析以及矿石化学特性等都用来支持最好的处理方案以保证处理能力增加。

特性化工具和过程性能检测测量在2010年第四季度完成，必须要定期地测定矿石的硬度以评估矿石特性对磨矿过程的影响。根据斯达克（Starkey）方法研发了一种室内的特性试验来评估矿石硬度，其结果是把一个已知粒度分布的矿样一直磨到其P_{64}值达到2360μm时所需的时间。

给矿粒度分布对半自磨机的性能有重要的影响，在 2010 年 12 月，安装了一台 Wipware Solo System 来分析半自磨机给矿皮带 CV-2 上的物料粒度分布。同时，在半自磨机给矿皮带上安装了一台监控摄像机为操作者提供反馈。摄像机给出了比过去采用的方法更准确的 F_{80}的估计。

为了更好地了解磨矿回路的性能，开始进行了一系列的考查来支持模拟。通过一系列的取样活动，进行了不同条件下的回路性能的比较。结果表明，由于来自 Portage、Goose 和 Vault 矿床的矿石硬度的可变化性，磨矿回路的处理能力与回路的 F_{80}有关，可能在破碎回路的 P_{80}和 SPI 之间存在一个相对关系。

6.4　永久性预破碎装置的安装

在安装永久性预破碎装置之前，采用一台可移动式破碎机把来自旋回破碎机的 150mm 矿石破碎到 25mm（新矿石：破碎的矿石比为 2：1）。在给矿中 25mm 物料的增加显示出了处理能力的改善。然而，较高的运行成本（每吨 10.7 美元，1 美元=6.90 元）使得决定采用永久性的预破碎装置。而且，可移动式破碎机的生产能力约为 190t/h，处理的给矿粒度为 150mm，破碎比接近于 4：1。

永久性的预破碎系统（Raptor XL 900）由 FLSmidth 设计，处理能力为 625t/h，为圆锥破碎机，将矿石从 150mm 破碎到 38mm，破碎比为 4：1。永久性预破碎回路如图 6-5 所示。

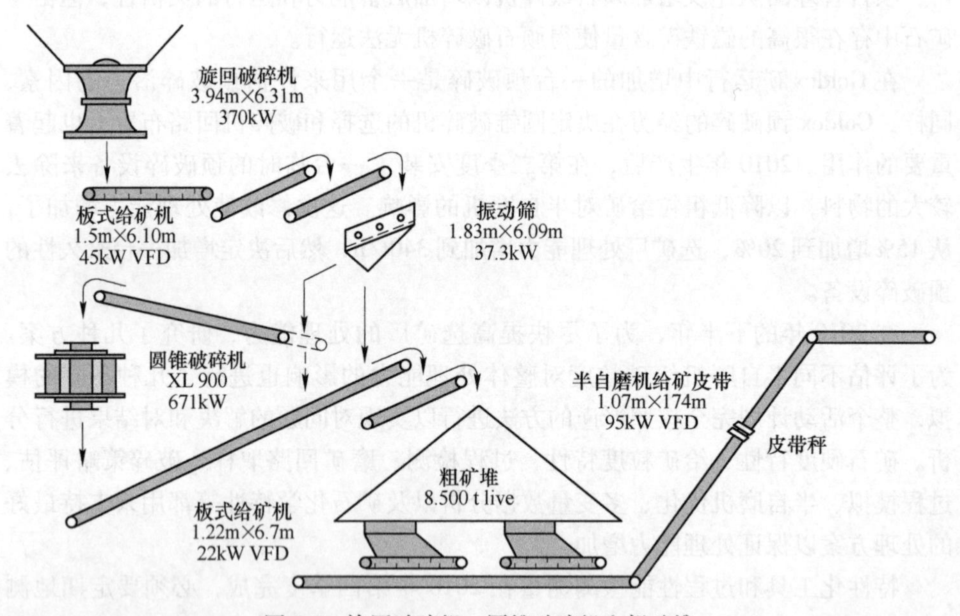

图 6-5　旋回破碎机、圆锥破碎机和粗矿堆

随着永久性预破碎系统的添加，破碎系统的产品 P_{80}达到 38mm，选矿厂达到

了设计的 8500t/d 的处理能力。圆锥破碎机在挤满给矿和筛出细粒（小于 32mm 粒级）状态下运行，能够维持破碎机的通过能力在 750～850t/h。为了评估对半自磨机磨矿能力目标的影响和响应，又进行了几种不同的紧边排矿口试验，似乎当破碎到 22～25mm 的粒度时，在半自磨机的通过能力和破碎回路之间保持一种很好的平衡关系。

6.5　提高半自磨机处理能力研究

磨矿回路设计处理能力为 8500t/d 矿石（在 92%的有效运转率下为 385t/h），最终磨矿产品 P_{80} 为 62～80μm。为了把处理能力从 8500t/d 增加到 10000t/h 和 11500t/d，给矿从 F_{80} 为 150mm 磨到 P_{80} 为 62～80μm，调研了各种不同的方案。模拟过程由 SGS 和 SimSAGe 进行，以试图能增加磨矿回路能力。得到的最终结论是来自于 North Protage 的矿石对半自磨机磨矿效果是最差的，由于其相对高的硬度、高密度和更细的 P_{80} 目标。Portage 矿石的组成矿物主要是磁铁矿（约 15%～25%），共生的黄铁矿和磁黄铁矿（20%～30%的硫化矿），高岭土（10%～20%）和滑石（5%～10%）。要达到 10000t/d 的目标，给矿的 F_{80}（100～150mm）和细粒级的含量必须要考虑。要求的给矿 F_{80} 为 150mm 和约 27%的细粒级会使 10000t/d 的矿石要采用 SABC 流程处理，而 100mm 的给矿 F_{80} 和只有 16%的细粒级则不需要 SABC 流程处理。对于 10000t/d 的处理能力，推荐采用预破碎，对于处理 11500t/d 的处理能力则要强制性地使给矿 F_{80} 为 76mm。

模拟了各种不同的格子板总开孔面积、格子板规格和砾石窗开孔以优化处理能力，决定采用 15mm 开孔的衬胶格子板取代 63mm 开孔的钢格子板。28 块格子板（每块 114 个孔，每个孔 15mm×25mm）的总计开孔面积只有 2.25%，处于大多数半自磨机/自磨机格子板总开孔面积的下限。由于半自磨机给矿的细度，预期半自磨机可能不会形成合适的磨机负荷。在转换到 100%固定的 15mm 开孔的衬胶格子板之前，进行了一个 12mm 开孔和 20mm 开孔混合（50/50）的衬胶格子板试验。

最初半自磨机筒体、给矿端和排矿端衬板的设计以增大衬板的寿命和改善冲击为目标。半自磨机筒体衬板原设计为 52 排，衬板板厚 140mm，提升棒为 203mm。在新的设计中减少到 26 排，衬板厚度减小到 64mm，提升棒增加到 241mm，总的充填率为 22%，充球率为 9.5%。最初的半自磨机筒体衬板设计由于在提升棒之间较小的跨距空间，导致填塞率比较高。在预破碎运行之前，新设计的筒体衬板中，为了使对磨机有效运转率以及磨矿效率的影响最小，提升棒之间的空间比原来增大了一倍，整体半自磨机衬板寿命从 5 个月增加到 6 个月。

半自磨机的充填率原来设置最大为 20%，其中充球率为 15%。目前总的充填率约为 22.6%，其中充球率为 13.5%～14%。根据目前半自磨机给矿粒度，如果生产中持续用矿石负荷替代钢球，这对明显增大矿石负荷似乎是更有效的。图6-6所示为从2010~2015年的磨机处理能力提高情况。

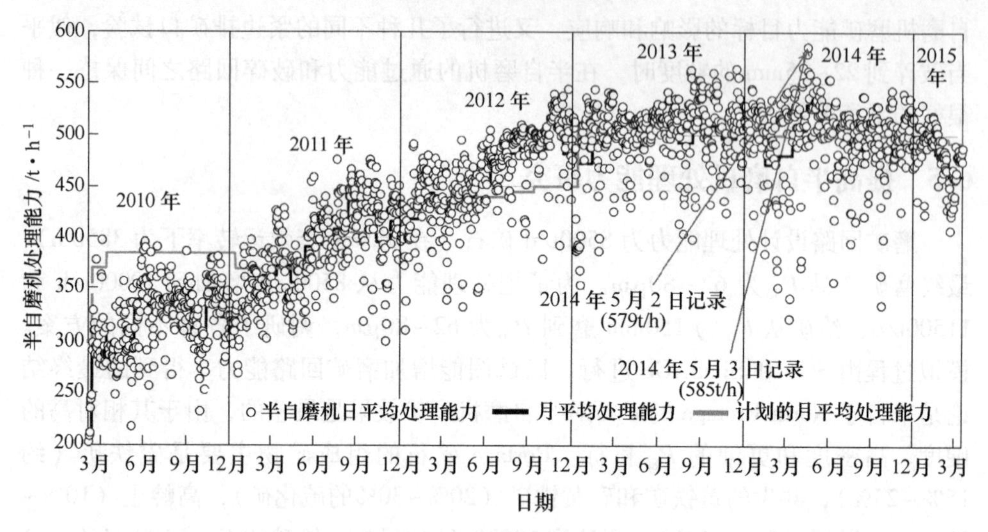

图6-6 选矿厂自投产以来的处理能力提高情况

JKSimMet模拟在2012年8月进行，以确定能使处理能力最大化的操作条件。此外，这些模拟的目的是使半自磨机之前的中碎机有效功率最大化。模拟包括特别关注于半自磨机新给矿中的细粒级、半自磨机格子板规格，矿石硬度、半自磨机充球率和半自磨机排矿粒度（半自磨机排矿筛孔径）以改善半自磨机处理能力。表6-1所示为考查的运行数据。

表6-1 考查运行数据

ϕ7.92m×3.78m半自磨机		ϕ5.49×8.84m球磨机		MultotecH750旋流器	
参　数	数值	参　数	数值	参　数	数值
电机功率输出/kW	3374	磨机转速/r·min^{-1}	14.19	运行旋流器数量	4
电机转速/r·min^{-1}	11.44	电机功率输出/kW	4341	溢流口/沉沙嘴/mm	206/140
转速率/%	75	钢球规格/mm	63	旋流器给矿量/m^3·h^{-1}	2275
处理能力（干）/t·h^{-1}	446	充填率/%	30.6	旋流器给矿浓度/%	53
半自磨机给矿粒度F_{80}/mm	27.8	球磨回路产品P_{80}/mm	0.079	旋流器压力/kPa	90
充球率/%	13.50				
钢球规格（50/50混合）/mm	127/102				
充填率/%	22.60				
半自磨机产品P_{80}/mm	1.239				

模拟和分析是利用JKSimMet软件和功率模型，采用了2012年5月16日的考查数据，由以下4个阶段组成：

（1）美卓42-65 Mk-Ⅱ型旋回破碎机（500HP），1.83m×6.1m双层振动筛（上层筛孔100mm×100mm，下层筛孔32mm×32mm）。

（2）Raptor XL900 圆锥破碎机（900HP），紧边排矿口（CSS）设定为25.4mm。

（3）ϕ7.92m×3.78m 半自磨机，3500kW，开路（格子板开孔为15×25mm，总开孔面积比2.25%）。

（4）ϕ5.49m×8.84m 球磨机，4410kW，与4台Cavex650CVX和2台Multo-tecH750旋流器构成闭路。

模拟结果表明给矿粒度对半自磨机的处理能力有着显著的影响，其验证了增加中碎机来提高处理能力的想法。该结果表明采用22mm的紧边排矿口会使单位处理能力增加14%。根据设备说明，RaptorXL900破碎机在标准细粒衬板和22mm的紧边排矿口下矿石处理能力能够达到500~675t/h。即使矿石比考查的更硬（例如，$A \times b = 28.8 \sim 38.6$），预期的功率输出从425kW增加到542kW，仍然低于安装的671kW。不大于22mm的紧边排矿口会在预期的矿石硬度范围内保证半自磨机的处理能力。

对不同的钢球规格和混合比进行了试验以改善半自磨机的效率。127mm和102mm的钢球在半自磨机中混合使用，当处理更高球磨功指数的矿石时，两种钢球以50∶50或70∶30的混合比添加有助于改善磨矿效率，在试验的所有破碎机紧边排矿口范围（16~38mm）内对半自磨机的处理能力都是正面影响。根据SimSAGe模拟结果，中碎机排矿口为25mm的条件下，采用100%的102mm钢球，处理能力增加2%，采用100%的76mm钢球，处理能力提高8%。这就意味着采用较小的钢球增加破碎的频率胜过采用较大的球增加能耗的益处。在采用更小直径的钢球作为标准使用之前，这个发现使我们在2013年对102mm和76mm钢球混合进行了6个多月的试验，以证实其益处。最后认定，根据半自磨机的磨矿效率，较大的球更有效，这取决于半自磨机的给矿粒度和矿石硬度。

增加充球率并不能使处理能力增加，尽管会增加功率输出。这个可以由细粒给矿（0~38mm）来解释。为了进行比较，在相同充填率下采用较低充球率（11%）进行进一步的模拟，结果是正面的，矿石来自Portage和Goose露天矿，其邦德球磨功指数较低，在输出功率减小的情况下，处理能力增加了8%。很显然，如果实际中保持处理这种类型的矿石，增加矿石负荷似乎是更有效。这些发现提示我们做了一个试验，把充球率降低到约11%，但仍然维持功率输出至少在3100kW。

由于改善半自磨机的充填率，预计回路处理能力会增加12%，最终磨矿粒度超过80μm。这个改善的幅度高于开始预期的，但是考虑相对细的给矿粒度，增加在半自磨机中的停留时间将会更有利。

球磨机回路能够采用更小的球和Cavex旋流器进一步优化，这不是本次考查的重点，本次主要关注的是半自磨机向着更高的排矿浓度、悬而未决的关于衬板和充填体在磨机中的运动等问题。

几个因素正面地影响选矿厂处理能力的提升，在Meadowbank金矿，处理能力的增加开始于爆破阶段，在该阶段产生了更多的细粒进入磨矿回路。给矿中细粒的存在对处理能力是正面的影响。由于矿石硬度的波动来自两个不同的露天矿，中碎机的紧边排矿口在19mm和25mm之间有规律的调节，以使矿石硬度对整个选矿厂处理能力的影响降到最小。中碎机的有效运转率仍然是保证选矿厂处理能力的关键。2012年7月和8月，选矿厂平均处理能力分别是472t/h和482t/h。这和2012年1月的平均处理能力相比，增加了大约13%~15.3%，是由于稳定的较高的破碎机有效运转率。图6-7和图6-8所示分别为选矿厂日处理能力和功率输出，以及2012~2015年所做的过程调整阶段。

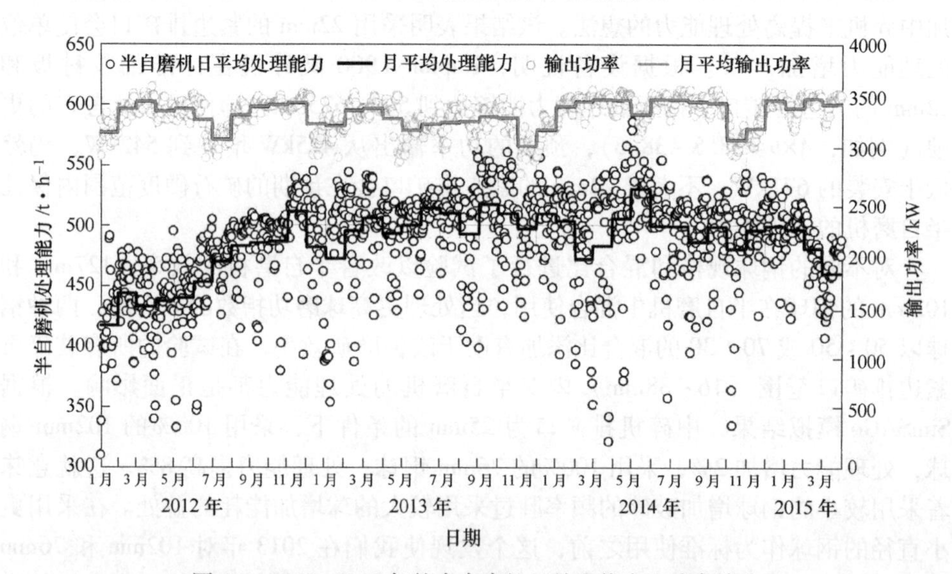

图6-7　2012~2015年的半自磨机日处理能力和功率输出

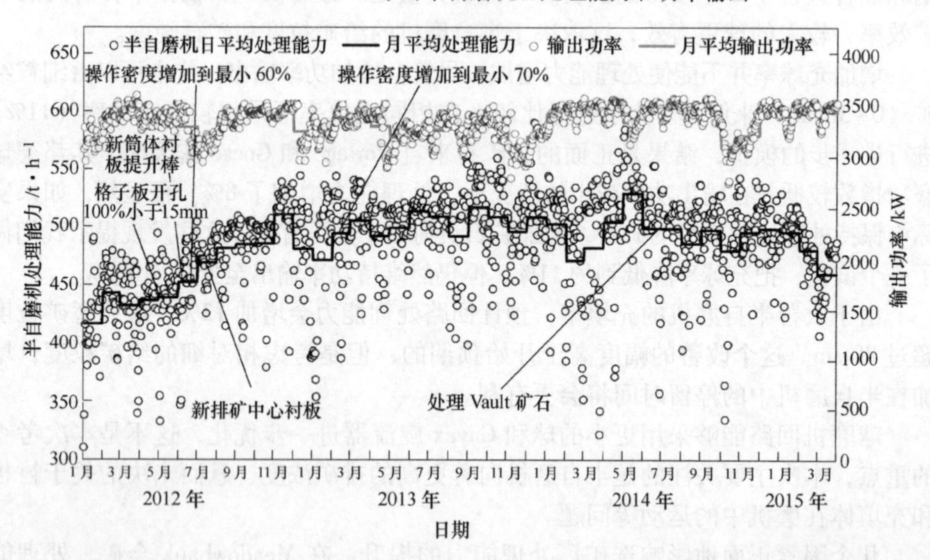

图6-8　2012~2015年半自磨机处理能力和功率输出以及主要的过程调整阶段

6.6 露天矿石硬度变化

Meadowbank 金矿的第三个露天矿（Vault）于 2014 年 4 月开始工业生产，预期其覆盖整个矿山服务年限。Vault 露天矿石根据邦德球磨功指数试验结果，与 Goose 和 Portage 矿石相比是中等硬度。Vault 露天矿石的冲击破碎指数 $A \times b$ 值表现为中等硬度。矿石在中等硬度范畴内按照邦德棒磨功指数被分类，按照邦德球磨功指数则位于硬度的中间范围内。表 6-2 为 Meadowbank 金矿可矿石磨矿试验结果的总结。

表 6-2 Meadowbank 矿石的所有可磨性试验结果总结

样品	Au 品位 /g·t^{-1}	密度 /g·cm^{-3}	相对密度	JK	DWT/SMC	DWI /kW·h·t^{-1}	AWI		A_i /g	CWI /kW·h·t^{-1}	SPI /min	功指数 /kW·h·t^{-1}		时间 (月/日)
				$A \times b$	ta		kg/h	kW·h/t				RW_i	BW_i	
可研 Portage 平均	4.16	3.2	3.24	40.7	0.32	8.9	6.8	13.6	0.54	17.5		15.1	10.7	7/05
可研 Goose 平均	5.79		3.28	42.3		8.7			0.517			14.3	11.4	7/05
可研 Vault 平均	3.82	2.85	2.81	40.5	0.35	8.6	7.3	15.6	0.234			16.5	13.8	7/05
Vault 露天矿钻孔岩芯	4.08		2.81	40.9	0.38	6.9					86.4	15.9	13.9	9/12
Vault 露天矿粗矿堆			2.73	39.0	0.37	7.0			0.234			15.6	14.0	8/13
Vault 露天矿斑岩			2.625	35.9	0.35				0.610			16.7	16.7	11/14
Vault 露天矿 702-4 区			2.775	29.8	0.275				0.235			17.7	14.5	11/14
Vault 露天矿斑岩区													16.4	2/15

根据 2005 年做的可行性研究，可以清楚地看到 Vault 矿石与 Portage 和 Goose 矿石相比有较高的球磨功指数。为了验证模拟结果，在 2012 年对钻孔岩芯和 2013 年对粗矿堆的样品又进行了几次可磨性试验。从模拟得出的共同结果是 Vault 矿石不可能达到 Portage 和 Goose 矿石的处理能力。由于 Vault 矿石的球磨功指数更高，因此半自磨机的处理能力要根据球磨机达到最终产品粒度的能力来预计。图 6-9 所示为根据最终产品粒度预计的矿石处理能力。

图 6-10 总结了 Meadowbank 金矿矿石在邦德球磨功指数上的可变性。

根据最终产品粒度预计的处理能力对应于 Portage 和 Goose 矿石是非常低的，为了验证模拟结果，在 2013 年 10 月（共 4 天）和 2014 年 7 月（共 9 天）采用 100%的 Vault 矿石进行了两次工业试验。2013 年 10 月的试验在最终产品粒度为

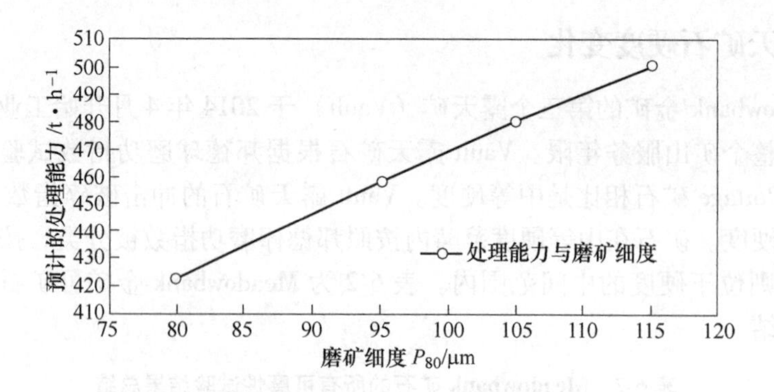

图 6-9 根据磨矿粒度预计的 Vault 矿石处理能力

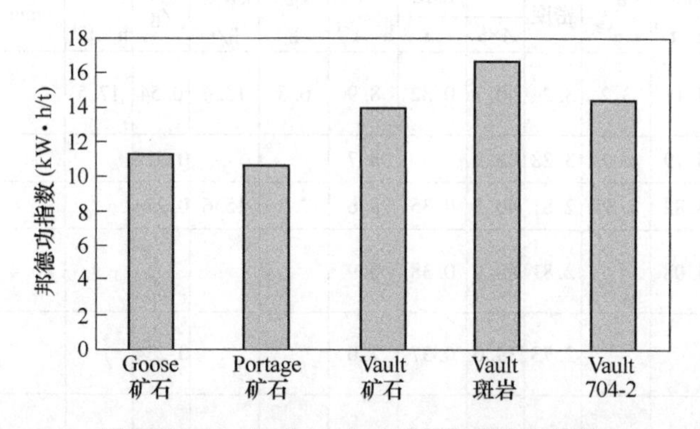

图 6-10 Meadowbank 金矿矿石的球磨功指数

104μm 的情况下，平均处理能力达到 485t/h。2014 年 7 月的试验在最终产品粒度为 98.2μm 的情况下，平均处理能力达到 490t/h。由 SGS 和 COREM 做了几个金的氰化试验以认定最佳的磨矿细度，研究表明金的回收率在 90~106μm 之间没有变化，在超过 110μm 后降幅很大。自从 Vault 露天矿开始生产之后，Vault 露天矿的矿石比例仍然是半自磨机处理能力的关键因素，由于球磨机受限于其较高的球磨功指数。2014 年后期，Vault 露天矿内的一个新的区域——斑岩区的矿石球磨功指数达到 16.4kW · h/t，高于 Vault 矿区内其他区域的 14.0kW · h/t。图 6-11 所示为在不同 Vault 矿石比例下的球磨功指数对应的半自磨机处理能力。

根据 Vault 矿石达到较细磨矿粒度的要求，目前运行策略是依据产金量来确定半自磨机的处理能力，以保证矿山的金产量。

与 Portage 矿石和 Goose 矿石相比，Vault 矿石的研磨指数（A_i）较低，其对半自磨机和球磨机的钢耗有正面的影响，从开始处理 Vault 矿石至 2015 年，钢球消耗降低了 10%~15%。图 6-12 和 6-13 所示分别为半自磨机和球磨机中钢球消耗对 Vault 矿石比例的相关关系。

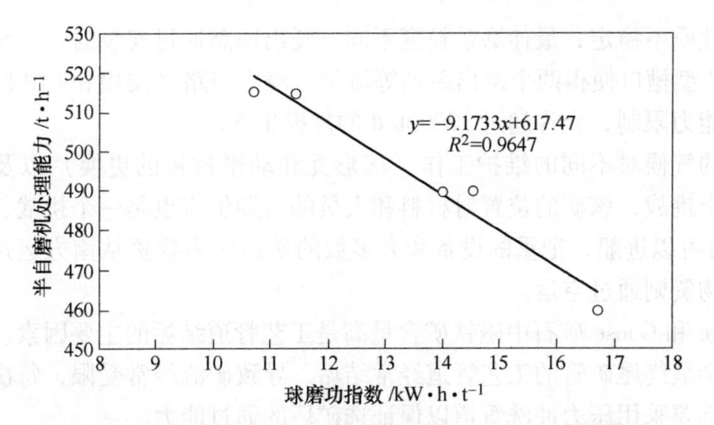

图 6-11　Meadowbank 半自磨机处理能力对应的球磨功指数

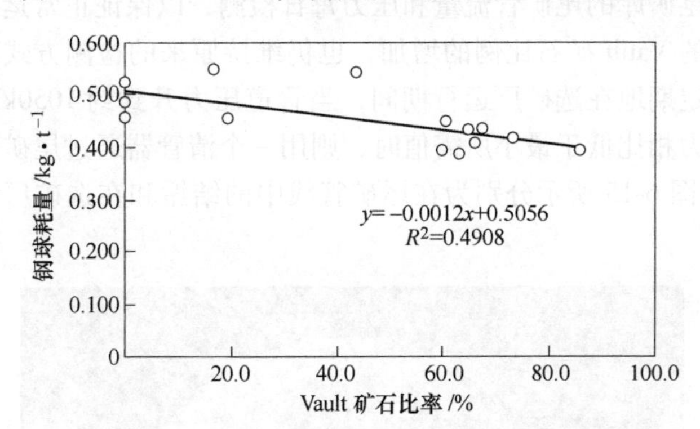

图 6-12　半自磨机中钢球消耗与 Vault 矿石占比的关系

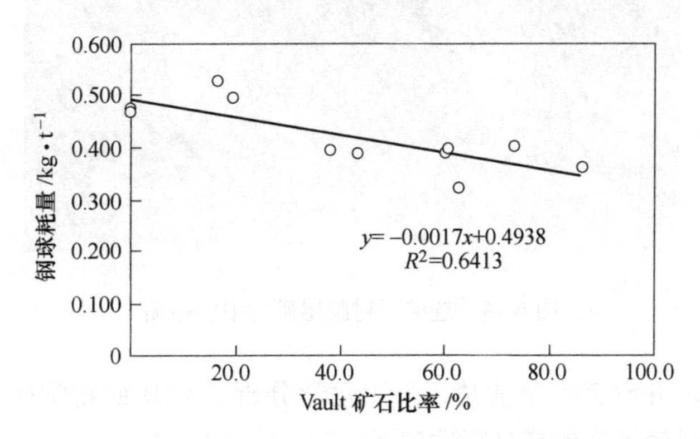

图 6-13　球磨机中钢球消耗与 Vault 矿石占比的关系

6.7　北极环境的挑战

选矿厂的原给矿来自三个不同露天矿的矿石，矿石的工艺矿物学不完全相同。其中 Goose 矿于 2015 年年底结束。来自不同矿的矿石混合后有一个缺点，就是矿石性质不稳定，最佳磨矿粒度不同。浸出回路通过安装的一个 V 型槽口平行运行，V 型槽口使得两个浸出系列等流量。浸出回路（浸出和 CIP 回路）没有设定任何能力限制，允许超过 12000t/d 的规模生产。

北极的气候对不同的维护工作（碗形瓦和动锥衬板的更换）以及破碎厂房防尘是一个挑战，该矿的位置对材料和人员的后勤供应也是一个挑战，每年至多 3 到 4 个月可以进船，把重的设备和大多数的矿山所需物资从南方运过来，其他时间所需物资则通过空运。

Portage 和 Goose 矿石中磁铁矿含量高是工艺管道结垢的主要因素。从磨矿后的浓缩机到最终尾矿管的工艺管道经常结垢，导致矿流经常受限，每次选矿厂计划停车时都要采用压力冲洗管道以保证选矿厂的通过能力。

选矿厂到尾矿库的尾矿管流量和压力每日检测，以保证正常运行，即使随着磁铁矿含量低的 Vault 矿石比例的增加，也仍维持原来的检测方式。根据尾矿的流量和压力，定期地在选矿厂运行期间，当管道压力升到约 1050kPa，且流量与选矿厂处理能力相比低于最小所需值时，则用一个清管器通过尾矿管线以疏通管道。图 6-14 和图 6-15 所示分别为在尾矿管线中的结垢和在选矿厂设立的清管器发射器。

图 6-14 选矿厂衬胶尾矿管中的结垢

结垢的原因并没有完全清楚，采用化学分析、XRD 矿物学研究、显微镜观察和红外分析已经证实的样品特性如下：

（1）结垢物料不是纯的硫酸盐或碳酸盐的沉淀；

（2）矿石颗粒是结垢物料的主要成分，含有很高的磁铁矿、石英和阳起石；

（3）颗粒基本上是超细粒（1~5μm），呈棒形，且在沉淀后都沿流体运动方向同一朝向；

（4）由于浓度很低，颗粒基质没有证实有机化合物的存在，无机硫酸盐和

图 6-15 选矿厂清理尾矿管线用的清管器插入站

碳酸盐可能是胶结相；

（5）结垢的样品结构中有几个细颗粒与有机物凝聚体的泡状物，在中间有一粗颗粒（30~50μm）层。

现在的尾矿管线从选矿厂到尾矿库是 350mm 的 HDPE 管，输送的尾矿浓度为 50%~55%，尾矿管线长约 2500m，其中 HDPE DR11 管为 1500m，其余为 HDPE DR17 管。Vault 矿石的加入大幅降低了尾矿管线清洗的频次，从每日清洗降到 2 天或 3 天清洗一次。

在开发出更好的运行清洗程序之前，选矿厂采用停车清洗尾矿管线，导致有效运转率降低。由于尾矿管线的限制，有时选矿厂的处理能力大幅降低，从 450t/h 降低到 380t/h。

6.8 下一步工作

自从 Vault 矿开始生产以来，选矿厂的处理能力对 Vault 矿石比例的波动很敏感。由于该矿石邦德功指数的可变性，给矿中 Vault 矿石的比例成为第二段磨矿最终产品的关键因素。高的 Vault 矿石比例使球磨机达到与半自磨机处理能力相同的情况下的最终磨矿粒度更困难。根据 Vault 矿石试验结果，已经确定在 100%的 Vault 矿石、邦德功指数为 14.0kW·h/t 的条件下能够取得的最大的半自磨机处理能力估计为 490t/h，最终磨矿细度为 90~106μm。

对 Vault 矿斑岩区域的矿石没有进行类似的试验，其邦德功指数相对高，在 100%的比例条件下，估计其处理能力为半自磨机处理能力的平均值。根据 Vault 矿斑岩区域矿石 16.4kW·h/t 的邦德功指数，可以预计到半自磨机的处理能力在同样磨矿粒度的条件下要低于 490t/h。为了适当地控制 Vault 矿石硬度对整个磨矿性能的负面影响，提出以下意见：

（1）要采用 Vault 斑岩区域矿石 16.4kW·h/t 的邦德功指数进行模拟，以确定改善半自磨机处理能力的途径。半自磨机的排矿粒度和向球磨机中添加更大的钢球将有助于改善球磨机的效率，间接地增加半自磨机的处理能力。

（2）通过减小格子板的孔径降低半自磨机排矿格子板的开孔面积，降低半自磨机排矿筛孔径，以使粗粒物料返回半自磨机形成循环负荷。

（3）由于可以通过改变排矿筛孔来灵活控制给到球磨机的物料粒度，半自磨机排矿分级对于矿石的变化性看来是合适的。

Meadowbank 金矿第二段破碎机的加入使得半自磨机达到甚至超过了 8500t/d 的设计能力，相应于不同矿石（Portage、Goose 和 Vault）硬度的变化，第二段破碎机在半自磨机的给矿粒度上提供了灵活性。2014 年 Goose 矿生产量的下降通过 Vault 矿的矿石得到了补偿。随着 2015 年 Goose 矿闭坑，选矿厂的主要的矿石来自 Vault。Vault 矿石比例已成为整个磨矿性能的关键，要根据半自磨机处理能力来设定最终的磨矿性能。Vault 矿石比例仍然是未来磨矿过程的挑战。

参考文献

[1] Muteb P N, Fortin M. Meadowbank Mine process plant throughput increase [C]// Klein B, McLeod K, Roufail R, et al. International Semi-Autogenous Grinding and High Pressure Grinding Roll Technology 2015. Vancouver: CIM, 2015: 72.

7 衬板对半自磨机运行的影响（Cadia Hill 铜金矿）

7.1 概述

Cadia 铜金矿的半自磨机是世界上第一台直径为 12.2m，驱动功率为 20000kW 的半自磨机[1]，其性能、衬板和排矿设计引起了世界上大量的关注。磨机的运行经历了有关顽石和矿浆排出的严峻挑战，排矿系统被迫重新设计，增加了更大的砾石窗开孔面积和曲线型矿浆提升器。在筒体衬板的提升棒之间的填塞在衬板寿命的整个前半部分期间急剧地降低了磨机的处理能力。对此，衬板重新设计跨距以便于增大提升棒之间的空间。由于不断的衬板高磨损问题，衬板又采用离散元模型（DEM）重新进行了设计，目的在于用新的衬板维持磨机的处理能力和提供更长的衬板寿命。

尽管现场对使用的衬板性能很满意，但随着每次更换衬板，磨机在性能上仍然经历着大量的改变。在安装新的衬板后，现场已经制订了一个限制磨机转速和负荷的方法，把磨机的可变速功能积分成控制算法，逐渐增加磨机转速上限值来增大功率。通过安装在磨机筒体附近的冲击探测电耳来监测噪声，用来作为限制磨机最高转速的指示。在 4~5 周内磨机将会在满处理能力下运行，不管怎样，在磨机满转速运行之前还要再运行 4 周。尽管做了这些努力，生产上仍然有明显的损失，5 个月的衬板寿命周期中要损失约 1 个月。此外，在磨机达到满速度之前，当给矿粒度变化时，其处理能力仍会受到影响。在试车之后的 12 年中，衬板设计和控制原理正在重新审视以进一步改进磨机的性能。

磨机运行仍然存在的问题是：

（1）在磨机负荷测定中衬板质量损失的影响还没有量化；

（2）随着新衬板的安装磨机转速需要降低；

（3）在更换衬板后，磨机需要运行在高负荷状态下；

（4）在衬板寿命期间任一时间最佳磨机负荷的不确定性。

需要进行的关键工作是：

（1）磨机充填率的测定（而不是负荷传感器读数）；

（2）磨机充填率的控制；

（3）充球率的持续测定；

（4）随着衬板磨损，为控制目的寻找最佳的充填率。

7.2 半自磨机性能

Cadia 选矿厂磨矿回路简化的工艺流程如图 7-1 所示。

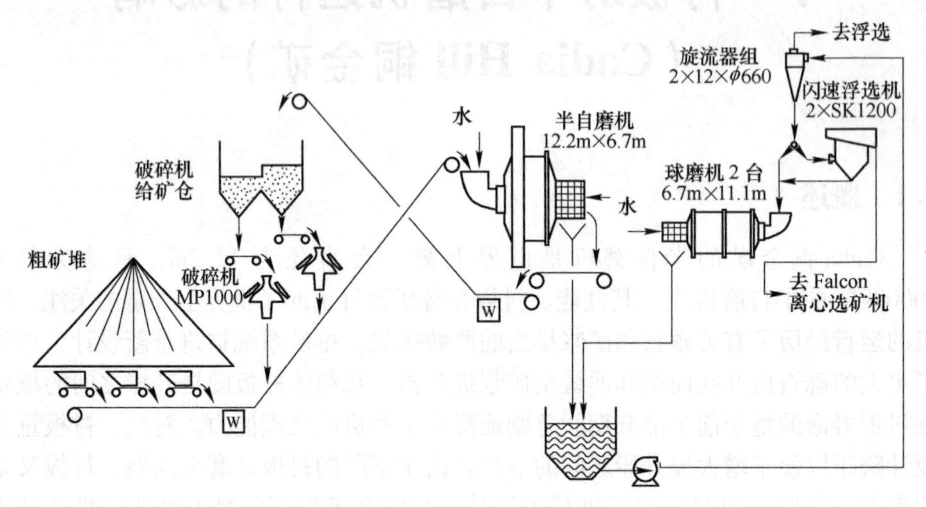

图 7-1 Cadia 选矿厂磨矿回路配置

Cadia 选矿厂一段磨矿回路有一台 ϕ12.2m，装机功率 20000kW 的半自磨机，排矿通过圆筒筛给到 2 台 MP1000 顽石破碎机。在半自磨机的给矿溜槽有低压补加水，在圆筒筛内有高压水。从半自磨机的排矿来说，圆筒筛是顽石破碎机之前的唯一分级和脱水作业。

ϕ12.2m 半自磨机采用一个专用的控制系统主要以稳定的方式来控制新给矿量、磨机转速、磨矿浓度和处理能力最大化。其次这个控制系统用来管理功率输出。施加于控制系统的约束是磨机的负荷传感器读数（控制在一个设定点）和功率输出（控制在电动机的限制之内）。专用控制系统的位置与选矿厂其他的常规控制系统分开。

这些控制参数的具体情况如下：

(1) 转速。转速是可变的控制设定值，由控制系统确定，并由工程师设定范围。设定点直接输入磨机驱动系统，转速范围的下限是 7r/min，这个没有变化，因为这是磨机正常运行能够达到的最低值。转速范围的上限可以从 8.5r/min 到刚好更换衬板之后达到 9.6r/min。上限将根据筒体运行时间来变化。转速上限在筒体更换衬板之后，考虑到只要钢球不直接对筒体冲击，一般尽可能快地提高到满速。

(2) 浓度。磨机浓度是变化控制，设定值在给定的范围之内由控制系统确定。这个设定值输入基于磨机总给矿量而控制给水流量的常规控制系统。浓度给出的设定范围通常是 68%~77%。应当注意到，直到最近，对工艺水泵能力的限制导致磨机最大可能地给水流量为 1050m³/h，这就意味着，在高的给矿量下，控制系统无法控制浓度，因为供水不足。

（3）取料给矿量。新给矿来自粗矿堆下面的取料给矿机，给矿量是控制系统试图最大化的设定值，它被输入控制给矿量的常规控制系统，一般情况下，除非半自磨机是在临界状态，它是最后一个降低的和第一个增加的。基本上在其降低给矿量之前，控制系统要增加转速和降低浓度。

（4）负荷传感器读数。总负荷的测定提供了一个设定值和一个理想的范围，在该范围之内，控制系统的目的是维持。如果读数超过或低于设定值，但变化的速率是极小的，则采取动作。当负荷变化的速率高（或负荷值位于范围之外），为使其返回靠近设定的负荷值，控制系统会改变转速、浓度和给矿量。

负荷设定值确定为：在更换筒体衬板之后开始启用高负荷，刚好在更换衬板之前则降低为低负荷。降低负荷的目的是保持磨机的充填率在整个筒体衬板寿命期间内恒定。

投产以来，一直没有一个模型来对磨机的充填率水平在任何给定值下及时提供输入数据。只是采用有依据的推测来确定负荷传感器的设定值，这些依据是：磨机噪声、功率输出、检查、日常服务、以前的经验，以及有时衬板磨损的百分比。

如果磨机与日常运行条件相差不是太远，则选择一个合适的负荷设定值可能相对容易，否则可能是相当困难。例如，如果排矿格子板已经坏掉或严重磨损，充球率会很低，因为过量的钢球排出磨机进入废弃堆（经过顽石皮带除铁装置除掉）。如果对磨机充填率有一个稳定的模型以能够用来选择合适的负荷设定值，使其随着充球率增加返回到正常值会是非常有益的。

（5）功率输出。功率高限设定在 20000kW，这意味着控制系统将试图控制在 19200~20000kW 之间。筒体更换衬板之后将可能是该设定值降低的唯一时间。控制系统将根据变化的速率以及功率值来确定动作的过程。

（6）顽石破碎机。除了给矿粒度有较大干扰之外，对 Cadia 选矿厂半自磨机磨矿回路影响最大的是顽石破碎回路的性能。如上所述，作为顽石破碎机有两台 MP1000 破碎机运行，在 9mm 的紧边排矿口和输出功率 630kW 的情况下，每台能够处理大约 450t/h。在半自磨机筒体衬板寿命周期内，循环负荷变化量平均为 450~950t/h。在日常的运行中这种变化的结果是备用的顽石破碎机随着给矿仓的填充不断地开、停。当顽石破碎机启动时对取料矿量根本没有调节，半自磨机将显著超过其负荷：通常造成控制系统显著地降低取料量，即大于 100t/h。然而，如果刚好在顽石破碎机启动时取料矿量设定值降低 50t/h，磨机负荷将会维持在其稳定状态，而不需要再减少给矿量。当顽石破碎机关停时则反向应用。

当顽石破碎机的紧边排矿口从 9mm 增加到 12mm 时，整个处理能力会降低

15%。结果当破碎机在紧边排矿口大于12mm时运行，导致了很高的循环负荷，造成很高的物料流进入磨机的圆筒筛，使圆筒筛过负荷，又导致细粒和水夹带进入破碎机，恶性循环使其不能在紧边排矿口9mm的条件下运行。这就造成在整体处理能力上有极大的损失。在这种情况下，能够降低磨机负荷设定值，磨机将降低其顽石产率，就能够纠正这个问题。知道了磨机充填率的百分数，万一出现这样的情况，就能够允许控制室操作人员在没有工程师帮助的情况下安全地做出这个决定。

(7) 给矿变化的影响。矿石给矿对半自磨机性能的影响基本上有3种原因：

1）来自露天矿的矿石含有火山岩。这种岩石往往夹带有大量的水分，水的存在降低了顽石破碎机的有效运行能力。这使整个选矿厂的处理能力显著地降低大约7%~15%。

2）爆破产生的细粒。对低能量爆破，半自磨机给矿最大粒度和F_{80}将仍然接近并与其他爆破相同，然而20%通过的粒度（P_{20}）会更粗。这将会降低半自磨机的处理能力，因为给矿中的细粒会减少，而顽石循环负荷会增加。

3）低品位粗矿堆。半自磨机在70%的较低转速率、85%的有效功率输出和16%的顽石循环负荷下运行能够维持最大给矿量，这种给矿非常容易磨矿。

这三种主要给矿类型造成磨机充填率易变化以及理想的控制设定值易漂移。知道了在这些条件下磨机充填率如何变化，对于磨机控制很明显是非常有益的。

7.3 衬板磨损

如上面所述，需要有一个好的衬板质量的测定以计算磨机中充填体的质量，衬板本身也是关键的磨机控制参数。为了在任何时间都能提供可靠的衬板质量计算，需要一个输入值的范围。

7.3.1 衬板监测

通过采用MillMapper ®软件对衬板的形状进行高密度的3D扫描，绘制了在衬板寿命周期内沿着磨机整体长度上和给矿及排矿端的衬板形状。这些数据提供了磨损速率预计及在整个衬板寿命期间内持续的衬板质量。值得注意的是：为了拟合一个有意义的磨损模型，需要至少测定4个设定值的衬板轮廓。靠近衬板寿命终点时磨损加速，因此需要在衬板更换之前的3周之内测定倒数第二个数据点。选矿厂为了通过衬板磨损监测项目使效益最大化，相应地测定了5套轮廓数据，与新的外形轮廓数据一起，提供了6套衬板寿命形状的扫描数据，提供了一组很好的衬板寿命数据供参照。

7.3.2 衬板磨损数据

Cadia选矿厂处理低品位矿石的LG磨机装有高-低提升棒（交替安装）和微

型提升棒（位于主要提升棒之间），在 2009 年 11 月 18 日和 2011 年 6 月 9 日之间，采用所做的 MillMapper ®扫描分析报告（包含 4 套最近的衬板扫描数据）来分析衬板磨损：提升棒高度、角度和衬板质量，并且作为处理的累计矿量函数。

对磨机的扫描产生了一个三维的磨机模型，3D 轮廓的实例如图 7-2 所示。

图 7-2 采用 MillMapper3D ®扫描渲染的磨机视图

从这个 3D 数据中，MillMapper ®分析软件用来对磨机衬板的每一段提供平均数据，这个可以用来转换成 2D 的形状用于磨损建模。单个磨损周期的磨损后外形如图 7-3 所示。

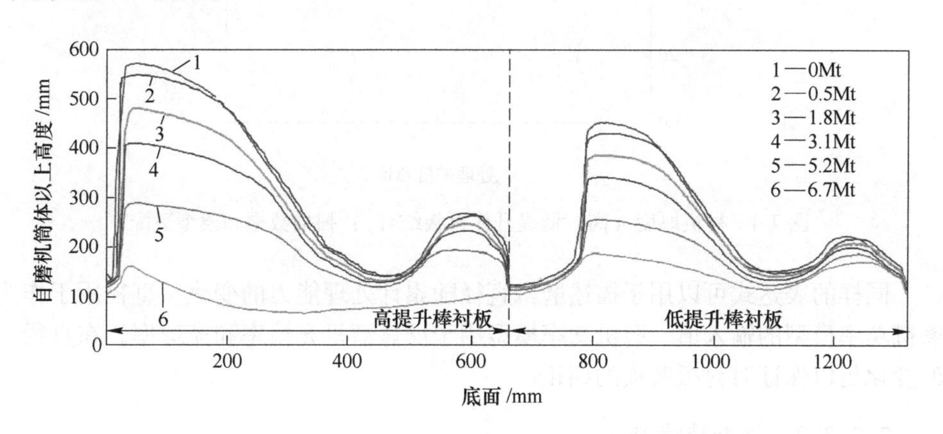

图 7-3 采用扫描数据重建的衬板轮廓示例

7.3.3 衬板磨损建模

根据 4 套衬板寿命周期的数据，衬板的关键参数作为所处理的给矿量函数被绘制出来，以便于提供磨损模型能够拟合的稳定数据。

7.3.3.1　板的厚度

由于衬板的最低点由提升棒和微型提升棒很好地保护着，衬板的高度直到衬板寿命的最后一刻之前只有微小的变化，当衬板寿命终结时由于提升棒的磨损失去了保护，衬板磨损加速，实质上衬板厚度磨损的一半（尾随较低磨损提升棒的部分）是在衬板寿命的最后 20%的时间内发生的。最小的衬板厚度如图 7-4 所示，回归模型为：

$$\text{衬板厚度} = 112 - 2.15M - \gamma \tag{7-1}$$

式中　M——自从衬板安装后磨机处理的矿量，Mt；

γ——在衬板寿命终点额外的磨损，通过下式估算：

$$\gamma = \begin{cases} 0, M < 6.8 \\ 200(M - 6.8), M \geqslant 6.8 \end{cases} \tag{7-2}$$

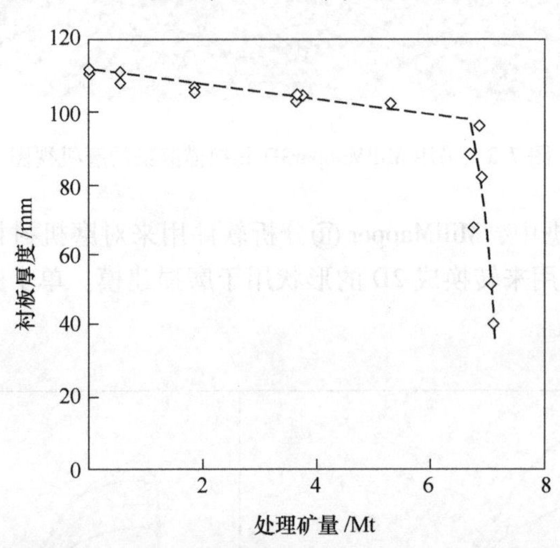

图 7-4　衬板厚度（高、低提升棒衬板结合）：扫描数据和模型适配

同样的表达式可以用于描述磨机直径随累计处理能力的变化。直径用于作为磨机功率模型的输入值，磨机功率模型用于反算磨机充填率和充球率，在直径上的变化足以保证对衬板磨损的纠正。

7.3.3.2　提升棒高度

衬板厚度以上的提升棒高度如图 7-5 所示。这些数据是基于 4 个衬板寿命周期扫描得到的。高的提升棒高度磨损速率的趋势接近于线性，而低的提升棒由于起始磨损速率较低，随着高提升棒的磨损而磨损增大拟合为二次方的形式。

如图 7-4 中所描述的筒体衬板的加速磨损，当低的提升棒在高度大约 60mm 时开始。对于磨机中采用的 125mm 钢球，这个高度相当于钢球的半径，此时提

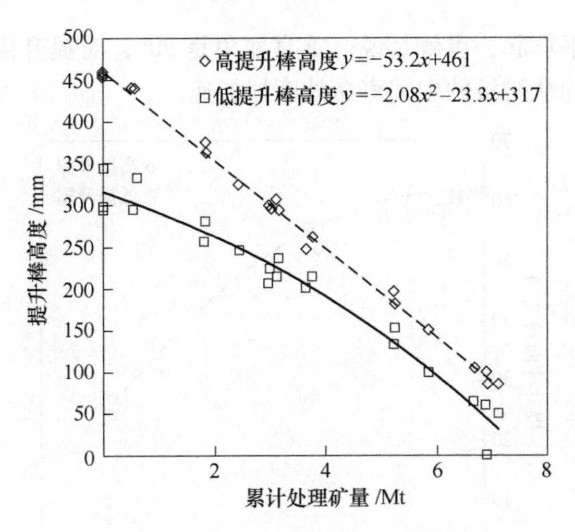

图 7-5 提升棒高度数据和回归拟合

升棒不能够阻止介质沿筒体自由滑动，从而导致高的磨损速率。

7.3.3.3 有效提升高度

提升棒的顶部的曲线型表面不影响提升棒抛射钢球和矿石的高度。

对建立颗粒轨迹的最大高度模型，需要知道有效的提升棒抛射高度（对应于提升棒顶部曲线部分下面的最高点），这些数据如图 7-6 所示。

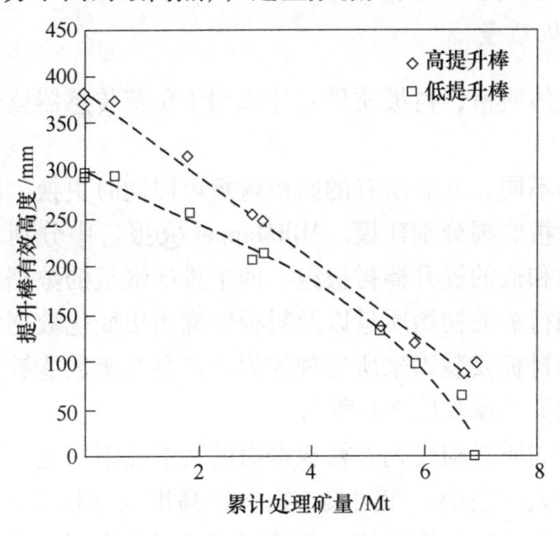

图 7-6 有效提升棒抛射高度

7.3.3.4 提升棒面角

从对衬板寿命期间扫描的轮廓计算的提升棒面角数据如图 7-7 所示。这里采用的角度是从水平算起，也就是说，垂直面角是 90°，对提升棒的最陡的部分测定。可以看到大约从衬板的中间寿命处磨损加速。

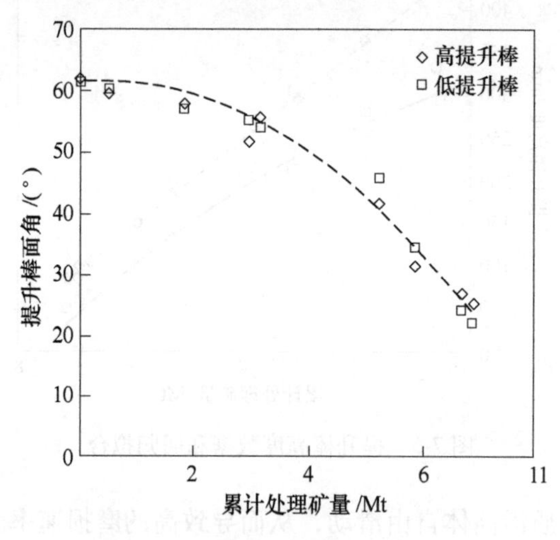

图 7-7　磨损对提升棒面角的影响

低的提升棒和高的提升棒面角二者拟合相同的趋势，通过回归拟合可以建模：

$$提升棒面角=62+0.36M-0.89M^2 \quad (7\text{-}3)$$

7.3.3.5　衬板质量

为了获得充填体质量，衬板质量对计算用于负荷传感器读数的质量修正是一个关键输入值。

由于磨损速率不同，并非所有的磨机衬板可以同时更换。因此，需要对每一组类似的衬板的衬板磨损分别建模。MillMapper Ⓡ报告中分别含有对两个给矿端衬板组、两个高的和低的提升棒衬板组、四个排矿端组的数据分析。对每个衬板组，把这些数据和衬板的初始质量以及衬板轮廓历史变化数据结合一起，衬板组质量作为自从该套衬板安装以来所处理的累计矿量的函数能够计算出来。对每一组磨损的数据和相关关系如图 7-8 所示。

筒体衬板磨损的质量损失朝着衬板寿命的终端逐渐加速。在高、低提升棒的磨损速率之间有极大的差别，如同关于提升棒高度（见图 7-5）所见，低的提升棒磨损速率较低，由于高的提升棒在其前面起了保护作用。高的提升棒在其整个寿命周期内继续以更大的速率损失质量，并且可能在衬板寿命的终端有更薄的外形，在图 7-3 中是很明显的。

给矿端内圈和排矿端内圈部分磨损最慢，当筒体衬板更换时这些不需要更换。

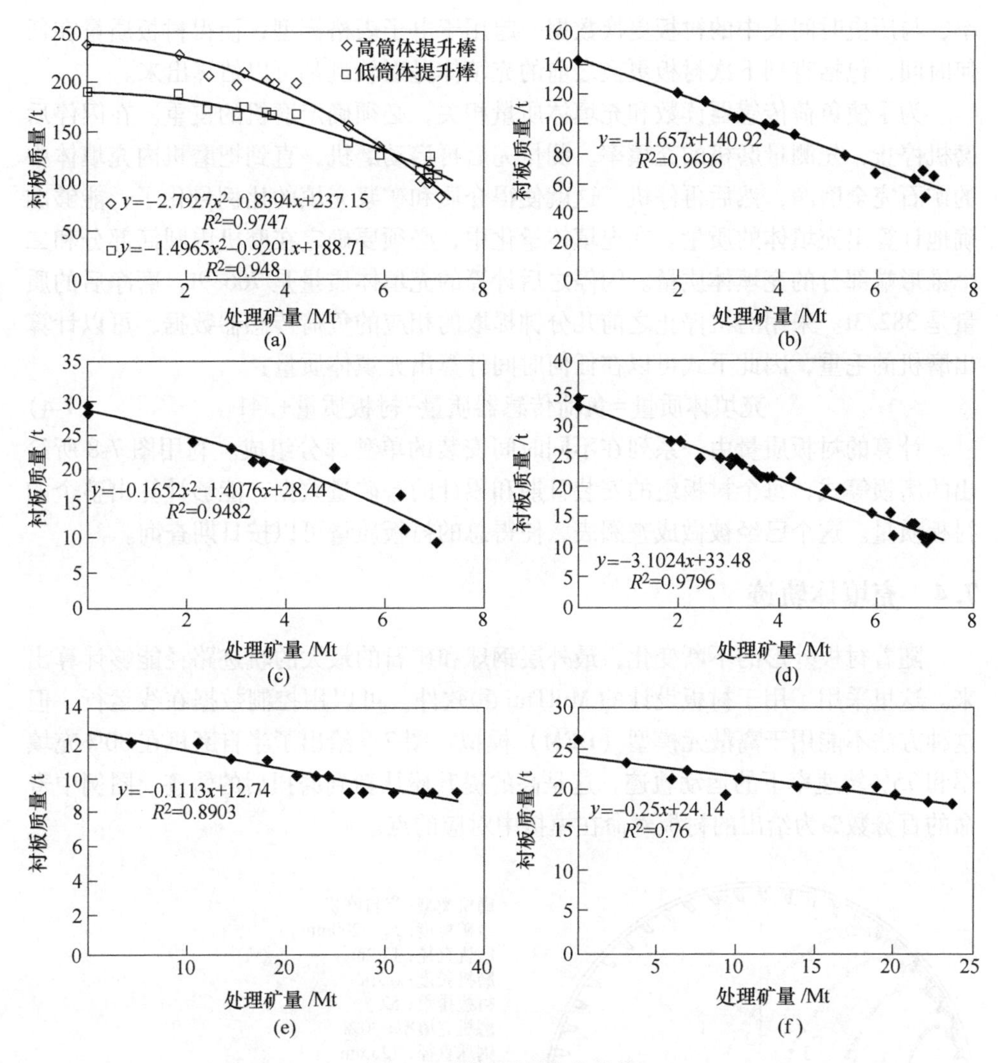

图 7-8　衬板质量变化趋势

（a）筒体提升棒；（b）给矿端外圈；（c）中间格子板；（d）外圈格子板 A 和 B；（e）给矿端内圈；（f）排矿端内圈

格子板在其使用周期内损耗了大部分的质量。为了在格子板的使用周期内维持开孔面积和砾石窗孔径一致，格子板衬板交替更换：主要筒体衬板更换时更换一半，筒体衬板寿命中期时更换另一半。

7.3.3.6　整体磨机质量

单独衬板组的质量模型可以合并作为时间的函数估算磨机筒体的整体质量。磨机内衬的其余部分的磨损，包括矿浆提升器，在这次分析中没有考虑。磨损速率，与历史时间表中的衬板更换数据一起用于电子表格模型，使得衬板质量在任何时间，包括直到下次衬板更换之前的充填体抛射轨迹都可以估算出来。

为了使负荷传感器读数和充填体质量相关，必须确定磨机的皮重。在闪停后磨机停止，先测量磨机的充填率，测量完后再启动磨机，直到把磨机内充填体中的矿石完全磨净，然后再停机。这就使得介质和矿浆充填的比例量化了，能够准确地计算出充填体的质量。在充填体量化中，必须要确定在磨机内圆筒部分和二个锥形端部分的充填体质量。闪停之后计算的充填体质量是 706. 9t，磨净后的质量是 382. 3t。采用磨机停止之前几分钟提取的相应的负荷传感器数据，可以计算出磨机的毛重，因此下式可以在任何时间计算出充填体质量：

$$充填体质量=负荷传感器质量-衬板质量+341 \tag{7-4}$$

计算的衬板质量由一系列在不同时间安装的单独部分组成。利用图 7-8 所给出的磨损等式，每个衬板组的安装日期和累计的磨矿量数据，能够计算出整个的衬板质量。这个已经被做成查阅表，使得总的衬板质量可以按日期查询。

7. 4　充填体轨迹

随着衬板外形的不断变化，最外层钢球和矿石的最大的轨迹路径能够计算出来。这里采用了用于衬板设计的 MillTraj ®软件，可以用控制数据在线运行，但这种方法不能用于离散元模型（DEM）模拟。图 7-9 给出了半自磨机在 30%充填率和 75%转速率下的运动轨迹，这是高的提升棒从新到磨损后的轨迹。图例中寿命的百分数%为给出的衬板寿命在模拟中对应的点。

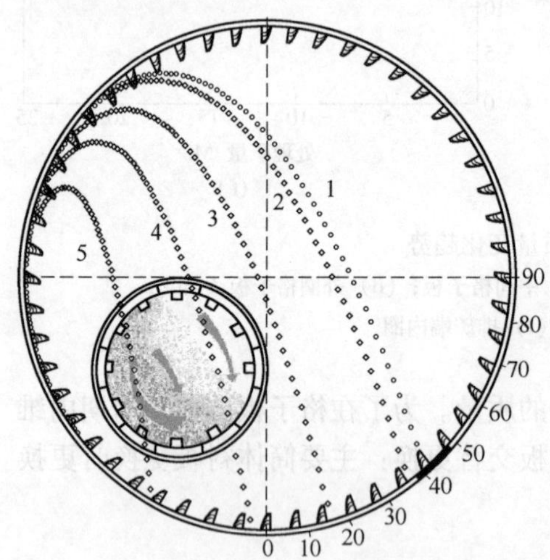

磨机类型：半自磨机
给矿粒度：F_{80}=200mm
磨机直径：12.2m
磨机长度：6.7m
衬板排数：52
磨机充填率：30%
钢球直径：125mm

提升棒详细数据

序号	磨损 /%	宽度 /mm	高度 /mm	面角 /(°)	跨高比	转速率 /%	衬板厚 /mm
1	0	272	378	62	1.46	75	115
2	30	272	309	59	1.76	75	115
3	60	272	200	49	2.68	75	115
4	70	272	150	41	3.57	75	115
5	86	272	112	32	4.82	75	115

图 7-9　75%转速率下随着衬板磨损外圈钢球的轨迹

充填体的趾部位置如图 7-9 中黑色条带，衬板的设计和磨机的运行需要保证在趾部区域以上没有冲击，否则衬板和钢球会经受严重地加速磨损和破碎的风险。轨迹数据表明磨机安装新衬板后可以安全地在75%的转速率下运行，保持最小充填率为30%。

图7-10所示为在磨机充填率恒定在30%的情况下，随着衬板磨损，磨机如何能够加快转速。这个表明磨机如何能够稳定地从新衬板75%转速率提高到衬板寿命中期的80%转速率。图7-11所示为如果磨机的充填率保持在最小34%的情况下，磨机能够在新衬板启动时以78%转速率安全运行。

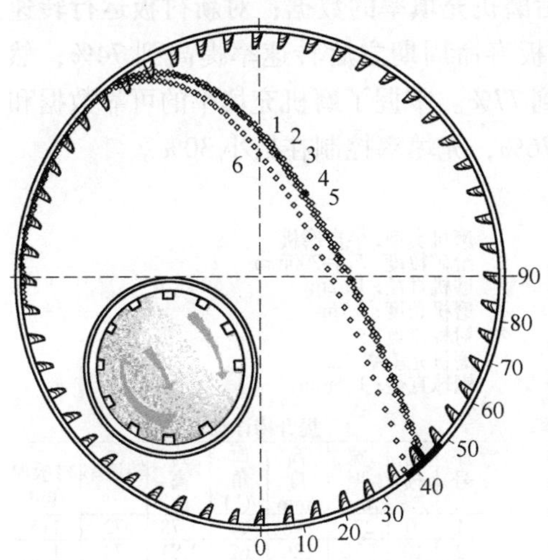

磨机类型：半自磨机
给矿粒度：F_{80}=200mm
磨机直径：12.2m
磨机长度：6.7m
衬板排数：52
磨机充填率：30%
钢球直径：125mm

提升棒详细数据

序号	磨损/%	宽度/mm	高度/mm	面角/(°)	跨高比	转速率/%	衬板厚/mm
1	0	272	378	62	1.46	75	115
2	10	272	363	62	1.51	75.5	115
3	20	272	336	61	1.62	76	115
4	30	272	304	59	1.78	77	115
5	40	272	267	56	2.02	79	115
6	50	272	228	52	2.36	80	115

图7-10 随着衬板磨损情况下最大的安全运行转速

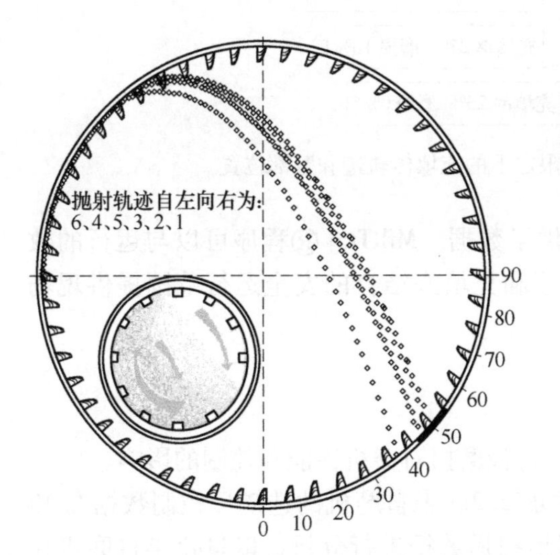

磨机类型：半自磨机
给矿粒度：F_{80}=200mm
磨机直径：12.2m
磨机长度：6.7m
衬板排数：52
磨机充填率：34%
钢球直径：125mm

提升棒详细数据

序号	磨损/%	宽度/mm	高度/mm	面角/(°)	跨高比	转速率/%	衬板厚/mm
1	0	272	378	62	1.46	78	115
2	10	272	363	62	1.51	78	115
3	20	272	336	61	1.62	78	115
4	30	272	304	59	1.78	78	115
5	40	272	267	56	2.02	80	115
6	50	272	228	52	2.36	80	115

图7-11 磨机在34%充填率下的安全运行轨迹

随着整个衬板寿命周期内的磨机充填率的掌握，充填体轨迹可以计算出来。在整个衬板寿命周期计算的充填率趋势图（见图7-17）中，我们可以看出对新的衬板实际充填率接近25%，经过5周（约衬板寿命的20%）左右的运行后升到30%。这个充填率数据作为输入值给入图7-12所示的模拟中，在衬板寿命不同阶段对每个充填率的趾部位置变化被标记出来，给出的轨迹都对应于衬板寿命的不同时间。磨机转速用来保证在衬板寿命的每个点利用提升棒的尺寸大小使每一个相应的充填率时的冲击位于趾部的中间区域。

这里分析的结果是过去安装衬板之后磨机充填率的数据：对新衬板运行转速必须限定在72%的转速率；在10%的衬板寿命周期之后转速率提高到74%；然后到衬板寿命周期的20%时转速率增加到77%。掌握了磨机充填率的可靠数据和控制手段，起始转速可以显著地增加到76%，充填率控制在最小30%。

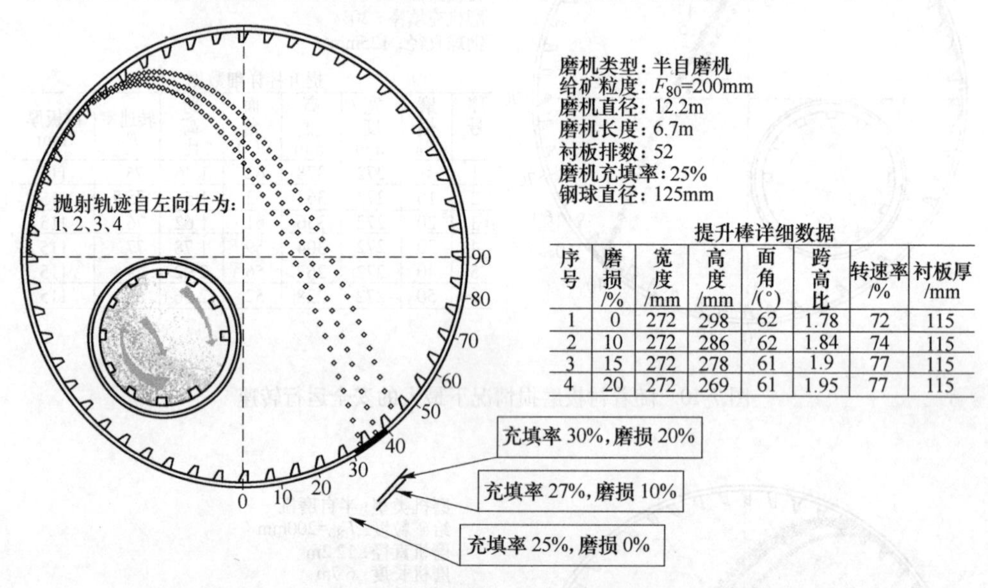

序号	磨损/%	宽度/mm	高度/mm	面角/(°)	跨高比	转速率/%	衬板厚/mm
1	0	272	298	62	1.78	72	115
2	10	272	286	62	1.84	74	115
3	15	272	278	61	1.9	77	115
4	20	272	269	61	1.95	77	115

图7-12 实际磨机充填率限定下的充填体轨迹和趾部位置

画出的轨迹对磨机的安全运行提供了数据。MillTraj ®程序可以与运行的数据及磨损模型相连接，对任何磨机转速和充填率结合的安全运行范围提供现场图像。

7.5 磨机性能分析

根据外形和质量的变化，分析一下衬板磨损对磨机性能和控制的影响。

（1）对磨机性能的影响。Cadia的ϕ12.2m半自磨机的选矿厂控制数据在19个月中以2.5min的间隔对应于衬板磨损扫描数据进行分析，以量化半自磨机在衬板磨损情况下的性能趋势。选矿厂的数据预先进行了处理，滤除了停车、不稳定运行、仪表故障以及消除噪音等条件下的非正常运行数据。对关键的运行参数则随着主要的衬板更换以周为间隔计算出平均数。

（2）磨机转速和功率输出。如上所述，磨机转速在贯穿衬板寿命周期内是变化的，以保护衬板免受过度磨损。驱动功率则相应于磨机转速、充填率、充球率和矿浆充填率的变化而变化，如图 7-13 所示。

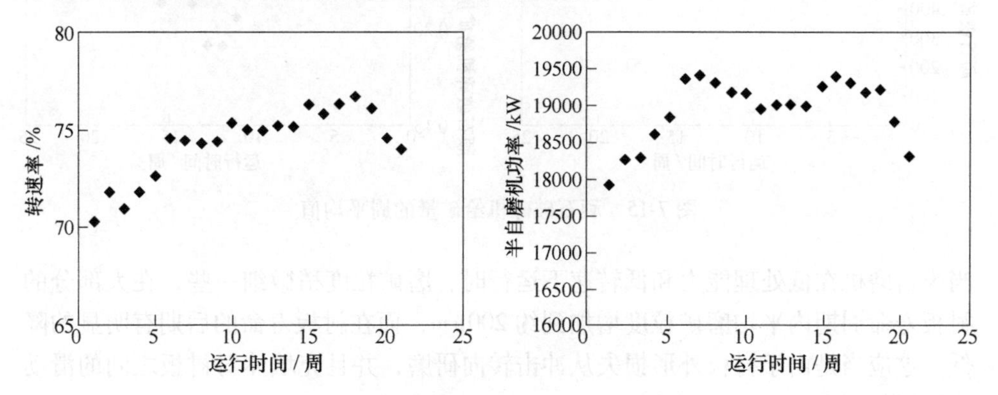

图 7-13　周平均的磨机转速和功率输出

（3）磨机给矿量。磨机在衬板寿命的起始端和终端时是降低转速运行，因而磨机给矿量的设定值也必须降低运行，如图 7-14 所示。

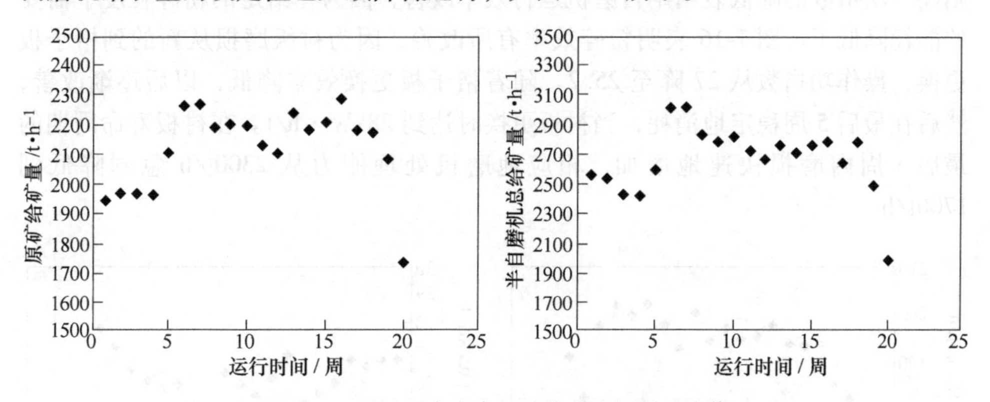

图 7-14　原矿和半自磨机总给矿量的周平均值

（4）顽石生产。半自磨机给矿在衬板寿命中期有少量降低，以对应于格子板的磨损以及所导致的顽石产量增加，如图 7-15 所示。顽石破碎机给矿与总的半自磨机给矿比值图清晰地描绘了在衬板寿命期间的顽石产率，其周期紧随格子板的换衬周期（筒体衬板在寿命中期）对应于最低的顽石排出速率，格子板寿命的最后一周对应于顽石产量的峰值。

（5）磨矿粒度和操作功指数。磨矿粒度以 P_{80}表示，采用一台 OutotecPSI-200 粒度分析仪在线测量。从两个旋流器组测得的磨矿粒度的平均值如图 7-16 所示。

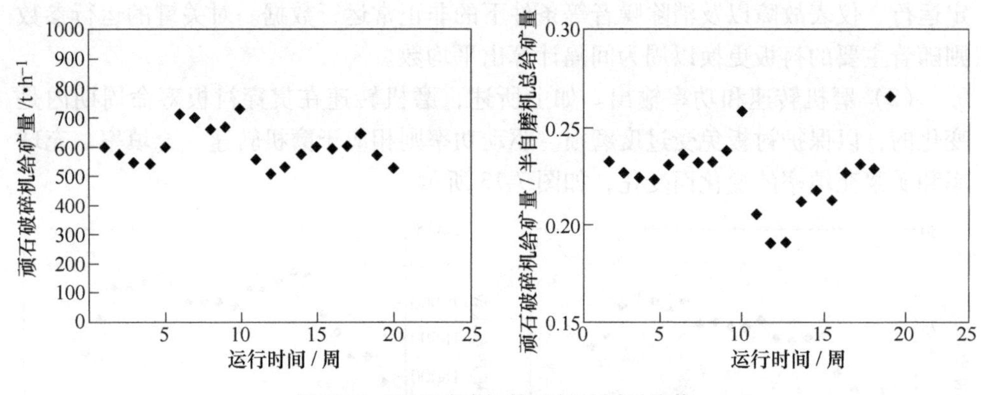

图 7-15 顽石破碎机给矿量的周平均值

当半自磨机在低处理能力和低转速下运行时，磨矿粒度稍微细一些，在大部分的衬板寿命周期内平均磨矿粒度增加到约 200μm，而在衬板寿命的后期有明显的降低。这应当是由于衬板外形损失从冲击转向研磨，并且充填体对衬板之间的滑动作用增加所致。

操作功指数（OWI）从在线测得的 P_{80} 和在线给矿粒度监测系统测得的 F_{80}，以及破碎机、球磨机和半自磨机比能耗之和计算得到。假设给矿是平均一致的，则操作功指数的降低表明半自磨机运行效率改善，因为在给定的粉碎粒度下需要的能耗降低了。图 7-16 表明粉碎效率有所改善，因为衬板磨损从新的到格子板更换，操作功指数从 27 降至 25. 2。随着格子板更换效率降低，以后逐渐改善，然后在最后 5 周稳定地消耗，当衬板更换时达到 28kW · h/t。在衬板寿命周期的最后 5 周内磨损快速地增加，相应地磨机处理能力从 2300t/h 急剧降低到 1700t/h。

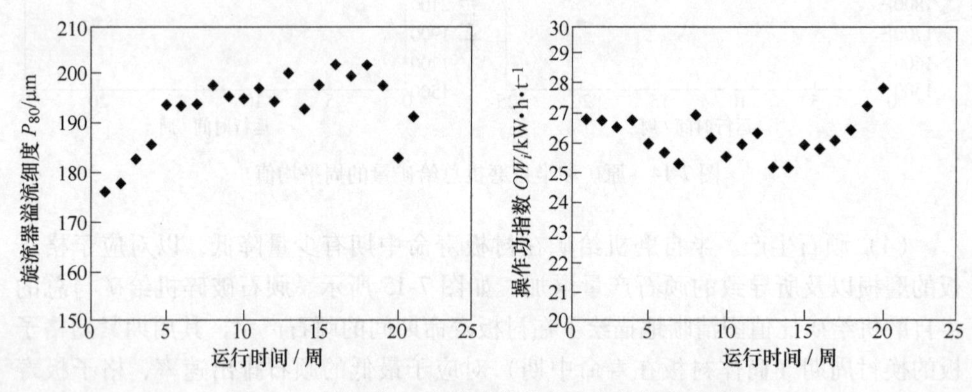

图 7-16 旋流器 P_{80} 和计算的操作功指数的周平均值

（6）总充填率和充球率。在衬板寿命周期内的任何时间，可以从负荷传感器质量读数计算出总的充填体质量，对磨机更换衬板以来的质量磨损损失进行修正。利用这些数据通过应用功率模型，也能够推断出总的充填率和充填体中钢球的比例。该方法已经在 Red Dog 铅锌矿的磨矿回路中采用[2]。总的充填率和充球率输入到 JKMRC 的功率模型中，得到输出功率和充填体质量。如果忽略磨机中矿浆液位的可变性，对应于给定的充填体质量和功率输出只有唯一的充球率和总的充填率。这样，对来自运行的半自磨机的在线负荷传感器读数（转换为充填体质量）和功率输出值输入后，从功率模型可以得到总的充填率和充球率值。

为了试验上述假设，对之前 19 个月期间 Cadia 的 ϕ12. 2m 半自磨机的历史控制数据按小时进行了分析。对每个时间间隔的半自磨机质量和直径都修正为衬板磨损，给出估算的充填体质量。然后迭代计算 JKMRC 功率模型来找到每个时间间隔的总的充填率和充球率。图 7-17 所示为在衬板寿命周期内总的负荷所经历周期性的增加和降低情况。

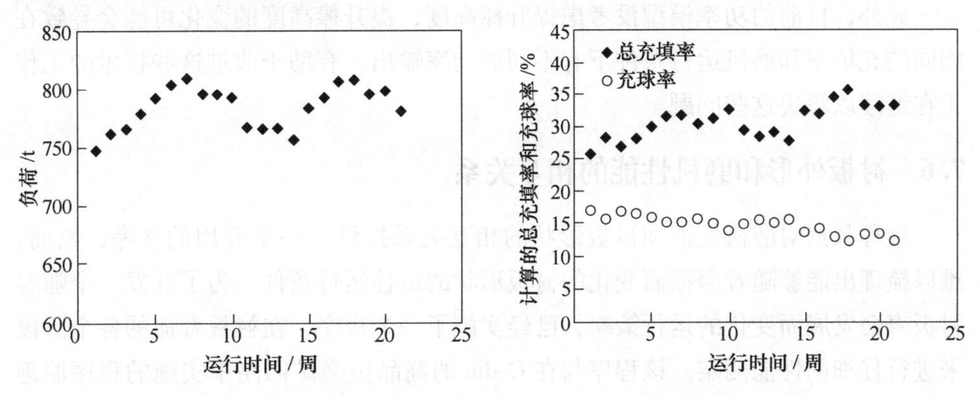

图 7-17 基于功率模型计算的负荷和计算的总充填率和充球率值

在衬板更换之后，总的负荷稳定增加，更换格子板后降低。由于缺少可靠的数据，格子板更换对衬板质量的影响没有计算，因此随着衬板质量增加，在给定的负荷传感器质量设定值下，充填体质量降低。在整个衬板寿命周期内，数据表明充球率从 17%稳定减少到 13%，由于衬板磨损相应于质量损失，总的充填率则从 26%增加到 35%。这样，在未知衬板磨损的影响和没有测定充球率的条件下运行，选择的负荷设定值导致半自磨机内的负荷慢慢升高，钢球充填率相应的降低。

迄今为止的结果意味着这个方法作为磨机充填率的“软传感器”可能是有用的，允许其作为过程控制和优化使用。正在进行其他的改进以改善其稳定性，以便于这种方法能够试验作为工业上应用的实时控制工具。

半自磨机内的矿浆滞留量需要进行估算以对磨机的质量和功率输出给出更准

确的测定。对这些模拟，矿浆充填率假定是一致的，对应于在闪停检查期间测定的充填率。尽管矿浆只占充填体质量的一小部分，因而充填体质量模型对矿浆充填率的小的变化不是特别敏感，但如果磨机进入浆池状态对功率输出的影响可能是急剧的。当磨机内部发展成浆池时，磨机通常会经历输出功率的突然暴跌[3,4]。因而，当采用功率模型时，如果没有考虑浆池的影响，可能得到假的结果。这些能够很容易地被删除，但也可能被用作矿浆输送的有用的指示器。

JKMRC 功率模型需要修正以允许可变的矿浆高度来建模。容许这个是已经考虑了 Morrell 等人研发的理论[3]，把格子型磨机转变成了溢流型磨机，因此这个影响已经纳入了。没有这个影响，现有的模型答案可能就要在怀疑浆池形成期间在高的充球率及低的总充填率下进行收敛。尽管如此，功率输出的突然变化能够很容易被用作浆池正在形成的在线警示。根据报道[5]，一个改进的矿浆排出模型正在研发中，将被试验作为输入值来改进其所做的矿浆充填相互关系。

此外，目前的功率模型没考虑提升棒高度，提升棒高度的变化可能会导致在相同的充填率和磨机运行条件下有不同的功率输出。有助于改进这些技术的工作正在继续以解决这些问题。

7.6 衬板外形和磨机性能的相互关系

过程数据对磨机性能和衬板形状的相互关系提供了一个有用的参考，然而，难以梳理出能够随着磨损而变化的衬板形状的最佳运行条件。为了开发一个随着衬板寿命发展而变化的运行策略，已经实施了一个程序，在衬板寿命的各个阶段来进行仔细的性能测定。该程序与在 Cadia 的高品位磨矿回路中实施的程序原理相同。目标是做出一个磨矿曲线，然后在源自磨矿曲线的处理能力的峰值考查磨机。为了使这个有意义，需要取得半自磨机排矿的高质量的样品。这是一个相当大的挑战：因为半自磨机排矿的固体流量 2500t/h，圆筒筛下矿浆流量约 1700m^3/h，直接进入砂泵池。

为了能够收集到这个样品，在半自磨机排矿端位于圆筒筛罩子一侧的舱门作为通道。由于矿流很强，矿浆容易溅出舱门，沿着圆筒筛罩子的内侧安装了一个遮挡板，使矿浆偏离距舱门 300mm 以外，以便于留出干净的空间作为取样通道。同时制作了一个宽 45mm、长 500mm 的取样器固定在一个长而牢固的柄上，可以使取样器前推跨过整个矿浆流。取样器上部向下插入，推到远的一侧，然后旋转后单向拉回，提供一个矿流宽 500mm 的全横断面的样品。这个动作沿着圆筒筛长度方向滑动后平行重复进行。现场正在取样的取样器如图 7-18 所示。

图 7-18 从圆筒筛中取样

7.7 结论

Cadia 的半自磨机控制正在不断地改进以更好地测定衬板质量在其寿命周期内的较大变化对测定磨机总的质量的影响。从总的质量和衬板质量的值可以准确地计算出实际的充填体质量。采用这个计算的充填体质量和测定的磨机功率，总的充填率和充球率可以推断出来。由于这些充填参数是关键的运行变量，掌握这些数据将会在整个的衬板寿命周期内使半自磨机得到更好的控制和运行。

这项工作已经确认了根据半自磨机总充填率和充球率的可靠数据以及随着衬板磨损的程度调整控制设定值。根据操作功指数对半自磨机效率的分析表明，在衬板寿命周期开始和最后的 10%时间内，再加上同期内总的充填率和充球率的变化，半自磨机的磨矿效率是降低的。掌握了磨机充填率，根据这里给出的工具，能够使磨机在换衬之后以更高的充填率运行。在启动时，把磨机转速从 72%增加到 77%，相应地增加处理能力，将克服目前在衬板寿命周期的开始 10%时间内的处理能力的损失。

后续的工作将调查在不同的衬板磨损期间磨机运行的最佳充填率和转速条件。这些成果和磨损模型联系起来能够使衬板更换进度再次优化。

参 考 文 献

[1] Bird M, Powell M S, Hilden M. Adapting mill control to account for liner wear on the Cadia 40ft mill [C]// Major K, Flintoff B C, Klein B, et al. International Autogenous Grinding SemiAutogenous Grinding and High Pressure Grinding Roll Technology 2011. Vancouver: CIM, 2011: 122.

[2] Kojovic T, Pyecha J R, Corbin J R. Use of online mill charge simulators at the Red Dog grinding circuit [C] // Barratt D J, Allan M J, Mular A L. International Autogenous and SemiAutoge-

nous Grinding Technology 2001. Vancouver: Department of Mining and Mineral Process Engineering, University of British Columbia, 2001 (IV): 11~23.

[3] Morrell S, Kojovic T. The influence of slurry transport on the power draw of autogenous and semi-autogenous mills [C]// Mular A L, Barratt D J, Knight D A. International Autogenous and SemiAutogenous Grinding Technology 1996. Vancouver: Mining and Mineral Process Engineering, University of British Columbia, 1996: 373~389.

[4] Powell M S, Valery W. Slurry pooling and transport issues in SAG mills [C]// Allan M J, Major K, Flintoff B C, et al. International Autogenous and SemiAutogenous Grinding Technology 2006. Vancouver: Department of Mining and Engineering, University of British Columbia, 2006 (I): 133~152.

[5] Kojovic T, Powell M S, Bailey C, et al. Upgrading the JK SAG mill model [C]// Major K, Flintoff B C, Klein B, et al. International Autogenous Grinding SemiAutogenous Grinding and High Pressure Grinding Roll Technology 2011. Vancouver: CIM, 2011: 117.

8 DeGrussa 铜矿选矿厂半自磨机的投产运行

8.1 概述

Sandfire 资源公司的 DeGrussa 铜矿[1]位于西澳首府珀斯东北约 900km 处，其选矿厂磨矿回路为二段磨矿：一段为半自磨机，磨到 P_{80} 为 180μm，第二段为球磨机，磨到 P_{80} 为 45μm。两段磨矿都是与旋流器构成闭路，年处理 150 万吨（187t/h）原生硫化矿石。自从磨矿回路试运行以来，过高的顽石产率和较细的产品粒度（小于 100μm）以及过细的浮选给矿一直是一个问题。在从处理部分露天矿石过渡到地下矿石（原生硫化矿石）过程中，维持一个恒定的处理能力和磨矿粒度面临许多困难。

8.2 磨矿回路方案的确定

DeGrussa 项目的快速推进是由于资源的高品位和铜资源量，从矿体的第一个钻孔到选矿厂试车刚好 40 个月。取得这个进度的前提是在最终可研确定之前高水平可研的完成、不同配置和方案的考虑和确定。磨矿回路的设计是采用已知的碎磨参数，设计一个年处理能力 150 万吨、产品粒度 45μm 的流程，有效地利用投资，易于操作，低维护量，高能效。在当时还有重要的一点是如果原有的采矿能力能够增大或者将来发现了另外的矿石资源，设计的系统要能够很容易地升级提高。项目考虑的碎磨流程方案有：

（1）单段破碎后为半自磨机—球磨机（SAB）；

（2）第二段破碎后为半自磨机—球磨机（SAB）；

（3）第三段破碎后为一段和二段球磨机。

早期就已经确认脉石比矿石硬的多，且估计预期的矿石贫化率最大为 15%，则碎磨回路以此为基础进行模拟。选矿厂处理的矿石性质见表 8-1。

表 8-1 DeGrussa 选矿厂磨矿回路采用的矿石参数

参　数	85%的数值	矿石贫化后
破碎功指数 CW_i/kW · h · t^{-1}	8	—
棒磨功指数 RW_i/kW · h · t^{-1}	19.2	9.2
球磨功指数 BW_i/kW · h · t^{-1}	14.0	18.3

续表 8-1

参数	85%的数值	矿石贫化后
研磨指数 A_i	0.342	0.1127
冲击碎裂系数 $A \times b$	55.1	28.9
研磨碎裂系数 ta	0.35	0.28
矿石密度 SG/t · m^{-3}	3.79	2.66

按照要求，咨询公司对碎磨流程提出了不同的方案（见表 8-2），根据模拟结果，表明所有方案都是可行的，然而，Sandfire 资源公司认为：

（1）投资最低的系统是两段破碎—半自磨机和球磨机（方案 2），其采用的是直径小的磨机和破碎机；

（2）系统最简单且设备最小的是一台颚式破碎机—半自磨机和球磨机（方案 1）；

（3）最容易维护的也是一台颚式破碎机—半自磨机和球磨机（方案 1）；

（4）能耗最省的系统是三段破碎—球磨机（方案 3）；

（5）将来升级和提高最容易的是一台颚式破碎机—半自磨机和球磨机（方案 1）。

表 8-2　DeGrussa 选矿厂的不同磨矿回路方案

参　数	方案 1	方案 2	方案 3
处理能力/t · h^{-1}	187	187	187
破碎	单段	二段	三段
粗碎	颚式破碎机（110kW）	颚式破碎机（110kW）	颚式破碎机（110kW）
中碎	—	圆锥破碎机（90kW）	圆锥破碎机（132kW）
细碎	—	—	圆锥破碎机（110kW）
F_{80}/mm	124	74	11
磨矿	SAB	SAB	BMS
P_{80}/μm	45	45	45
一段磨机	半自磨机	半自磨机	球磨机
一段分级	—	—	—
直径/m	6.1	5.5	4.7
有效长度/m	3.9	3.7	7.8
小齿轮运行功率/kW	1920	1440	2400
安装功率/kW	2500	1900	2800
二段磨机	球磨机	球磨机	球磨机
直径/m	5.2	5.5	4.7

续表 8-2

参　数	方案 1	方案 2	方案 3
有效长度/m	8.8	8.3	7.8
小齿轮运行功率/kW	3165	3450	2220
安装功率/kW	3750	4050	2800
比能耗/kW · h · t^{-1}	27.2	26.1	24.7

因此，采用一台颚式破碎机、一台半自磨机和一台球磨机（方案 1），被认为是从投资、运行成本、易于操作和将来易于升级改造角度结合最好的方案。为了将来提升改造能力的最大化，决定增大半自磨机的直径和降低球磨机的规格，以至于如果需要更多的处理能力，可以在回路中用最少的停车时间增配同一规格的球磨机。这个方案是可行的，又对半自磨机做了进一步的工作，增加一段的分级作业。再次模拟的结果见表 8-3。

表 8-3　SAB 回路中半自磨机开路和闭路的比较

参　数	方案 1	方案 4
处理能力/t · h^{-1}	187	187
破碎	单段	单段
粗碎	颚式破碎机（110kW）	颚式破碎机（110kW）
F_{80}/mm	124	124
P_{80}/μm	45	45
一段磨机	半自磨机	半自磨机
一段分级	—	旋流器
直径/m	6.1	7.3
有效长度/m	3.9	3.4
小齿轮运行功率/kW	1920	2525
安装功率/kW	2500	3400
二段磨机	球磨机	球磨机
直径/m	5.2	4.7
有效长度/m	8.8	7.5
小齿轮运行功率/kW	3165	2200
安装功率/kW	3750	2600
比能耗/kW · h · t^{-1}	27.2	25.3

进一步比较后，认为方案 4 是所需的最合适的方案，满足了所需的处理能

力，有两个单段磨矿回路，容易维护，能效等同于最初提出的最有效的磨矿系统（三段破碎—球磨磨矿），在没有大的中断磨矿回路运行的情况下，能力可以至少增加33%。磨矿流程如图 8-1 所示。

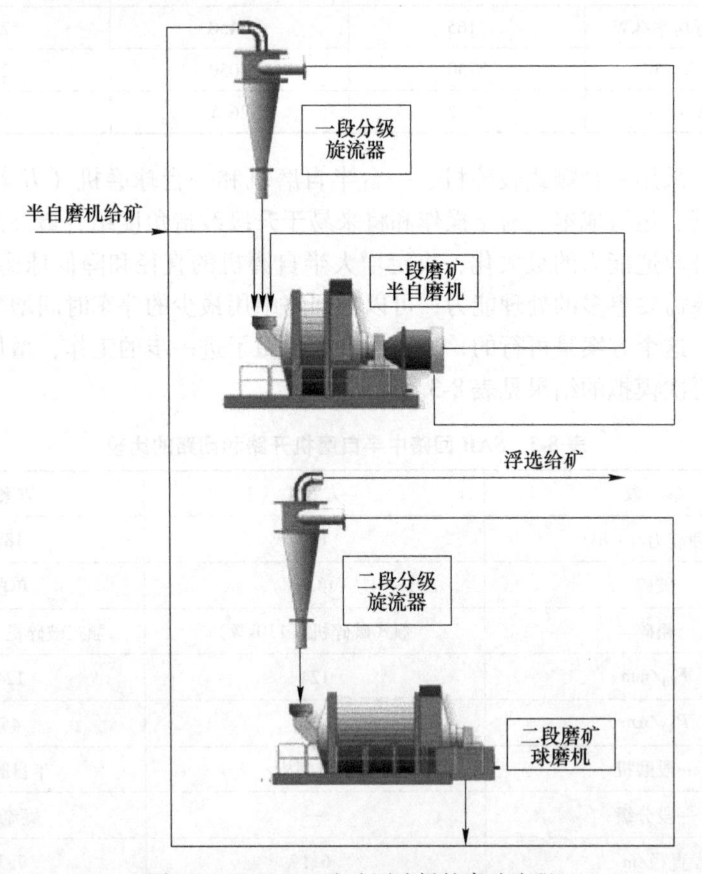

图 8-1　DeGrussa 选矿厂选择的磨矿流程

在设备采购过程中，选择了 Outotec 作为供货商，在合同形成过程中，Outotec 愿意为半自磨机和球磨机提供他们生产的 Turbo 矿浆提升器（TPL）系统，并且保证该系统能够导致比传统的矿浆提升器系统节省 10%的净比能耗。

8.3　试车

DeGrussa 选矿厂试车于 2012 年 9 月开始。试车采用了很大比例的露天矿物料（这些物料从没想到会被处理）。按照模拟的过程，根据设备供货厂家的建议，半自磨机开始以自磨模式运行，球磨机从传统的溢流型球磨机采用 50~60mm 钢球的运行模式，改为降低到在 2000kW（满负荷的 75%）状态下，采用 35~40mm 的钢球运行。

半自磨机的最初格子板设计为 25mm 条形孔，开孔面积为 8.9%，格子板之间为孔径 35mm 的辐射状条孔。在开始的几天之内，磨矿回路在自磨模式下能力达到了 150t/h，球磨机在输出功率 2000kW 的条件下，磨矿产品 P_{80}约为 25μm。

一段磨矿回路在自磨模式下出现的一些问题主要是由于：

（1）产生的顽石量太大（约 70t/h，设计少于 10t/h），超过返回皮带的负荷，造成地面清理比较麻烦；

（2）一段旋流器溢流太细，P_{80}为 45μm（设计 P_{80}为 180μm）；

（3）自磨排矿粒度分布太细。

因此，决定向磨机中补加钢球以达到设计能力，降低顽石产率，加粗半自磨机排矿粒度以及一段旋流器溢流细度。采用中等适度的充球率（约 8%）和最大 100mm 的钢球补加到一段磨机中之后，处理能力改善了，达到了设计的预期值，然而没有明显地降低顽石产量，或者加粗半自磨机的排矿粒度，或一段旋流器的溢流粒度。分析后认为问题在于一段分级回路运行不正确，是最初审核时提出的风险出现了。在 2012 年 11～12 月期间，磨矿回路在没有球磨机的状态下运行，以试图在只有半自磨机的情况下得到 45μm 的磨矿产品。在选矿厂试车期间收集的过程和运行数据见表 8-4。

表 8-4 设计和试车数据比较

参数		设计		考查		
		安装	将来	2012.9	2012.12	2013.10
硬度系数 DW_i/kW · h · m^{-3}		7.9	7.9	8.3	6.6	5.2
冲击碎裂系数 $A \times b$		47.6	47.6	33.8	54.4	68.8
邦德球磨功指数 BW_i/kW · h · t^{-1}		14.5	14.5	18.2	13.2	13.9
矿石密度 SG/t · m^{-3}		3.8	3.8	2.8	3.6	3.6
处理能力/t · h^{-1}		187	287	150	187	202
顽石产量/t · h^{-1}		4	—	>70	70	19
给矿 F_{80}/mm		115	115	90	58	77
半自磨机排矿 P_{80}/μm		180	700	54	77	169
半自磨机	转速率/%	72	72	72	70	63
	充球率/%	10	9	0	8	11.2
	总充填率/%	25	25	32	26.6	21.2
	比能耗/kW · h · t^{-1}	13.7	8.5	14.6	14.0	10.5

续表 8-4

参数		设计		考查		
		安装	将来	2012.9	2012.12	2013.10
半自磨机	小齿轮功率/kW	2560	2450	2185	2616	2122
	安装功率/kW	3400	3400	3400	3400	3400
球磨机	产品 P_{80}/μm	45	45	32	球磨机旁通	49
	充球率/%	28	32	16		14
	比能耗/kW·h·t^{-1}	11.5	16.7	10.8		6.7
	小齿轮轴功率/kW	2159	4793	1615		1362
	安装功率/kW	2600	5200	2600		2600
回路总计	比能耗/kW·h·t^{-1}	25.2	25.2	25.3	14.0	17.3
	小齿轮轴功率/kW	4719	7243	3800	2616	3485

对 2013 年 10 月进行的全磨矿回路考察结果与设计指标和以前的考察结果进行了比较，从这次磨矿回路考查的结果与原设计指标比较表明：

(1) 一段磨机的给矿 F_{80} 极大地细于 115mm 的设计值；

(2) 顽石产率极大地高于设计预期；

(3) 钢球的添加增加了顽石的破碎，控制了顽石产生；

(4) 限制了半自磨机转速以防止衬板损坏。

在这段运行期间，根据初步的分析和模拟，有人建议安装一个顽石破碎回路以克服现存的问题，并且在处理不同的矿石类型时适当地控制半自磨机。但由于这个建议与 JKMRC 的矿物粉磨手册中所述的理念是矛盾的，而且其他碎磨专家的建议与 JKMRC 的理念相一致，致使增加顽石破碎机的建议被暂时搁置。

为了降低半自磨机的顽石产率，Sandfire 选择了备用的没有辐射状条孔的格子板以降低格子板开孔的上限规格和开孔面积，使得开孔面积从 8.9%降低到 6.9%，顽石产率降低到了可控制的水平，然而，对球磨机的给矿粒度依然没有改善。

磨矿回路对露天矿的混合矿石是在设计的处理能力下运行，然而，随着给矿中进入的地下开采矿石的增加，半自磨机的充球率也增大到 11%，处理能力降到 190~200t/h。同时，选矿厂更换了平底旋流器，增大了旋流器的给矿浓度，以试图增大球磨机回路的给矿粒度。这些修改使得给矿粒度稍微增大到 100~120μm，如图 8-2 所示。然而，由于一段磨机的循环负荷降低，泵的堵塞又成为一个问题。

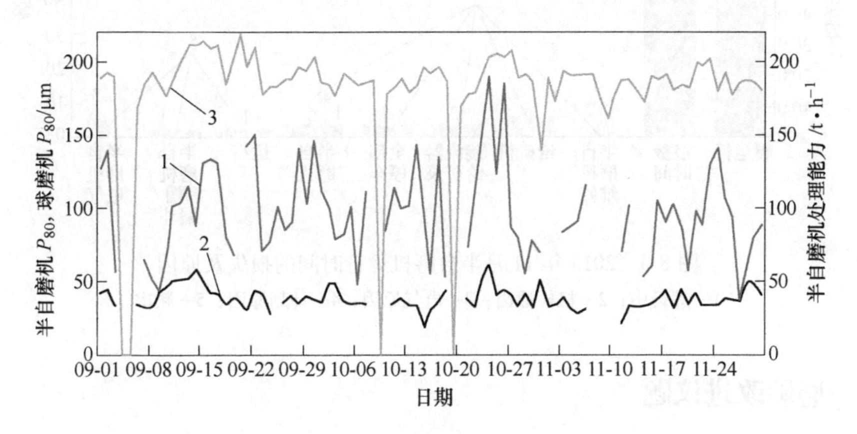

图 8-2 半自磨机和球磨机回路的产品粒度（2013 年）
1—半自磨机 P_{80}；2—球磨机 P_{80}；3—半自磨处理能力

8.4 坑内开采矿石

自 2013 年 7 月开始，磨矿回路在设计的矿石和处理能力下运行。然而，这是在磨机衬板寿命的代价下运行。为了达到设计的处理能力，磨机在高充球率条件下运行，格子板的寿命从预期的 13 周降低到 6~7 周。这就影响了运转时间，把更多的压力放到了瞬时处理能力上，造成了少于设计值的工作制度（见图 8-3 和图 8-4）。这段时间，设计和安装了橡胶格子板和 Hardox 耐磨钢格子板以延长格子板的使用寿命。

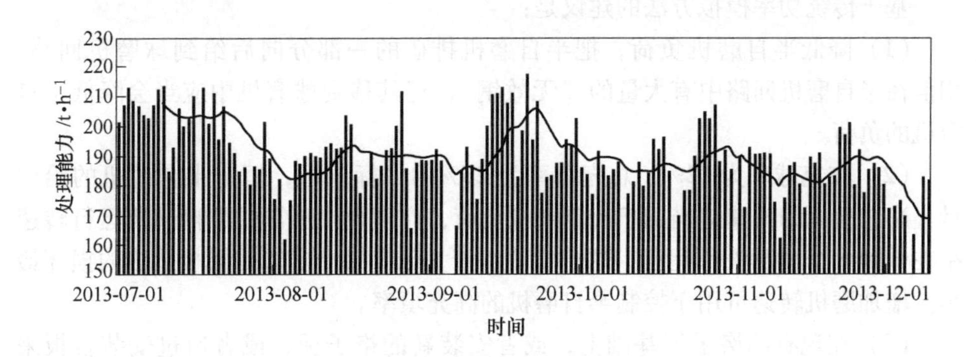

图 8-3 半自磨机的日平均处理能力

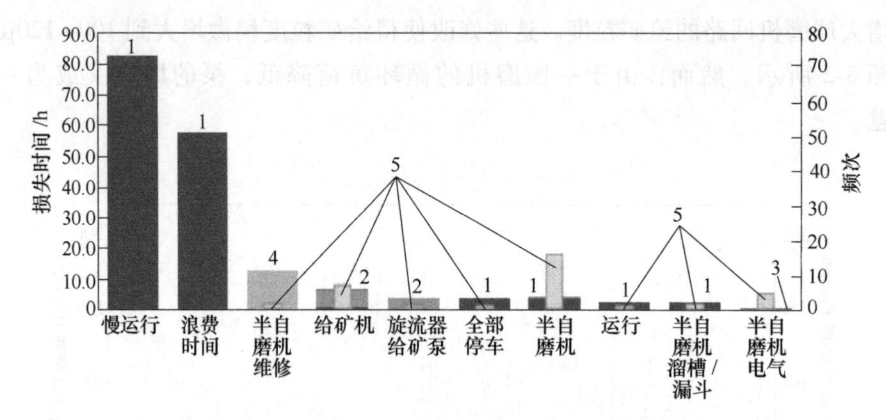

图 8-4　2013 年 11 月半自磨机运行时间的损失及原因

1—进行中；2—机械原因；3—电气原因；4—计划原因；5—频次

8.5　磨矿改进议题

在 2013 年末，召开了一个磨矿改进的专门讨论会，从磨矿模型到运行工程师等一批磨矿领域的专家参会，意图弄清楚 Sandfire 所遇到的这些问题。会议的议程是：

（1）通过发挥半自磨机的潜能使其瞬时处理能力达到 200t/h 以上（提高约 10%）。

（2）停止格子板的提早损坏和对筒体的冲击。

（3）改善磨机的有效运转率。

（4）降低半自磨机的过磨。

（5）降低运行成本。

会议提出了如何来改正这些问题的两种比较办法：传统的以功率为基础的模拟方法和整体过程模拟方法。

基于传统功率模拟方法的建议是：

（1）降低半自磨机负荷，把半自磨机排矿的一部分向后给到球磨机回路。相信在半自磨机回路中有大量的“无效钢”，把其移到球磨机中应当会降低半自磨机的负荷。

（2）在充球率为 12%，总充填率为 26%的目标值下，恒定半自磨机的给矿量。半自磨机的转速应当用于控制磨机负荷，应当允许正常的半自磨机运行转速率在低到 65%的状态下运行，这也会使由于大球直接冲击筒体衬板造成的损坏最小。增加磨机转速可用于控制半自磨机的高充填率。

（3）在现有的格子板基础上，或者安装新的格子板，或者通过安装盲板来减小格子板的开孔尺寸和开孔面积，把顽石产率降低到 30t/h 以下。

基于整体过程模拟方法的建议则是使半自磨机的砾石窗允许临界粒度的物料从磨机中排出，在磨机外破碎这些顽石，原因是：

（1）从对顽石的分析中，磨机的充填体中明显有大量的临界粒度物料存在，由于其细于预期的给矿粒度分布，与原设计相比，有高达250%以上的12~30mm的物料存在。

（2）外部的破碎机能比半自磨机非常更有效地破碎这些物料。

（3）临界粒度的物料很硬，必须运行半自磨机以一种相反的方法来维持处理能力（高充球率低充填率以避免这些颗粒积累）。

（4）半自磨机回路过细的产品是由于磨机内顽石粒度的物料数量大引起充填体滑动，造成更多的瀑落运动而非抛落运动所致。

8.6　磨矿回路的建模和模拟

在2013年末举行的磨矿专门讨论会之后，由专家进行了建模研究，结果如下：

（1）传统的功率建模。传统功率建模的成果提供了不同情况下的处理能力——半自磨机开路，正确的过渡粒度和采用顽石破碎机，结果见表8-5。

表8-5　传统功率建模的结果

参　　数	选厂数据（4月7~16日）	SAG开路	修正后的过渡粒度	顽石破碎机
计算的邦德磨矿功指数 BW_i	11.3	11.3	11.3	11.3
计算的冲击碎裂系数 $A\times b$	68.4	68.4	68.4	68.4
给矿粒度/mm	70	70	70	70
产品粒度 P_{80}/μm	46	46	46	46
顽石产率/%	2	2	2	15
顽石循环量/%	—	—	—	15
破碎机给矿粒度/mm	—	—	—	40
破碎机产品粒度/mm	—	—	—	10
半自磨机比能耗/kW·h·t^{-1}	13.2	7.0	11.3	11.1
球磨机比能耗/kW·h·t^{-1}	7.7	13.9	9.5	9.3
总比能耗/kW·h·t^{-1}	20.9	20.9	20.9	20.4
估算处理能力/t·h^{-1}	226	425	264	269
半自磨机功率/kW	2893	2893	2893	2893
球磨机功率/kW	1742	5896	2516	2516
回路约束因素	半算磨机	球磨机	平衡	球磨机
估算产品粒度/μm	—	134	—	—

根据建议，对磨矿回路做了下列修改：

1）部分半自磨机的排矿转给到球磨机回路；

2）在半自磨机里安装了18mm孔径的橡胶格子板以使顽石产率最小化；

3）在半自磨机中补加125mm钢球以破碎顽石。

除了建议的磨矿回路做了修改之外，半自磨机的充球率增加到12%，与18mm孔径的橡胶格子板一起有助于降低顽石的产率。然而，部分半自磨机的排矿转给到球磨机导致了球磨机充球率增大和球径增大。尽管回路处理能力增加到约200t/h，比能耗也增加到24kW·h/t，也就是回路的效率降低。

以这种方式运行磨矿回路造成的另一个问题是需要同时减少半自磨机的负荷（每月7000t或6%的给矿量）以维持处理能力。这个需要处理好，因为顽石不能简单地丢弃，其能影响约5%的铜回收率，因此顽石要储存到原矿堆中。2014年7~11月的平均运行数据见表8-6。

表8-6　DeGrussa磨矿回路2014年7~11月平均运行数据

参　数	运行数据
处理能力/$t \cdot h^{-1}$	194
产品粒度P_{80}/μm	45
半自磨机功率/kW	2677
半自磨机充球率/%	12
球磨机功率/kW	1978
半自磨机比能耗/$kW \cdot h \cdot t^{-1}$	13.8
球磨机比能耗/$kW \cdot h \cdot t^{-1}$	10.2
总比能耗/$kW \cdot h \cdot t^{-1}$	24.0

实施了上述改变后，没有降低筒体衬板的磨损和钢球的消耗或过磨，反而带来了下列问题：

1）半自磨机排矿漏斗和砂泵频繁堵塞；

2）增大了球磨机中的充球率；

3）增加了球磨机格子板的磨损、卡塞，以及球磨机中的顽石问题。

（2）整体过程建模。

所采用的整体过程建模方法优化了能量传输机理，也就是说，充填体的运动、物料输送和颗粒破碎都是单独研究，然后整合使格子板排矿的半自磨机和球磨机磨矿效率最大化。这些模拟的结果证明，利用该方法：

1）运行能力可以改善，可以在不需要增加基础设施的情况下寻求更高的处理能力（节省投资）；

2）可以通过在传统的低效磨矿过程中增加能量传递效率来节省能量（节省成本）。

从整体过程建模得到的结果见表 8-7，表明顽石破碎机应当会增加半自磨机的磨矿效率。采用分级筛取代半自磨机回路的一段旋流器将有助于提供稳定的过渡粒度给球磨机回路，并且减少无益于后续作业的半自磨机的过磨（小于 10μm）现象。

表 8-7 DeGrussa 磨矿回路整体建模结果

参　　数	设计值	2013 年 10 月考查	顽石破碎机	顽石破碎机——一段筛分
硬度系数 DW_i/kW · h · m^{-3}	7.9	5.21	5.21	5.21
粗粒磨矿功指数 M_{ia}/kW · h · t^{-1}		12	12	12
高压辊磨功指数 M_{ih}/kW · h · t^{-1}		8.45	8.45	8.45
常规破碎功指数 M_{ic}/kW · h · t^{-1}		4.35	4.35	4.35
冲击碎裂系数 $A\times b$	47.6	68.8	68.8	68.8
磨蚀碎裂系数 ta		0.5	0.5	0.5
邦德磨矿功指数 BW_i/kW · h · t^{-1}	14.5	13.9	13.9	13.9
给矿粒度/mm	115	77	77	77
产品粒度 P_{80}/μm	45	49	51	54
顽石产率/%	2	9	7	5
顽石循环量/%	2	9	7	5
破碎机给矿粒度/mm			35	35
破碎机产品粒度/mm			10	10
半自磨机比能耗/kW · h · t^{-1}	14.7	11.3	10.3	10.0
球磨机比能耗/kW · h · t^{-1}	12.4	7.2	6.9	8.6
总比能耗/kW · h · t^{-1}	27.1	18.5	17.2	18.6
处理能力/t · h^{-1}	187	202	210	210
半自磨机功率/kW	2750	2282	2170	2110
球磨机功率/kW	2321	1464	1450	1810
细粒级（小于 10μm）含量/%		53	52	43

为了改善回路的处理能力和降低细粒级部分的金属损失，提出了下面建议（按照实施的顺序列出）：

1）在半自磨机回路安装合适的顽石破碎机来处理高达 100t/h 的顽石。顽石破碎机能够带来下列益处：①不需要第二段球磨机即刻达到高达 280t/h 的处理能力；② 降低球耗（由于 5%的低充球率）；③改善筒体衬板、格子板和矿浆提升器的磨损寿命。

2）把半自磨机的格子板改成砾石窗。

3）改进衬板提升棒形状有利于高能冲击和改善磨损寿命。

4）安装合适的分级筛（振动筛或 DSM 筛）取代半自磨机的一段旋流器，原因是：①降低循环负荷；②降低半自磨机产生的细粒级（小于 10μm）含量；③降低浮选回路细粒级（小于 10μm）的金属损失；④增加半自磨机的处理能力（大于 250t/h）。

8.7　顽石破碎机和筛分机

由于已经完成的工作根本没有显著的改善，因此，决定在磨矿回路安装一台顽石破碎机，修改后的磨矿回路流程如图 8-5 所示。

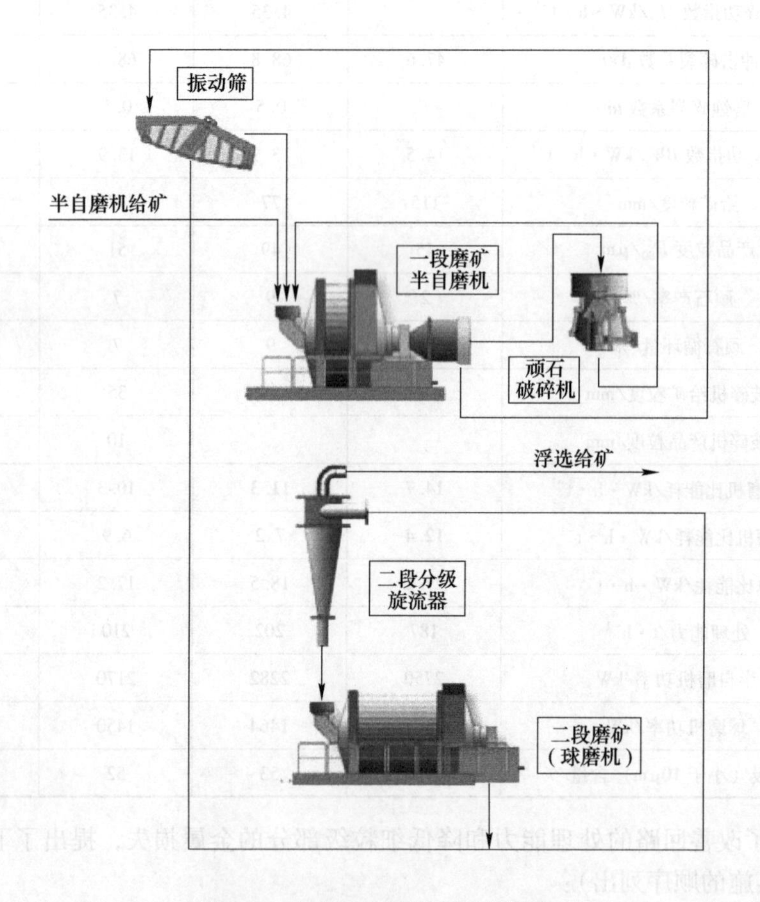

图 8-5　修改后的磨矿回路流程图

在安装顽石破碎机和筛子之外还要做的其他工作是：

（1）改造半自磨机排矿的顽石输送溜槽；

（2）改善扬送系统和半自磨机排矿泵的高磨蚀管道；

（3）在顽石破碎机给矿皮带上安装合适的磁铁分离器和金属探测器以保护顽石破碎机；

（4）安装一个改造后的顽石运输系统；

（5）重新设计格子板以适应安装的顽石破碎机。

经过 8 个月的时间，所有上述项目改造完。2015 年 3 月，磨矿回路开始运行。不同运行条件下运行的数据见表 8-8。在随后的 4 个月期间，改造后的磨矿回路性能所显示出的优点表明，当系统完全优化时，顽石破碎在有细粒分级的单段半自磨磨矿回路中不再是没有用的。

表 8-8 运行数据与建模数据的比较

参 数	2014 年 7~11 月	模型预测（有顽石破碎机）	顽石破碎机离线后数据	顽石破碎机在线数据	2015 年 6 月平均数据
处理能力/$t \cdot h^{-1}$	194	250	180	245	236
产品粒度 P_{80}/μm	45	45	45	47	45
半自磨机功率/kW	2677	2290	2350	2254	2416
半自磨机充球率/%	12	5	5	5	5
球磨机功率/kW	1978	2183	1700	1700	1690
顽石破碎机功率/kW	—	70	—	60	41
半自磨机比能耗/$kW \cdot h \cdot t^{-1}$	13.8	9.2	13.0	9.2	10.3
球磨机比能耗/$kW \cdot h \cdot t^{-1}$	10.2	8.7	9.4	6.9	7.2
顽石破碎机比能耗/$kW \cdot h \cdot t^{-1}$	—	0.3	—	0.3	0.3
总比能耗/$kW \cdot h \cdot t^{-1}$	24.0	18.2	22.4	16.4	17.8

从表 8-8 可以得到下列结论：

（1）顽石破碎机使得所需的比能耗有极大的不同，同时使得半自磨机和球磨机的充球率分别降低到 5%和 16%。

（2）一段筛分不仅有助于降低半自磨机的循环负荷，而且也有助于使过磨最小。

（3）增加顽石破碎机后运行的数据证实了整体过程建模方法预测的能力能够与关键的问题相一致。

自从完成磨矿回路改变后，已经看到了下列效益：

（1）处理能力大为提高，半自磨机瓶颈问题已经解决。

（2）系统的比能耗大为降低。

（3）半自磨机充球率（从 12%降到 5%）和球磨机充球率（从 21%降到 16%）大为降低。

（4）半自磨机的球耗降低超过 25%。

（5）运行堵塞和泵的磨损降低。

8.8 经验教训——有意义的结果

（1）自从 2015 年 2 月磨矿回路的性能成功改进，证明了如果过程是整体优化，在单段的自磨/半自磨磨矿与细粒筛分（2mm 筛孔）构成闭路的回路中顽石破碎机的益处将是非常显著的。

（2）磨矿回路给矿粒度分布越细（类似于部分中碎给矿），回路中是否有顽石破碎机就更关键，特别是如果在脉石和矿石之间的碎磨性能有极大差别的情况下。如果 Sandfire 最初在半自磨机回路中安装了第二段破碎回路，在处理能力上就不会有任何好的一面，要改正是非常困难的。

（3）试图通过负荷、充球率和功率来提高处理能力，却降低了磨矿回路的效率，结果反而是处理能力降低，磨机衬板更多的损坏。从这件事情可以清楚地看到，更重要的是要取得一个高效的运行条件，而不是去考虑功率输出能否取得最大的处理能力，这与传统的思路是相反的。

（4）尽管格子型球磨机比溢流型球磨机更有效，其应用是高度受限的。由于缺少合适准确的建模经验技术，对安装格子型球磨机也有犹豫。基于邦德功指数的建模技术，对溢流型球磨机的群体平衡模型和完美的混合模型已经开发和优化了，因此，还不能够直接应用到格子型球磨机上。

（5）邦德功指数方法有一个限制：方法极大地高估了细磨所需的能耗。为格子型球磨机开发的新的建模方法已经成功地预测了 Sandfire 的格子型球磨机性能，其从过渡粒度 650μm 磨到 45μm 产品的能耗为 7.2kW · h/t，是其在细磨领域应用的一个很好的证明。

（6）磨矿是一个整体的挑战，Sandfire 公司一直把信任寄托于功率建模上。现在 Sandfire 公司已经发现对其矿石类型，传统的建模技术已经不能够解决这些问题。

（7）把颗粒破碎、物料流和充填体运动一起考虑的整体过程建模已经确认了问题，并提供了解决这些问题的方案。同时也引出了一个新的问题：这种建模所改善的领域适应于任何磨机吗——即使是认为运行很好的磨机？

（8）自从磨矿回路改进完成之后运行以来，浮选给矿已经更稳定，磨矿回路改善了粒度分布，改善了浮选性能。浮选回路的回收率已经提高了大约 3%，尽管这和在精选回路安装的浮选柱相一致，有理由相信部分提高的回收率与磨矿回路的性能改善相关。

参 考 文 献

[1] Knoblauch J, Latchireddi S, Hooper B. Degrussa milling circuit-critical issues, modifications and results [C]// Klein B, McLeod K, Roufail R, et al. International Semi-Autogenous Grinding and High Pressure Grinding Roll Technology 2015. Vancouver: CIM, 2015: 61.

9　磁铁矿自磨工艺（LKAB 选矿厂）

9.1　概述

随着对未来降低能源使用的关注，不管是直接的降低还是具体在磨矿介质上，矿石的自磨工艺都越来越具有吸引力。然而，大多数的早期自磨机都转变成了半自磨机以改进稳定性和增加处理能力。这在钢质的磨矿介质消耗上造成了一个巨大的负面影响。瑞典的 LKAB 铁矿选矿厂则是采用自磨工艺的一个很好的典范[1]。

LKAB 选矿厂位于瑞典北极圈北部的 Kiruna，处理来自地下开采的高品位磁铁矿，该矿山已经开采 100 多年了。该选矿厂采用全自磨工艺把高品位的磁铁矿磨到最终产品粒度 P_{80}为 45μm。这里通过考查给出了该选矿厂对自磨回路（包括自磨机和砾磨机）进行各种磨机充填率和处理能力以及不同混矿比率的考查成果，对自磨回路运行的策略、性能、给矿粒度控制的影响和耐磨脉石及更软的磁铁矿混合的平衡都进行了深入的分析研究。突出了节能的自磨回路成功地运行和控制的重要特点。

考查在 LKAB 最新选矿厂的 KA3 生产系列进行，共进行了一系列 9 个考查内容，通过这一系列的考查，对自磨磨矿的优点和问题有了相当深入的了解。确定了进一步改善 LKAB 自磨回路运行性能的机会。

9.2　磨机给矿

选矿厂的给矿是高品位的磁铁矿和耐磨的硅酸盐类脉石。大部分的矿石相对软，其 $A\times b$ 值为 100，硅酸盐类矿石一般比较硬，$A\times b$ 值为 37。粗碎后的矿石经筛分分为 30mm 以上和 30mm 以下粒级两个部分，分别进入预选段，经磁选除去部分废石。预选后的产品分别进入单独的自磨机给矿仓，从这里经操作人员选择控制不同的粗、细粒矿石的配比。粗、细矿石的配比控制是稳定磨机运行和成功以自磨模式运行的重要因素。

9.2.1　磨矿回路

磨矿回路流程如图 9-1 所示。带有排出顽石的自磨机与螺旋分级机闭路产出一个 P_{80}约为 130μm 的产品，一段磨矿的产品送到 6 台磁选机进行磁选，磁选的精矿给入一台与旋流器闭路的砾磨机中磨到 P_{80}为 45μm，然后给到一段精选，精选的精矿给到球团厂。半自磨机排出的顽石经筛孔为 10mm 的筛子筛分，10mm 以下粒级丢弃到尾矿，10～40mm 的粒级作为介质给到砾磨机。设备明细见表 9-1。

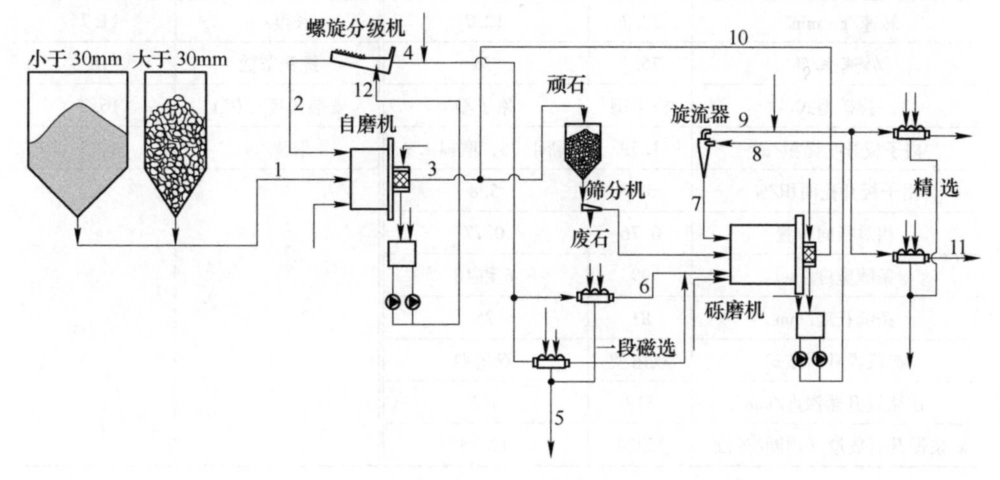

图 9-1　磨矿回路流程

1—给矿；2—分级机返砂；3—排出顽石；4—分极机溢流；5—一段磁选废石；6—一段磁选精矿；7—旋流器沉砂；8—旋流器给矿；9—旋流器溢流；10—砾磨机排出顽石；11—精选精矿；12—螺旋分级机给矿

表 9-1　设备明细表

设备参数	自磨机	砾磨机
磨机直径/m	6.5	6.4
衬板内径/m	6.291	6.374
筒体长度/m	5.884	9.082
耳轴内径/mm	1800	860
锥角/(°)	0	0
安装功率/kW	5500	5500
正常运行功率/kW	3000~4000	4200（4500~5000）①
平均总充填率/%	25	40
顽石给矿量/t·h^{-1}		3~10（25~30）①
提升棒排数	24	42
新提升棒面角/(°)	26	40
新提升棒凸出高度/mm	165	100
新衬板厚度/mm	100	55
目前平均提升棒高度/mm	154	69

设备参数	旋流器
制造商	Warman
型号	Cavex 400CV
数量	10
工作数量	5-6
沉砂嘴直径/mm	83
溢流口直径/mm	140
工作压力/kPa	110
锥角/(°)	10
直径/mm	400

设备参数	螺旋分级机
制造商	DorrOliver Eimco
型号	2m duplex
数量	2
工作台数	2

续表 9-1

设备参数	自磨机	砾磨机	设备参数	螺旋分级机
目前平均提升棒面角/(°)	21	30	直径/m	2.0
转速/r · min^{-1}	12.7	12.7	长度/m	11.7
转速率/%	75.1	76	螺距节数	16
排矿型式	格子型	格子型	安装角度/（°）	16.2
格子板开孔面积/m^2	1.39	新 1.75，磨损 1.9	堰深/m	2.35
格子板开孔面积/%	3.4	5.8		
相对径向位置	0.76	0.77		
条缝宽度/mm	29	6 和 10		
条缝长度/mm	81	25		
矿浆提升器型式	双角型	双角型		
矿浆提升器深度/mm	318	195		
矿浆提升器数量（内圈/外圈）	12/24	12/24		

①表示自从考查成果以来新的范围。

9.2.2　考查程序

考查程序的目的是准确地描述单台设备和回路的性能以进行回路优化的研究，处理一些运行中的问题——主要是自磨机对不同粗、细粒配比的响应。研究的内容是测定作为磨机充填率函数的磨机性能的响应，建立两种不同给矿混合的磨矿曲线。在进行的 9 次考查当中，3 次是全流程考查。对砾磨机考查的目的是解决这台磨机中下降的功率输出问题。取样是极其小心地按照提出的标准程序进行，包括螺旋分级机、磁选机和旋流器的关键质量平衡结点的所有三个矿流。值得注意的是如果只有一个流量已知，则需要三个粒级来计算一个作业的质量分离。

对螺旋分级机，采用了从溢流取样点的返回管线，但有一个缺点是添加了稀释水，因此没法测到真实的浓度。螺旋分级机的给矿是自磨机的圆筒筛筛下产品，这是反算自磨机产品必不可少的。重要的是 6 台磁选机的尾矿取样，作为单个累积矿样，来计算给到砾磨机的矿量是必需的。根据质量平衡通过 Fe 品位来准确计算分离的矿量。为了准确地取得旋流器组的给矿样，在备用的旋流器入口插入一个专门的取样点，用一根管子从法兰盘的突出位置插入分配器。注意把一个较小直径的管子用螺栓固定到法兰盘上得到一个小的样品，把管夹阀短暂地打开约 20s，使样品排放到沉砂槽中便于截取。一些关键的取样点如图 9-2 所示。

磁选精矿　磁选尾矿

螺旋分级机给矿　螺旋分级机返砂

旋流器组给矿取样点　最终回路产品 —— 砾磨机旋流器溢流

图9-2　部分关键取样点

表9-2所列为考查的条件和关键结果。磨机给矿量的变化范围为350~530t/h，充填率为19%~41%，输出功率为2200~3900kW。试验的给矿粗、细粒级配比为36%（平均运行值）和55%（上限）。砾磨机采用两种不同的砾石给矿量运行以

试图来改变磨机介质的细粒配比。这些考查集中在7天内进行，以提出一个很好的试验范围用于建模和模拟。

表 9-2　考查条件和关键结果

试验参数	T1	T2	T3-GR1	T3-GR2	T3-GR3	T3-GR4	T4-GRC1	T5-GRC2	T6-GRC3
新给矿/$t \cdot h^{-1}$	348	424	350	414	511	514	369	533	460
粗粒含量/%	36	38	36	37	36	36	55	55	59
自磨机功率/kW	2150	2637	1950	2253	3028	3008	2199	3663	3857
自磨机轴承压力/MPa	6.63	7.04	6.56	6.74	7.34	7.34	6.68	7.83	8.10
自磨机充填率/%	18.6	24.9	17.4	20.2	29.6	29.6	19.3	37.2	41.4
循环负荷/%	49	45	48	51	66	64	40	17	17
自磨机顽石量/$t \cdot h^{-1}$	36	40	31	38	44	42	32	35	30
自磨机回路产品（小于130μm）/%	77	79	72	72	72	73	70	71	78
比能耗（小于130μm）/$kW \cdot h \cdot t^{-1}$	11.0	10.5	11.2	11.1	11.9	11.4	10.9	12.0	13.1
自磨机回路产品（小于45μm）/%	38	38	35	36	36	36	31	34	39
砾磨机功率/kW	4187	4202						4596	4654
砾磨机轴承压力/MPa	9.24	9.31				8.99		10.04	9.86
砾磨机充填率/%	—	41.1				41.5		44	44
砾磨机给入顽石量/$t \cdot h^{-1}$	3.8	8.6						20	18
砾磨机回路产品（小于45μm）/%		81.1						75.5	82.5
回路比能耗（小于45μm）/$kW \cdot h \cdot t^{-1}$		27.3						24.2	27.6
总回路比能耗（小于45μm）/$kW \cdot h \cdot t^{-1}$		25.4						25.4	28.0

表9-2中试验1、3和4缩减了考查内容，这三个试验的设计允许在不考虑砾磨机磨矿和磁选的条件下来确定自磨机回路的性能。利用这些考查快速地收集在一定的运行条件下自磨机运行的数据，使其对现场生产的影响最小，从而允许在短时间，一般一天之内，对许多磨矿条件进行测定。快速考查的矿样（试验1、3、4）在短的时间间隔内（约10min）取出，用于提供磨机在一定的充填率条件下运行的产品粒度分布，利用这些数据来做出磨机对充填率条件变化响应的磨矿曲线。

试验2、5、6是对整个自磨和砾磨回路的考查以开发一个全回路的综合模型。这些试验在约1h内考查了所有可以取到的矿流，取样以约10min的间隔进行，重复样则收集在A和B桶内，B桶样品作为备份，单独运送和处理，以防止主样品加工过程中出现事故或错误（总是需要一个或两个B样）。这些考查结束时，磨机闪停来测定考查时的磨机充填率。在所有的锁定和安全检查之后，可进入磨机测定矿石和矿浆充填率，从沿着磨机长度上4个垂直的高度点上来测量磨机的内部尺寸。采用激光测距仪来进行精确地测定和快速地读数，垂直方向上要测量到筒体顶部最高点的背板。直径测量要在轴的垂直线上到衬板的连接处位置。浆池的深度要通过从磨机内矿浆的表面到磨机筒体顶部的高度来确定。长度要沿着筒体的边缘测量，给出筒体的长度，就是从入口的衬板到与磨机筒体相邻的排矿格子板。

提升棒的形状和格子板开孔的大小及位置在其中的一次停车期间测定。磨机中的提升棒采用针形衬板测量装置进行测定。格子板开孔的宽度和长度从几块格子板中的条缝样品中进行测定。条缝中心的径向距离测定后要画出开孔面积的相对径向位置。矿浆提升器深度的测定，是把卷尺通过格子板开孔插入到对边壁上测量到格子板表面的距离。然后测定格子板的厚度，二者相减即得到矿浆提升器的深度。

落重试验所得到的矿石破碎性质见表9-3。矿石属于软矿石，但其有耐磨的硅酸盐脉石成分和软的磁铁矿成分。不同成分之间的密度差也很明显。

表9-3　落重试验结果

矿石种类	A	b	$A\times b$	ta
矿石	78	1.28	100	0.55
脉石	79	0.5	37	0.23

密度

平均	高	低
4.33	5.11	2.84

邦德功指数

闭路筛/μm	P_{80}/μm	邦德球磨功指数	脉石邦德球磨功指数
75	61	13.8	15.8

9.3　模型开发

考查的粒度数据处理完成后，则利用JKSimMet软件进行质量平衡。考查基本上获得了高质量的质量平衡数据，如图9-3所示，图中给出了试验数据和平衡值。采用JKSimMet软件提供的试验6的全回路模拟结果如图9-4所示。

其中一次考查的模拟结果如图9-5~图9-7所示，其中的点是试验的数据，曲

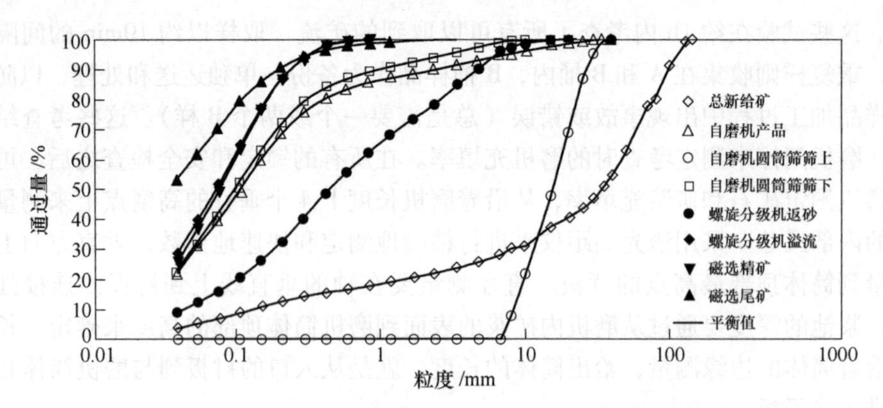

图 9-3 自磨机试验 T5 GRC2 期间质量平衡条件下的粒度分布

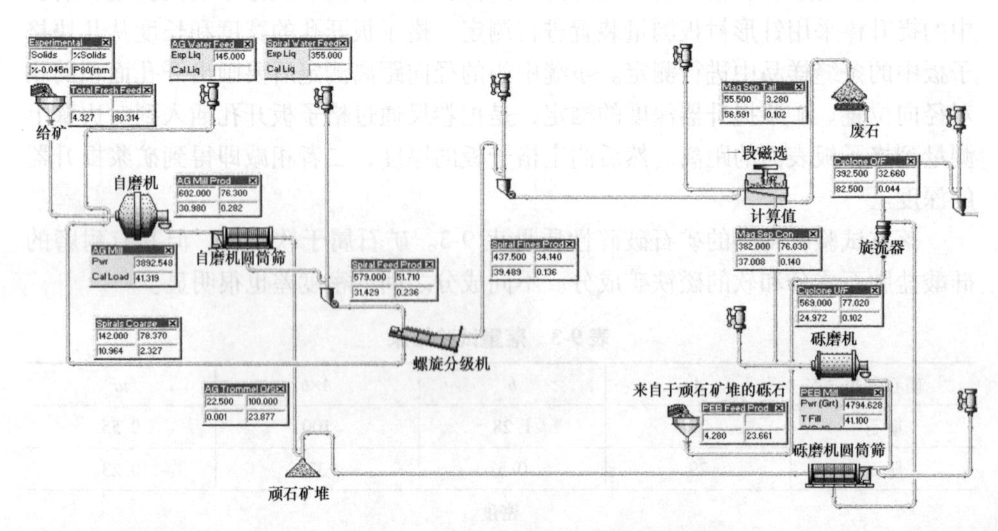

图 9-4 试验 6（T6）的 JKSimMet 软件模拟回路

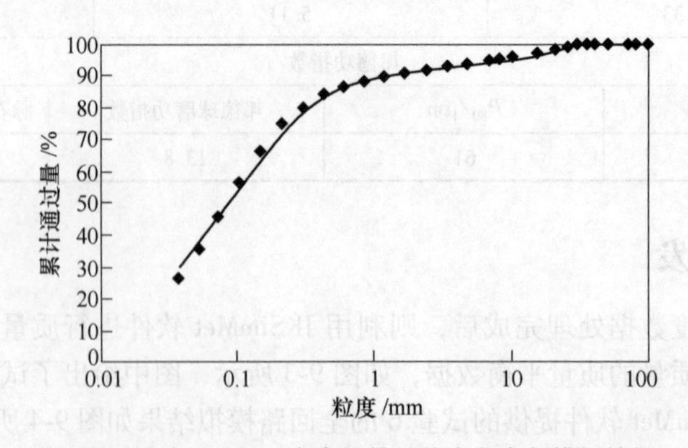

图 9-5 试验 6（T6）自磨机排矿粒度分布与模拟结果

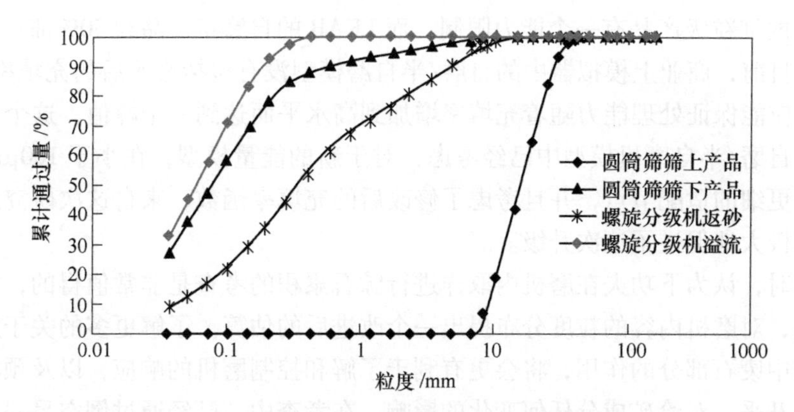

图 9-6 试验 6（T6）自磨机产品分级与模拟结果

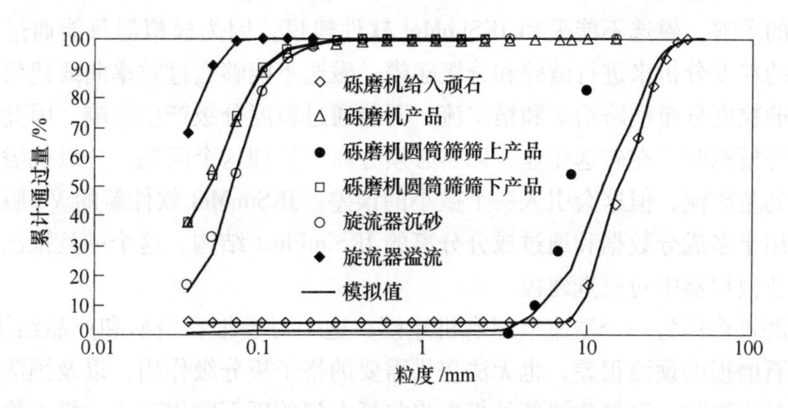

图 9-7 试验 6（T6）砾磨机产品分级与模拟结果

线是模拟的分布。自磨机模型在细粒端的小于 500μm 位置清楚的有一个不合适的匹配，自磨机回路的其余部分适配很好。如果全回路模拟，自磨机中的细粒偏差会在分级机溢流中产生大量的偏差。砾磨机回路的数据表明模型与数据适配很好，适合于模拟研究。砾磨机圆筒筛的筛上粒级适配的不好，但这是一个非常低的量（3~5t/h），并且进入废石流，因而可能对整个回路结果根本没有影响。

9.3.1 建模事项

采用 JKMRC 的自磨/半自磨机模型仍依赖于在大于 200mm 粒级范围内有一定的物料来建立可用的磨矿能量。然而，在 LKAB 的回路中，所有的物料都破碎到小于 150mm。为了满足这一点，在自磨机给矿的粗粒部分添加了极少部分的物料便于建模。当新给矿粒级中有部分粗粒级的物料时，可以避免在计算输入能量中人为的改变。当然，这个确实需要将来模型要按照同样的校正来进行模拟。JKMRC 的自磨机模型不是很好地适合于 LKAB 现场的细粒磨矿，其对跟踪小于

100μm 的细粒级产品有一个能力限制，而 LKAB 的自磨机产品约 50%都小于这个粒级。目前，商业上模拟器中的自磨/半自磨模型没有包括修改后的充填率响应，而该响应能保证处理能力随着充填率增加到高水平而达到一个峰值。这个影响在试验的自磨/半自磨机模型中已经考虑，对于新的能量模型，在小于 100μm 粒级添加了更细的适配节点，并且考虑了修改后的充填率函数，来自这次研究工作中的数据极大地促进了这次升级。

同时，认为下功夫在磨机内取样进行脉石累积的考查是非常值得的，为了改进模型，对磨机内容的粒度分布提出一个改进后的估算。了解更多的关于磨机运行过程中废石部分的作用，将会更有利于了解和控制磨机的响应，以及预测随着矿山的开采，对给矿成分任何变化的影响。在考查中，已经通过倒空另一台自磨机中的所有内容进行了粒级分析，这将会对磨机的运行和改进模型的精确度提供有价值的了解。磁选不能采用 JKSimMet 软件建模，因为模拟器只能通过单一矿石成分的粒度分析来进行破碎和分级建模。磁选不能够通过效率曲线建模，因为尾矿流的粒度分布横跨给矿和精矿流，不能通过粒度分级产生影响。因此，当进行全流程模拟时，在磁选作业，回路必须分离。处理这个问题，分级机溢流能够被复制到精矿流，但这会引入一个微小的误差。JKSimMet 软件新的 V6 版本将会采用可用于多成分数据和通过成分分离的 JKSimFloat 结构。这个一旦推出，则可以在商业模拟器中对磁选建模。

砾磨机将作为一个溢流型球磨机建模，这个对于细粒给矿和产品结果很好，但对砾石磨损的预测很差，也无法提供需要的格子板分级作用，以及预测砾石产品中的过大颗粒。已经建议新的模型将包括专门的砾石磨损速率，模型将考虑自磨/半自磨模型中排矿格子板的作用。

螺旋分级机模型需改变以应对更高的给矿量，更多的粗粒进入溢流。JKSimMet 模拟器没有螺旋分级机模型，因此其不能应对给矿条件的变化。应当有可能对采用的简单效率曲线适配一个分级效率响应，但是没有内置模型，JKSimMet 就不能对此响应。需要开发一个简单的螺旋分级机模型来填补这个回路模拟的空白。

9.3.2 模型响应

在该部分，分析了模型参数对运行条件变化的响应。参数的变化是从设备的响应中测得的。有预测能力的模型，如自磨机、砾（球）磨机和旋流器，模型应当能够在条件之间预测。对非响应性描述的模型，如圆筒筛和螺旋分级机采用的效率曲线，参数能够表明响应如何变化，但不能够预测条件之间的变化。不论如何，这些参数的变化能够形成为这个回路开发一个简单响应模型的基础。

自磨机的破碎速率曲线通过给矿类型分离出来，图 9-8 所示为破碎速率在标准给矿下如何随着磨机充填率变化。粗粒的破碎速率由于在给矿和磨机中缺少粗粒物料而降低，随着充填率从 GR1 到 GR4 的增加，破碎速率在细粒端增加而在粗粒端降低。这个趋势对粗粒给矿甚至更果断，在图 9-9 中从低的充填率（T4）到高的充填率（T6）的平滑过渡所示。随着磨机充填率增加，研磨速率增加，提高了细粒磨矿速率。更高的充填率降低了最大的冲击能，并且趋向于抑制粗粒级的破碎速率。

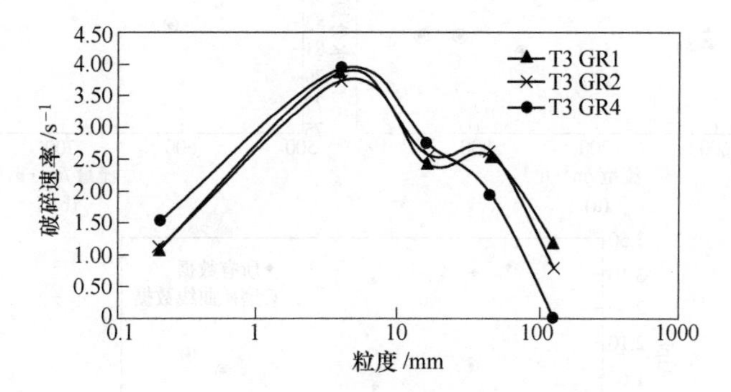

图 9-8　标准给矿粒度下自磨机的破碎速率

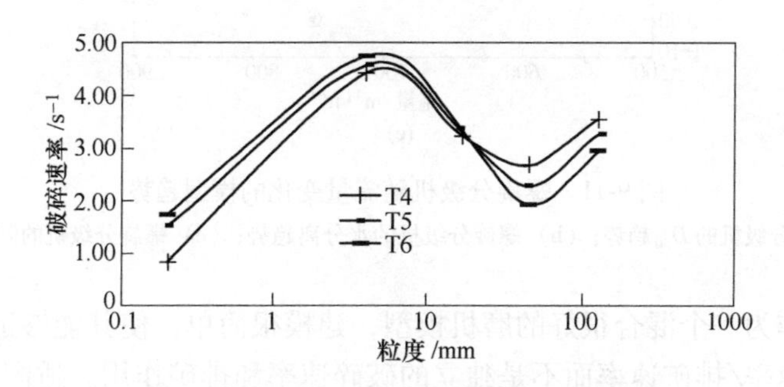

图 9-9　粗粒给矿粒度下自磨机的破碎速率

图 9-10 所示为标准给矿和粗粒给矿几乎在同一磨机充填率下破碎速率的直接比较结果。很明显，粗粒给矿导致了较粗矿石粒级的远高得多的破碎速率，以及最细粒级物料的较低的破碎速率。

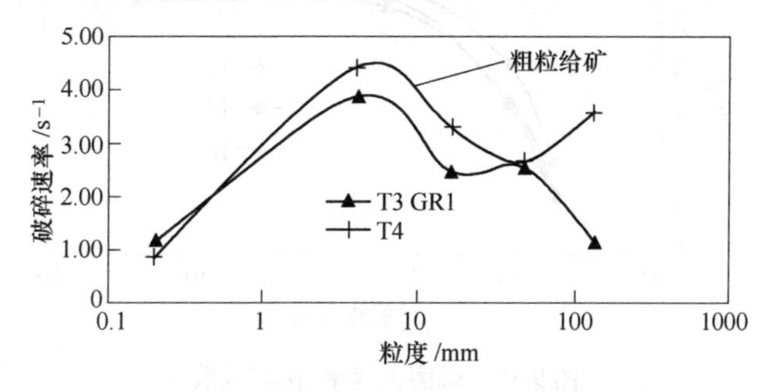

图 9-10　标准给矿和粗粒给矿粒度下自磨机破碎速率的比较

作为给矿流量函数的螺旋分级机模型参数的趋势如图 9-11 所示，很明显这里随着给入分级机的流量根本没有不同的趋势。因此，可以直接建立分级机对流量变化的模型。

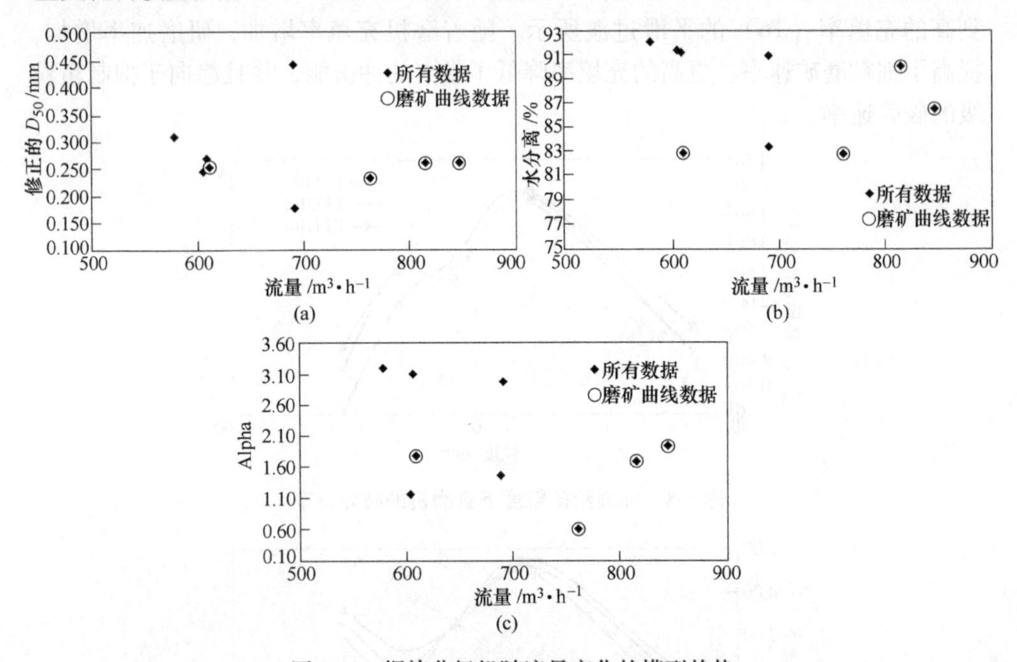

图 9-11　螺旋分级机随流量变化的模型趋势

（a）螺旋分级机的 D_{50} 趋势；（b）螺旋分级机的水分离趋势；（c）螺旋分级机的阿尔法趋势

砾磨机作为一个混合很好的磨机模型，建模很简单，使其能够适配工业数据来计算破碎速率/排矿速率而不是独立的破碎速率和排矿作用。适配的破碎/排矿速率如图 9-12 所示。这里描述了可能被误解的简化的函数，因为其经常被解释为破碎速率。对试验 2，其排矿速率较低，因为其磨机充填率低，因而尽管其磨

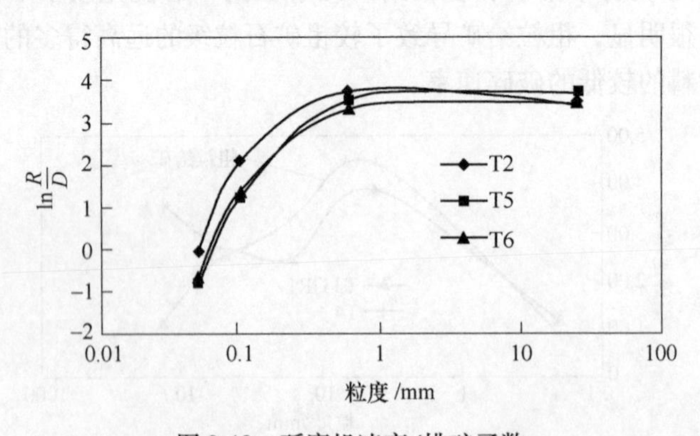

图 9-12　砾磨机速率/排矿函数

矿速率稍低于 T6，低的排矿速率增加了总的值。这个差异表明把给入的砾石作为整体砾磨机磨矿作用的一部分建模是不合适的。如前面所述，已经建议开发专门的砾磨机模型来处理这个问题。

从砾磨机中取出样品，以便研究介质沿着磨机的离析状况，并查明介质的构成。尤其令人感兴趣的是发现了如果介质主要是由低密度的硅酸盐构成，其可能有利于降低磨机的功率输出。图 9-13 描述了粗粒的砾石介质向着排矿端方向是如何累积的，只有 7m 处的样品是异常的。这可能是取样程序的问题，每一处只是一桶，而不是实际的效果。

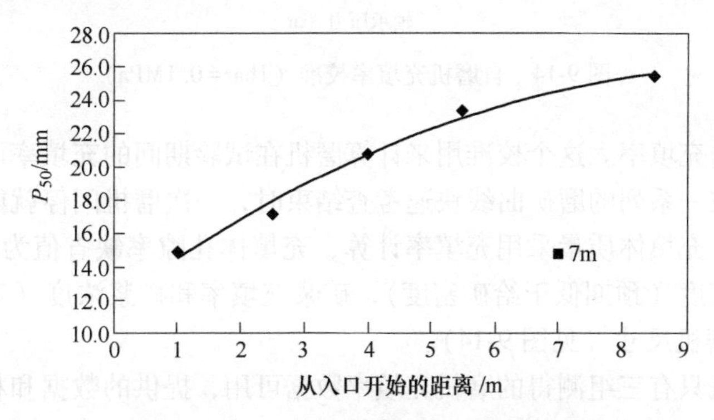

图 9-13　介质沿着砾磨机长度方向的离析

样品的密度受制于硅酸盐类脉石矿物，为 2.81。在第一米内有约 27%的磁铁矿，然后沿着磨机的其余部分平均为 7%～10%的磁铁矿。与给矿的 $A \times b$ 值为 100 相比，第一米中的 $A \times b$ 值是 51，其余部分为 40。这些数据都表明了较软的磁铁矿被快速破碎，留下了耐磨的硅酸盐类脉石矿物作为砾磨机的介质。

9.4　运行观察

9.4.1　充填率校准

磨机充填率在 6 天多的考查时间内通过一系列的闪停进行了校准。在主要考查结束时，磨机闪停，仔细地测定了磨机的充填率。通过测定建立了在任意的轴承压力读数和实际充填率之间的相互关系，如图 9-14 所示，在 5 个标定点的相互关系是一致的。对轴承压力的测定，其在 20%的充填率变化范围内呈线性。这个非常好的线性校准使得磨机充填率能够准确地根据轴承压力读数进行计算。

随着衬板的磨损，校准的充填率和负荷将会漂移。对这台磨机需要做出衬板损失的调整，以便在长期没有校准的情况下利用这个读数。然而，由于这条线的斜率是恒定的，定期地单点重新校准就可以使得整个曲线在任何时间通过简单的重新设定方程中的常数进行调整，能够使磨机控制在整个衬板的寿命周期内保持

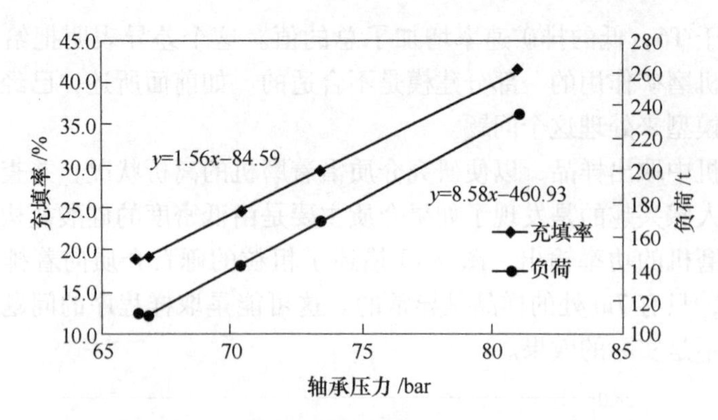

图 9-14　自磨机充填率校准（1bar=0.1MPa）

在一个正确的充填率。这个校准用来计算磨机在试验期间的充填率而磨机不用停车，只需要在一系列的磨矿曲线快速考查结束时，一次磨机闪停就能够准确地建立磨矿曲线。充填体质量采用充填率计算，充填体孔隙率缺省值为 0.4，估算的磨机内矿石密度（预期低于给矿密度），矿浆充填率和矿浆浓度（等于排出矿浆浓度）以及磨机尺寸（见图 9-14）。

对砾磨机只有三组测得的磨机充填率数据可用，提供的数据和相互关系如图 9-15 所示。其相互关系不像自磨机是线性的，因为在砾磨机中有很大的浆池，随着磨机的条件而变化，造成总负荷在给定的充填率下偏移。单是浆池就有约 14t 的物料，因此，浆池从无到测得的最大超过砾石水平的 4.3%（占磨机总容积），其变化能够导致压力值高达 0.4MPa。

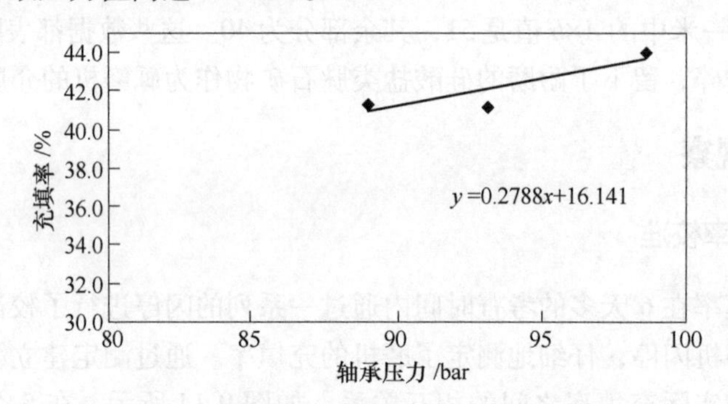

图 9-15　砾磨机充填率标定（1bar=0.1MPa）

9.4.2　运行问题和机遇

（1）磁选机损失。尾矿流粒度曲线在 300μm 处与给矿流（分级机溢流）粒级相交，比这个粒度更粗，和比其更细。这说明磁选机在回收大于 300μm 粒级磁性物料时没有选择性。因此，大于 300μm 粒级物料进入螺旋分级机溢流产品是不理想的，因为其可能会损失到尾矿中。这能够通过对尾矿流的粒级分析检查出来。

（2）螺旋分级机。螺旋分级机在很宽范围的给矿粒级和给矿量上性能是一致的，但其在高循环负荷下分离粒度明显变粗，其随着给入流量的增加也一直有粗粒物料旁通到溢流中。从观察中，旁通矿流直接从入口沿着分级机的边缘到达溢流。旁通的粗粒进入磁选机，能够注意到在尾矿中有高达2.5%的物料大于600μm，而在精矿中没有这个粒级范围。也就是说，这个粒级范围没有被磁选机回收，其含有有用矿物，因此，解决好螺旋分级机中的旁通问题是一个很重要的事情。

在所有的试验条件下旋流器工作很好，磨机的圆筒筛是合适的，自磨机的圆筒筛在高的磨机处理能力下显示出有点过负荷的迹象，但不是很严重。

9.5 运行建议

在考查期间，进行了多个与提高回路性能直接相关的运行观察。

9.5.1 给矿控制

磨机中的内容以耐磨的硅酸盐类矿物为主，在给矿中其比率是变化的，因而磨机响应也会变化。随着这类矿物比率增加磨矿速率下降，导致处理能力降低，也有时候，当给矿中耐磨矿石成分不足时磨机负荷会下跌，处理能力急剧下降。这种耐磨成分是维持磨机中的磨矿介质所必需的。

根据现场观察，有时如果没有足够的粗粒物料，磨机不磨矿了，磨矿速率急剧下降，这可能不是粗粒部分的作用，这更可能是耐磨介质不足的原因。硅酸盐类脉石矿物形成了矿体中的耐磨性脉石，磁铁矿是不耐磨的，在JK数据库的矿石中属于非常软的。因而其在磨机中没有足够的耐磨性而累积成顽石负荷，磨机中的负荷依赖于给矿中的有足够的硅酸盐类脉石矿物。自磨机看上去正常，在所有的条件试验中，有合适的粗粒物料进行自磨。有清楚的证据表明脉石在排矿端累积。采用类似强度的矿石所做的研究表明在磨机中需要有9%~15%的耐磨性物料来形成顽石负荷。由于矿石在给到磨矿之前在预选厂进行了预选，一部分硅酸盐类脉石矿物被除去了。耐磨的硅酸盐类脉石矿物趋向于在给矿中的大于30mm粒级富集。这样给入磨机的粗粒与细粒部分应当是给矿中硅酸盐成分的一个指示器，可以通过长期给矿矿样的分析来确定，这些数据可能是很有用的。这与给矿中导致磨机不磨矿的最小的粗粒含量相关，可以用来建立磨机内充填体可能开始损失的预先警示。

砾磨机给矿中大于30mm粒级物料的含量能够用作硅酸盐类脉石矿物含量的直接指示标记，当这个下降到低于最小运行所需值时，在处理大于30mm粒级部分的磁化轮上的分配装置将被移动，以使更多的大于30mm粒级物料给入砾磨机。当需要时，通过移动分配装置把更多的硅酸盐类脉石矿物给到砾磨机，能够保证磨机不会在缺少介质情况下运行。这种方法强调废石比率在先，而不是4h之后才到达磨机，原来处理不耐磨的给矿至少需要4h，然后花费许多小时来恢复磨机的性能，因为根本没有调整给矿的手段。高的粗粒百分比的试验表明磨机在粗粒给矿下运行很好，因此，宁可多给一点废石到磨机中而不能使砾磨机缺少介质，有利于保证磨机给矿中有足够的磨矿介质可能是一个很好的长期控制策略。

给矿成分的长期变化是不可避免的，给矿随着新建成的预选和筛分车间而趋于稳定，成分（废石和矿石比）和粒度分布（给矿中大于30mm和小于30mm粒级之比）二者皆可控制，使得LKAB的磨矿回路能够在一个远比直接接受原矿的选矿回路更稳定的方式下运行。然而，正如图9-16的趋势所描述的，发现这种特殊的做法把一个很大的不必要的干扰引入了回路，每天一次或两次。这与当现场操作人员关停一条给矿皮带并且启动另一条给矿皮带时的矿仓之间给矿皮带的更换有关。两者之间造成了一个短暂的零给矿。有一次这样的切换刚好发生在计划的试验之前，造成试验延误约6h。最初的干扰约4min，然后控制系统试图通过加强粗粒和总的给矿量来恢复损失的给矿。在图9-16中，由于这个短暂的零给矿，导致磨机负荷快速下降，然后随着给矿量加强而恢复。但正因如此，磨机内

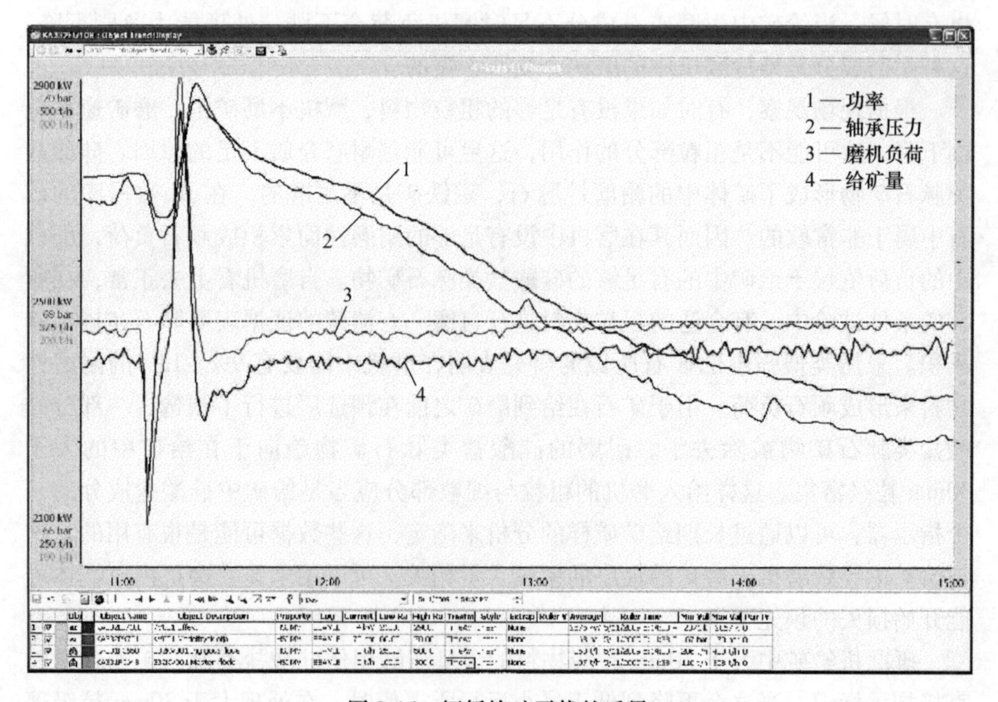

图9-16 短暂给矿干扰的后果

容已经有了重大的变化，磨机充填率增加了1.5%（相当于0.1MPa的压力变化）。给矿量的强化意味着少量的磨过的矿石用更大量新给入的矿石替代。然后磨机磨了约4h之后才重新稳定下来。磨机在新的较低的充填率条件下稳定下来的事实表明给矿粒度已经随着矿仓之间的切换而改变了，磨机再次填满，在接下来的几个小时里重新稳定到最初值。

建议把切换修改为给矿从一个矿仓到另一个矿仓的渐进切换，而不是阶梯式的改变，随着一台给矿机一步步减少而下一台给矿机一步步增加以维持一个稳定的总的粗粒给矿。与在大多数的现场所发现的相同，任何干扰磨机给矿的情况常常是不明白或没有意识到，因此这是一个很好的教训。

9.5.2 自磨机排矿

在所有的试验条件下，在试验磨机闪停之后的检查中都看到了浆池，如图9-17所示。磨机充填体的表面正常状态下应当是干的，在正确的闪停之后矿浆刚好是低于表面。注意到在磨机运行期间，功率和负荷偏移到相反的方向，并且突然地出现负荷或功率的小的峰值，所有这些都是由于磨机内出现浆池，这是浆池形成或消失的指示标记。这些波动是对矿浆液位变化的响应。

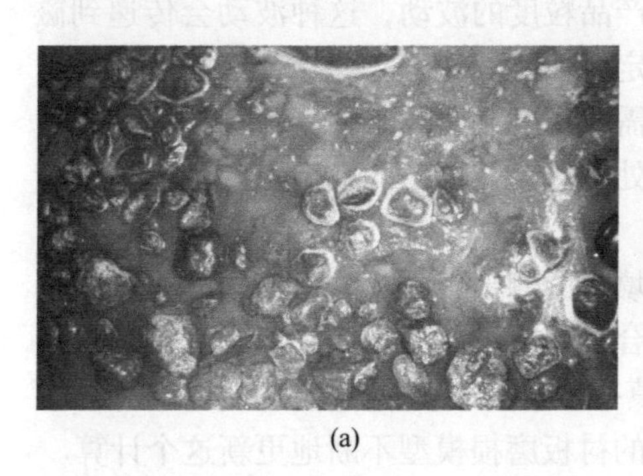
(a)

(b)

图9-17 自磨机内的浆池

为了解决浆池的问题，建议修改格子板的设计以改善矿浆从磨机内的排出。现有砾石窗的位置加重了矿浆返回到磨机的问题。如果砾石窗移到格子板的中心线位置，这种影响会降低。可以在周边增加条缝（最好是15mm条缝以避免磨损问题），尽可能地靠近磨机的边缘。如果这些改变还不够，那把矿浆提升器从双角改成合适的光滑的螺旋形，会进一步地改善排矿效率。

9.5.3 自磨机控制

自磨机控制是一个复杂的动力学问题。建立磨矿曲线的过程，有益于操作人员更好地意识到磨机对变化的响应。建议对所有的磨机操作人员培训来建立这些曲线，并且给他们机会去那样做，通过改变所学习的任何设备或过程的操作点来看其响应以及如何来控制它。磨机运行的一些方面是有机会继续改进的。

9.5.4　磨机入口补加水

为了维持恒定的磨矿浓度，磨机入口补加水应当与新给矿比例添加。考查中浓度目标为76%，磨机内黏度绝不会太高，因此这应当认为是最小的浓度。由于在考查期间没有研究最佳的比率，水的添加比例是否需要随着给矿成分的变化而改变仍然是一个问题。可以选择一个充填率，在一个作为补加水函数的磨矿曲线下运行将会有助于回答这个问题。我们的经验是对于给定的矿石，正常的加水比例是恒定的，与磨机的充填率和给矿粗粒的变化无关。因此，在一个充填率下试验应当足够了。然后，当有非常不同的给矿时可以再试一次，以确定是否需要改变。

9.5.5　磨机充填率

维持一致和稳定的磨机充填率是主要的控制目标，如同在磨矿曲线研究中所证实的，充填率在确定就处理能力和磨矿细度而言的磨机性能中起着重要的角色。允许充填率波动就会导致磨机性能和产品粒度的波动，这种波动会传递到磁选和砾磨机。这种波动的性能总是低于稳定的性能。

对于给定的给矿量和理想的产品粒度需要用磨矿曲线来估算目标充填率，一旦这个目标值建立起来，就要使控制目标处于这个充填率的设定点上。充填率衍生于轴承压力和磨机的功率输出。

可以更好地采用轴承压力作为磨机充填率的测定，由于磨机充填率是作为轴承压力的函数进行计算，当与功率数据结合一起时，就变成一个非常有用的控制输入。同时，必须注意到，轴承压力-充填率校准将会随着衬板磨损以一种可预测的方式移动。因此，建议采用一个简单的衬板磨损模型不断地更新这个计算。

现在已经建立了磨矿曲线，对这些磨矿曲线的校准应当是随着衬板磨损而时不时地检查和调整。当磨机停车时，能够采用激光测量仪来快速地测量充填率，轴承压力则是刚好在磨机停车前几分钟内测取，将被用作校准压力。

Outotec 有一个软件工具 MillSense ®，能够根据磨机电机从提升棒的抛落冲击充填体趾部所产生的功率波动衍生出磨机充填率。这是 Outotec 的一个装置，建议试验一下这个工具。该工具测定技术最大的优点是其独立于矿石密度和衬板质量，因而其读数不会随时间偏移。由于该技术还没有被批准作为测量工具，首先应该和供应商合作进行试验。

9.5.6　砾磨机浆池

由于严重的排矿限制以及可能在砾石介质给矿中过多的细粒物料，导致砾磨机由于矿浆问题而急剧过负荷。矿浆液位几乎达到磨机的中心线，如图9-18所示，但当磨机停车时则已经排出去。由于磨机设计在格子板上有一个密封的中心盘，矿浆液位甚至比标准的溢流型磨机还高。

图9-18　矿浆高潮位时横过砾磨机排矿中心盖板的痕迹

这种高矿浆液位影响很多，能够降低磨机功率、导致矿浆泛滥、使磨机运行偏移到低砾石充填率条件下（因为发觉降低了总充填率）以及会导致磨矿能力的重大损失。对溢流型磨机与格子型磨机的功率对比计算表明，磨机在41%的充填率条件下，如果浆池排出，将多输出1000kW。因此，浆池问题值得很好地研究解决。也注意到磨机中磨矿介质砾石与矿浆的比率太低了，增大这个比率能使磨机性能立刻改善。

图9-19所示为砾磨机的排矿格子板有窄的条缝卡有介质，建议小于10mm的介质允许排出，然后通过圆筒筛丢弃到尾矿。正如从格子板配置所看到的，在周边有大量的未利用的格子板面积，格子板的外部边缘对矿浆的排出是最有效的，在这个区域开孔面积应当是最大化。建议与衬板供货商一起，重新设计格子板使周边位置的开孔面积最大化。

图9-19　砾磨机排矿格子板

有效磨矿功能的损失估计是在10%的范围内，由于磨矿的细度是磨矿性能的瓶颈，这个问题应当是作为优先事项来处理。建议的做法如下：

（1）重新设计格子板使得磨机的周边都有条缝；

（2）改进条缝的布置；

（3）放大条缝宽度从6~8mm到10mm，以改善排矿和增大磨机内的最小砾石规格，圆筒筛的筛上粒级丢弃；

（4）把双角矿浆提升器改为光滑的螺旋形；

（5）砾石给矿放粗，可能改换到稍粗的粒度，约15mm（LKAB正在做半工业试验，以试验变粗对磨矿效率的效果）；

（6）保持高的砾石添加速率以保证一个合适的磨矿介质负荷（相对于对磨矿无用的细粒负荷）；

（7）如果这些改进仍不足，则需要加深矿浆提升器腔室。

9.5.7　砾石充填率

在考查期间，通过增大砾石充填率，形成穿透性更好的磨矿介质充填体，以改善磨机功率输出和帮助降低矿浆滞留量。这个确实是成功的，随着磨机充填率的增加，浆池稍有降低，磨机功率提高了约400kW来处理试验5和试验6的高给矿量。

已经通过比较在两种条件之间的磨矿效率确立了增加磨机内砾石负荷的影响，这个比较是在产生的新的小于45μm粒级比能耗（kW · h/t）的基础上进行的。结果如图9-20所示，图中所示当砾石给入量增加，也即充填率增加时，比能耗下降5%，从27.3kW · h/t（小于45 μm粒级）下降到25.8kW · h/t（小于45μm粒级）。

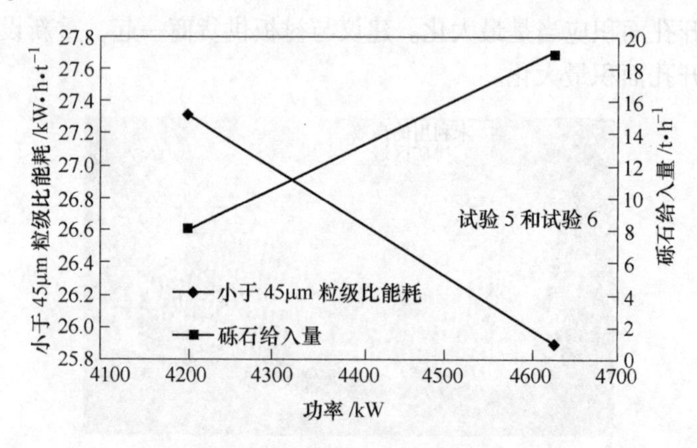

图9-20　砾石充填率对砾磨机效率的影响

同时也建议进行增大给入的砾石介质最小粒度的试验，便于改善磨机内的穿透性和矿浆输送。增加砾石充填率目前比较难，因为磨机已经由于细粒物料和矿浆而过满。最好的方法是在约一半给矿量的条件下将自磨机运行几个小时，便于磨出给到砾磨机的细粒给矿，并且排出矿浆负荷，砾石的给入量必须维持，因为这种情况发生时，根据轴承压力测定的数据，功率应当是增加了而磨机负荷下降了。一旦功率增高，砾石给入量应当增加以提高磨机中的磨矿介质水平，以恢复磨机负荷，这个过程可能花费几个小时，然后恢复自磨机给矿。期望这种方法将会增大磨矿介质与细粒给矿和矿浆的比率，提高磨矿速率，然后更高的磨矿速率将降低循环负荷，因此降低磨机中矿浆的累积。

给入的砾石量应当尽可能保持恒定，不要过度改变功率或负荷，因为正在提高磨机负荷而降低功率输出的是矿浆的累积。过负荷表明砾磨机处理不了来自自磨机的给矿量。主要原因是矿浆输送差造成功率损失，因此形成浆池。解决这个之前必须使自磨机的磨矿效率最大化，以降低对砾磨机的磨矿需求和其循环负荷，进而减小浆池问题。试验工作表明自磨机能够输出更大的功率并且在维持处理能力的条件下产生更细的磨矿产品，因此，建议采用高的自磨机充填率策略。

9.5.8 砾磨机控制

砾磨机采用功率输出进行控制，保持在可用的功率和体积充填率限度范围内。现场特殊的约束是磨机过度充填，磨机开始从给矿耳轴密封外溢，造成快速磨损和无法弥补的损坏。在试验工作中清楚地证实，砾石给入量能够大量增加而没有过度充填磨机。

根据上面所述砾石充填率应当增加，砾石添加应当保持长期稳定，添加速率慢慢变化以补偿矿石耐磨性的变化。维持一个作为磨矿介质的砾石负荷是非常重要的，砾石的添加速率应当是缓慢且稳定在平均的所需速率上。

在磨机控制中，浆池是一个主要且严重的问题。在磨机充填过程中，正如轴承压力增加所标明的，其抑制了磨机功率。减轻浆池将提升磨机功率且降低磨机质量。当输出更大的功率时，磨机将磨出更多的矿石并生产更细的产品。由于产品的细度是目前回路的约束，控制目标应当瞄准磨矿细度。

9.6 回路性能

9.6.1 磨矿曲线

磨机充填率是磨机运行的一个基本控制因素。现场依据 Powell 等人[2]的方法做出了校准的磨矿曲线。建立了两组磨矿曲线，对现场人员演示了做曲线的方法，而且除了操作控制还需要在一天多的时间里做出一系列的三个磨矿曲线点。自磨机的磨矿曲线是在不同的给矿条件下做出的，用来确认磨机的最佳运行范围，如图 9-21 所示。磨机充填率的关键因素校准为轴承压力，并且这个校准值通过磨矿曲线输出值验证。

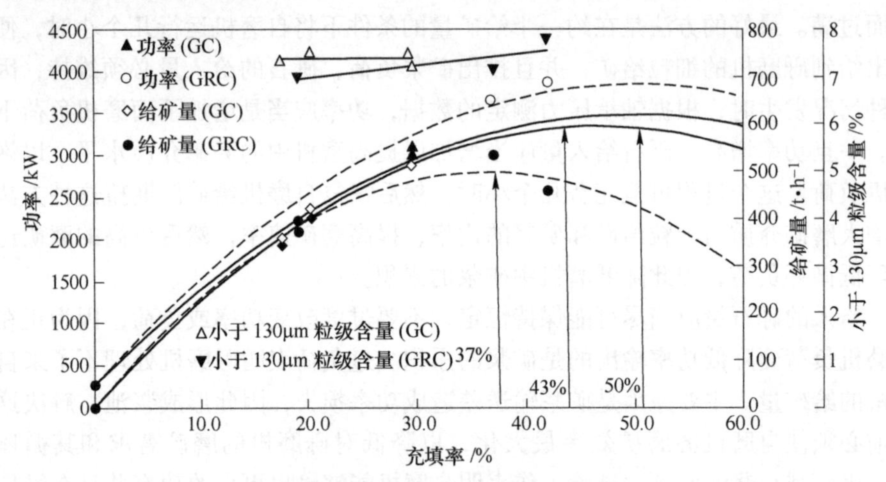

图 9-21 LKAB 2 号自磨机考查期间做出的磨矿曲线

（GC 为标准给矿数据，GRC 为粗粒给矿数据）

由图 9-21 可以得到以下结果：

（1）对粗粒给矿，磨机处理能力通过峰值；

（2）磨矿产品粒度几乎对磨机充填率不敏感；

（3）功率在接近 50%的充填率下达到峰值；

（4）粗粒给矿导致更高的功率输出，可能使由于穿透性更强的充填体减少了浆池问题；

（5）处理能力峰值依赖于给矿粒度：

1）在约 43%的充填率下，大于 30mm 粒级含量为 36%的标准给矿，处理能力为 580t/h；

2）在约 37%的充填率下，大于 30mm 粒级含量为 55%的粗粒给矿，处理能力为 500t/h。

9.6.2 生产效率

对试验的各种各样的条件来进行整个回路性能的比较是很有价值的，一种方式是比较单位最终产品的比能耗。大部分的能量消耗来自细粒级部分的生产，因为细粒级包含绝大部分的新鲜比表面积。对 LKAB 磨矿回路，最终产品生产的标记是小于 45μm 粒级百分含量。采用以单位 t/h 为基础的新的小于 45μm 粒级物料的生产与磨机功率消耗一起计算粒级的比能耗。

最终产品的粒级比能耗：

45μm 以下粒级比能耗（kW·h/t）= 磨机功率（kW）/[给矿量(t/h)×（回路产品中小于 45μm 粒级百分含量−回路给矿中小于 45μm 粒级百分含量)/100]

对整个回路计算的比能耗见表 9-4。数据显示整个回路在所有的试验中对生产小于 45μm 粒级产品的效率上变化不大，只有 T5 稍低一些，这个试验是最大回路给矿量，但就整个回路产品中小于 45μm 粒级百分含量而言是最粗的。因此可能由于回路生产了更多的细粒产品，能量强度升高了。这也表明砾磨机对生产更多的最终产品是一个瓶颈，因此改善砾磨机回路的可用功率是增加整个回路能力的关键。利用测得的功率意味着回路应当取得一个对新的小于 45μm 粒级产品生产约为 25.4kW·h/t 的总效率。

表 9-4　生产每吨产品所用的能耗　（kW·h/t）

不同回路	T1	T2	T3-GR1	T3-GR2	T3-GR3	T3-GR4	T4-GRC1	T5-GRC2	T6-GRC3
小于 45μm，自磨回路	21.6	21.0	23.3	21.7	22.6	22.4	24.8	22.0	22.4
小于 45μm，砾磨回路	—	27.3	—	—	—	—	—	24.2	27.6
小于 45μm，全回路	—	25.4	—	—	—	—	—	24.2	26.6
小于 130μm，自磨回路	10.9	10.4	11.7	11.2	11.5	11.1	10.8	10.8	11.6

整体回路性能归纳为最终产品小于 45μm 粒级的单位产量（t/h），如图 9-22 所示，在自磨机回路的磨机充填率和最终产品的单位产量之间有一个线性的相互关系。标准给矿和粗粒给矿落在两条不同的线上，截距则为给矿中最终产品的平均含量（t/h）。超过 40% 的最高充填率从适配中排除，因为磨机已经过了峰值点，并且平行的功率和磨矿的性质不再保持。粗粒给矿的适配几乎与标准给矿的适配是平行的，因此，其差别主要是由于给矿成分的差别。砾磨机当给矿量变得过量时，其通过一个最大值，由于浆池问题目前正在抑制着砾磨机的潜能，全回路的潜能还不明显。

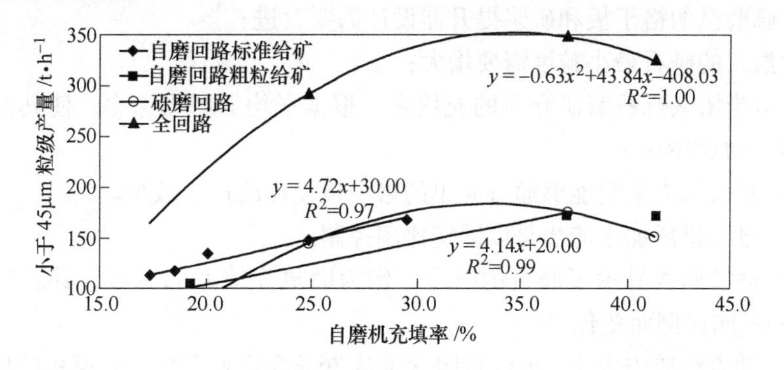

图 9-22　作为磨机充填率函数的最终产品（小于 45μm 粒级）产量

9.6.3　回路潜能

砾磨机是生产更多最终产品的瓶颈，因此改善砾磨机回路的可用功率是增加整个回路能力的关键。估计回路应当取得一个对新的小于 45μm 粒级产品生产要好于 26kW·h/t 的总效率。

在砾磨机内的浆池解决之前，必须使自磨机中的磨矿最大化，这将减少对砾磨机的磨矿需求以及其循环负荷，进而减少浆池问题。

改进砾磨机排矿格子板是重新获得磨机功率的关键，一种办法是通过改变其周边和可能增大条缝规格使其开孔面积的有效性最大化。进行相关的半工业试验工作，目的是试验给入的砾石最小粒度，将有助于评估这种方法对降低磨机内滞留量的效果。砾磨机运行功率以前约 4200kW，现在提高到 5000kW。

根据进行的考查，下面的简单相互关系适用于收集的各种数据：

（1）自磨回路最终产品（小于 45μm 粒级）产量：

小于 45μm 粒级产量(t/h)= 给矿中小于 45μm 粒级含量(t/h)+ [4.7×磨机充填率（%）]

这个关系直到约 40%的充填率都是有效的。

（2）砾磨机回路最终产品的产量对高砾石充填率的试验 5 和试验 6 是平均约 160t/h。

（3）对目前自磨机配置和砾磨机运行（有大的浆池）的新生成最终产品的峰值产量是约 350t/h，给矿中小于 45μm 粒级含量约 5%~7%。

9.7　关键成果

关键成果如下：

（1）砾磨机是回路中的主要约束：

1）在砾磨机中避免形成浆池是需最优先考虑的问题；

2）砾磨机的格子板和矿浆提升器设计需要改进；

3）给入的砾石最小粒度需要增大；

4）应当增大砾石磨矿介质的充填率，根据平均的磨损速率，使其控制在一个稳定的添加速率；

（2）自磨机内浆池能够通过简单的格子板设计改进来减少。

（3）自磨机添加水应当是以固定比率控制。

（4）磨矿曲线显示了磨机的响应，作为磨机充填率的函数，其随给矿中粗粒矿石的不同比例而变化。

（5）随着给矿中大于 30mm 粒级含量从 36%变化到 55%，自磨机峰值处理能力从 580t/h 移动到 500t/h，相应于最终小于 45μm 粒级产品峰值产量的磨机充填率从37%变化到43%。

（6）自磨机应当采用充填率控制，而不是采用轴承背压所表示的负荷质量。

（7）开发的充填率校准模型校准时必须考虑衬板磨损。

（8）在自磨机给矿速率上要避免阶梯式改变产生的扰动。

（9）螺旋分级机中存在的短路问题要处理。

（10）部分流量测定问题要确认。

（11）回路对新生成的小于45μm粒级物料能够取得一个25.4kW·h/t的比能耗。如果取得的值更高，则说明运行状态失效。

（12）开发了高质量的考查和取样技术，现场人员已进行了培训。

（13）全回路建模，并且模拟了各种运行条件。

（14）需要升级自磨机模型的合适的预测能力。

参考文献

[1] Powell M S, Benzer H, Dundar H. LKAB autogenous milling of magnetite [C]// Major K, Flintoff B C, Klein B, et al. International Autogenous Grinding SemiAutogenous Grinding and High Pressure Grinding Roll Technology 2011. Vancouver: CIM, 2011: 112.

[2] Powell M S, van der Westhuizen A P, Mainza AN. Applying grindcurves to mill operation and optimization [J]. Minerals Engineering, 2009, 22: 625~632.

附 表

国内外部分矿山采用的自磨机/半自磨机应用情况

矿山	矿石	规模 /t·d^{-1}	半（自磨）机				球磨机			回路配置	备注
			规格（$\phi \times L$）/m×m	转速	功率 /千瓦·台$^{-1}$	数量	规格（$\phi \times L$）/m×m	功率 /千瓦·台$^{-1}$	数量		
Constancia（秘鲁）	CuMo	80000	10.97×7.31	变速	8000×2	2	7.92×12.34	8000×2	2	SABC	
Chirano（加纳）	Au	10500	6.0×5.7	变速	1250×2	1	4.8×7.1 6.1×7.0	2500 3500	1 1	SABC	原矿三段破碎
Sino Iron（澳大利亚）	Fe	226000	12.2×10.06	变速	28000	6	7.92×13.56	2×7800	6	ABC	
Gol-E-Gohar（伊朗）	Fe	13000	9×2.05	定速	3000	3			0	SAG	原为 AG
Kevitsa（芬兰）	CuNiPGE	24000	8.5×8.5×2	定速	7000	2	8.5×8.5	14000	1	AP	原矿三段破碎
DeGrussa（澳大利亚）	Cu	4500	7.3×3.4	变速	3400	1	4.7×7.5	2600	1	SABC	
Aleksandrovskoye（俄罗斯）	Au	2200	6.7×3.1	变速	2300	1	4.5×6.8	2100	1	SAB	
Belaya Gora（俄罗斯）	Au	4800	7.0×2.4	变速	2500	1	4.43×6.51	2500	1	SAB	
Pueblo Viejo（多米尼加）	Au	24000	9.7×4.80	变速	4500×2	1	7.90×12.4	16400	1	SABC	
Metcalf（美国）	Cu	63500				0	7.31×12.2	6500×2	2	HPGR	
CadiaHill（澳大利亚）	CuAu	63000	12.2×6.1	变速	20000	1	6.71×11.1 7.9×12.8	4375×2 16000	2 1	SAB	原矿三段破碎（HPGR）
Phoenix mine（美国）	Cu	36000	10.97×4.88	变速	13400	1	6.4×10.06	7100	2	SABC	原矿二段破碎
Meadowbank（加拿大）	Au	11800	7.93×3.73	定速	3650	1	5.5×8.84	4474	1	SABC	原矿二段破碎
Copper Mountain（加拿大）	CuAu	35000	10.36×6.1		6900×2	1	7.31×12.2	6250×2	2	SABC	原矿二段破碎
Tarkwa 金矿（加纳）	Au	36000	8.23×12.20	变速	14000	1	7.93×10.97	14000	1	SABC	原矿部分三段破碎

续附表

矿　山	矿石	规模 /t·d^{-1}	半（自磨）机				球磨机			回路配置	备注
			规格（$\phi \times L$）/m×m	转速	功率 /千瓦·台$^{-1}$	数量	规格（$\phi \times L$）/m×m	功率 /千瓦·台$^{-1}$	数量		
Kansanshi（S矿）		38400	9.75×5.93	定速	12000	1	6.1×9.3	5800	1	SABC	原矿二段破碎
Kansanshi（H矿）	Cu	22700	5.8×9.2	定速	5200	1	5.1×9.1	5800	1	SABC	原矿二段破碎
Kansanshi（O矿）（赞比亚）		28800	4.6×8.68	变速	3550	1	5.08×7.1	3500	1	SABC	
Damang（加纳）	Au	13200	7.87×5.12	变速	5800	1	6.1×9.0	5800	1	SABC	原矿三段破碎
Raglan（加拿大）	Ni	3600	7.31×3.2	变速	2240	1	4.27×6.40	2240	1	SABC	
Cerro Corona（秘鲁）	CuAu	18600	7.32×4.42		3900	1	7.32×10.36	7600	1	SAB	
Mutanda Mines（刚果）	Cu	13200	8.5×5.0	变速	4000×2	1			0	SAG	磨矿酸性环境
Sossego（巴西）	CuAu	41000	11.58×7.01	变速	20000	1	6.71×9.75	8500	2	SABC	
Andacollo（智利）	CuAu	55000	11.0×5.8	变速	13400	1	7.6×12.0	7100×2	2	SABC	原矿二段破碎
Mt Milligan（加拿大）	CuAu	60000	12.2×6.7	变速	22000	1	7.3×12.5	13000	2	SABC	
Esperanza（智利）	Cu	86000	12.2×7.9	变速	22400	1	6.7×14.3	18600	2	SABC	
Malartic（加拿大）	AuAg	55000	11.6×6.4	变速	19400	1	7.3×11.1	6000×2	3	SABC	其中1台球磨机为第三段
Centinela（智利）	CuAu	95000	12.2×7.92	变速	23500	1	8.2×13.6	18600	2	SABC	海水选矿
Bell Creek Mill（加拿大）	Au	1150	7.32×3.72	变速	3700	1	原有			SAB	增加一台半自磨机后的能力
Batu Hijau（印度尼西亚）	Cu	120000	10.97×5.79	变速	13422	2	6.1×10.21	7400	4	SABC	
Granny Smith（澳大利亚）	Au	10800	8.53×3.66	变速	3900	1	5.03×8.8	4000	1	SABC	原矿二段破碎
New Afton Mine（加拿大）	Cu	13675	8.53×3.96	变速	5220	1	5.5×9.8	5220	1	SABC	
Eti Bakır Murgul（土耳其）	Cu	10000	7.47×2.39	定速		3	4.9×4.07		3	AP	

续附表

矿山	矿石	规模 /t·d^{-1}	半（自磨）机				球磨机			回路配置	备注
			规格（$\phi \times L$）/m×m	转速	功率 /千瓦·台$^{-1}$	数量	规格（$\phi \times L$）/m×m	功率 /千瓦·台$^{-1}$	数量		
Bonikro Gold（科特迪瓦）	Au	6000	5.34×9.16	变速	4500	1			0	SAC	
Kennecott Copperton（美国）	Cu	160000	10.36×5.18	变速	4500×2	3	5.5×8.5	4100	6	SAB	
			10.97×4.27	变速	13000	1	6.1×9.14	5500	2	SAB	
Ray（美国）	Cu	30000	10.36×5.18	变速	5220×2	1	5.5×9.45	4850	2	SABC	原矿二段破碎
Northparkes（澳大利亚）	Cu	5880	7.3×3.6	定速	2800	1	4.8×7.6	2800	1	SABC	
		10400	8.5×4.3	变速	4900	1	5.5×9.4	4900	1	SABC	
Mount Isa（澳大利亚）	Cu	17800	9.75×4.88	定速	3200×2	2	5.0×6.1	2600	4	SAB	
Ernest Henry（澳大利亚）	AuCu	31200	10.4×5.1	变速	5500×2	1	6.4×8.1	5500	1	SAB	
冬瓜山铜矿（中国）	Cu	13000	8.53×3.96	变速	4850	1	5.03×8.3	3300	2	SAB	
Collahuasi（智利）	CuMo	73000	12.2×7.31	变速	21000	1	7.92×11.6	15500	2	SABC	扩建
Kemess（加拿大）	CuAu	56000	10.4×4.7	变速	4480×2	2	6.8×11.0	4480×2	2	SAB	
Miduk（伊朗）	Cu	15000	9.75×3.9		7000	1	5.03×7.6	3000	2	SAB	
Sungun（伊朗）	Cu	21600	9.75×4.88		4100×2	1	6.1×9.3	6000	2	SAB	
Antamina（秘鲁）	CuZn	100000	11.6×6.4	变速	20000	1	7.3×11	11194	3	SABC	
El Teniente（智利）	Cu	24000	10.97×4.57	变速	11200	1	5.48×8.53	4400×2	2	SABC	
Los Brances（智利）	Cu	54000	8.53×4.27	定速	5593	1	5.81×8.53	4847×2	2	SABC	
			10.36×5.18	定速	10365	1	7.46×10.67	10812	1	SABC	
Escondida	Cu	35000	8.5×4.3	定速	4100	2	5.5×7.5	4100	2	SAB	
Escondida Ⅳ（智利）		110000	11.58×6.1	变速	20000	1	7.62×12.34	13422	3	SAB	
Mt Keith（澳大利亚）	Ni	31400	9.6×5.641		4675×2	2	5.01×7.9	3600	2	SAB	
							4.6×6.4	2700	1		

续附表

矿　山	矿石	规模 /t·d^{-1}	半（自磨）机 规格（$\phi \times L$）/m×m	转速	功率 /千瓦·台$^{-1}$	数量	球磨机 规格（$\phi \times L$）/m×m	功率 /千瓦·台$^{-1}$	数量	回路配置	备注
Fimiston（澳大利亚）	Au	31200	10.97×4.88	变速	6000×2	1	5.5×7.5	4500	2	SABC	
		8160	7.1×3.5		2900	1	4.72×7.01	2900	1		
Century（澳大利亚）	PbZn	35000	10.97×4.92	变速	12000	1	6.1×9.76	6700	1	SAB	
大红山铁矿（中国）	Fe	14500	8.53×4.27	定速	5000	1	4.8×7.0	2500	2	SAB	
Freeport C3、C4（印度尼西亚）	CuAu	60000	10.4×5.2	变速	12000	1	6.1×9.3	6500	2	SABC	
		115000	11.6×5.8	变速	20000	1	7.32×9.3	5250×2	4		
Henderson（美国）	Mo	30000	8.5×4.3	定速	2610×2	3			0	SAG	
			9.14×3.35	定速	2610×2	1			0	SAG	
Tonopah（美国）	Mo	20000	8.5×3.0		3430	2	5.0×8.2	3430	2		
Afton（加拿大）	Cu	7730	8.5×3.7	变速	3950	1	5.0×8.8	3580	1	SAB	
Chino（美国）	Cu	37500	8.5×3.5	变速	2610×2	2	5.0×5.8	2237	4	SABC	
Dizon（菲律宾）	Cu	19000	8.5×4	定速	2240×2	2	5.0×8.5	2240×2	2	SAB	
Island Copper（加拿大）	Cu	37300	9.8×4.3	定速	2900×2	6	5.0×6.7	2600	3	SAB	
Pima（美国）	Cu	17400	8.5×3.7	定速	2240×2	2	5.0×5.8	2240	2	SAB	
Slmllco（加拿大）	Cu	19000	9.8×4.3	定速	2980×2	3	5.0×8.5	3730	2	SABC	
普朗铜矿（中国）	Cu	40000	9.75×4.72	定速	6711	2	6.71×11.73	9694	2	SABC	
多宝山（中国）	Cu	40000	11.0×6.4	定速	9000×2	1	7.9×13.6	9000×2	1	SABC	
汝阳钼矿（中国）	Mo	20000	10.4×5.8	变速	2×5500	1	5.5×9.5	5000	2	SABC	
Oyu Tolgoi（蒙古）	Cu	85000	12.2×7.47	变速	24600	1	8.2×13	18600	2	SABC	
Aitik（瑞典）	Cu	110000	11.58×13.1	变速	22500×2	2	9.1×10.72	5000×2	2	AP	

续附表

矿山	矿石	规模 /t·d^{-1}	半（自磨）机				球磨机			回路配置	备注
			规格（$\phi \times L$）/m×m	转速	功率 /千瓦·台$^{-1}$	数量	规格（$\phi \times L$）/m×m	功率 /千瓦·台$^{-1}$	数量		
德兴铜矿（中国）	Cu	22500	10.37×5.19	定速	5592×2	1	7.32×10.68	5592×2	1	SABC	
银山铜矿（中国）	Cu	6500	7.0×3.5	定速	2500	1	4.8×7.0	2500	1	SABC	
乌奴格图山铜钼矿（中国）	CuMo	37000	8.8×4.8	定速	6000	2	6.2×9.5	6000	2	SABC	
贵溪冶炼厂（中国）	Cu	3120	5.2×5.2	定速	2000	1	5.03×8.3	3300	2	SAB	处理铜转炉渣
三门峡冶炼厂（中国）	Cu	4000	6.1×6.1	定速	3300	1	5.03×8.3	3300	2	SAB	处理铜熔炼渣
Toromocho（秘鲁）	Cu	117200	12.19×7.92	变速	28000	1	8.53×13.41	22000	2	SABC	
		52740	10.97×5.64	变速	13500	1	8.53×13.41	22000	1	SABC	
Lefroy（澳大利亚）	Au	13200	10.72×5.48	变速	13000	1			0	SAC	
鹿鸣钼矿（中国）	Mo	50000	10.97×7.16	定速	8500×2	1	7.32×11.28	5800×2	2	SABC	
袁家村铁矿（中国）	Fe	66700	10.97×6.71	定速	7800×2	2	7.31×9.80	5000×2	4	SAB	
华联（中国）	CuZnSn	8000	7.5×3.2		2600	1	5.03×8.5	3500	1	SAB	
Candelaria（智利）	Cu	60800	10.97×4.57	变速	12000	2	6.1×9.1	5500	4	SABC	
Brunswick（加拿大）	PbZnCu	10700	8.54×4.27	变速	6300	1			0	SAG	
Agnico-Eagle（加拿大）	Au	5300	7.32×3.65	变速	3355	1	3.35×5.2	745	2	SAB	
National Steel Pellet（美国）	Fe	54900	8.53×5.49		2610×2	10	4.27×7.32	1678	3	SABC	半自磨产品磁选后给球磨
							5.03×8.53	2983	2		
Barrick Goldstrike（美国）	Au	3560	6.7×2.44	变速	1864	1	3.81×4.27	932	1	SABC	
							4.1×5.49	1342	1		
			7.32×3.66	变速	2982	1	5.03×9.3	3728	1		
Ok Tedi（巴新）	CuAu	78000	9.8×4.3		3500×2	2	5×8.8	3700	4		

续附表

矿山	矿石	规模/t·d^{-1}	半（自磨）机				球磨机			回路配置	备注
			规格（$\phi \times L$）/m×m	转速	功率/千瓦·台$^{-1}$	数量	规格（$\phi \times L$）/m×m	功率/千瓦·台$^{-1}$	数量		
Porgera Joint Venture（巴新）	Au	18000	8. 53×3. 65	变速	4500	2	4. 2×6. 6 5. 5×8. 53	2150 4700	2 1	SABC	原矿二段破碎
Inmet Troilus（加拿大）	AuCu	15000	9. 14×3. 51	定速	5220	1	5. 5×8. 38	4474	1	SABC	原矿二段破碎
Fort Knox（美国）	Au	38000	10. 36×4. 65		4474×2	1	6. 1×9. 3	5220	2	SABC	
Newmont Mill 5（美国）	Au	14500	8. 53×3. 05	变速	3350	1	4. 42×8. 53	2240	3	SABC	
Sarcheshmeh（伊朗）	Cu	21600	9. 75×4. 88		4100×2	1	6. 71×9. 91	4100×2	1	SAB	
Nkomati Nickel（南非）	Ni	15200	10. 36×5. 27	变速	5200×2	1	7. 01×9. 60	5200×2	1	SABC	
Ahafo（加纳）	Au	26400	10. 4×4. 54		6500×2	1	7. 32×11. 9	6500×2	1	SABC	
Gibraltar Expansion（加拿大）	Cu	55000	10. 4×4. 5	定速	4850×2	1	4. 1×6. 1	1850	6		原矿二段破碎
Navachab（纳米比亚）	Au	4100 5280	4. 8×9. 28 4. 8×9. 28		2800 3000	1 1			0 0	SAC	
Mponeng（南非）	Au	2160	4. 75×9. 18		2100	1			0		
Kopanang（南非）	Au	2200	4. 75×9. 18		1900	1			0		
Tau Lekoa（南非）	Au	2300	4. 75×9. 18		2123	1			0		
Iduapriem（加纳）	Au	5520	5. 2×5. 67		2528	1	4. 2×7. 0	1600	1		
Geita（坦桑尼亚）	Au	16600	9. 1×5. 5	变速	4500×2	1	6. 7×9. 6	4500×2	1	SABC	原矿二段破碎
Prominent Hill（澳大利亚）	CuAu	28800	10. 36×5. 18	变速	6000×2	1	7. 3×10. 4	6000×2	1	SAB	
锦丰金矿（中国）	Au	3600	5. 03×5. 74	变速	2300	1	5. 03×6. 05	2300	1	SABC	
Goldex（加拿大）	Au	8000	7. 32×3. 73	变速	3356	1	5. 03×8. 23	3356	1	SAB	原矿二段破碎
Mina Carmen de Andacollo（智利）	Cu	55000	10. 97×6. 1	变速	13422	1	7. 62×12. 34	7084×2	2	SABC	

续附表

矿山	矿石	规模 /t·d^{-1}	半（自磨）机				球磨机			回路配置	备注
			规格（$\phi \times L$）/m×m	转速	功率 /千瓦·台$^{-1}$	数量	规格（$\phi \times L$）/m×m	功率 /千瓦·台$^{-1}$	数量		
Palabora（南非）	Cu	30000	9.77×4.25		3500×2	2	3.66×6.7	1200	4	ABC	
LKAB（瑞典）	Fe	12000	6.5×5.88	定速	5500	1	6.5×9.1	5500	1	AP	
Minera Yanacocha（秘鲁）	Au	16800	9.75×9.75	变速	16500	1			0	SAG	
Santa Rita mine（巴西）	Ni	15600	9.14×4.69		8900	1	6.1×8.66	5800	1	ABC	设计为 SABC
Phu Kham（老挝）	Cu	48000	10.36×5.49	变速	13000	1	7.32×12.2	13000	2	SAB	
Los Pelambres（智利）	CuMo	175000	10.97×5.18	变速	15000	3	6.4×10.1 7.93×12.34	7755 15500	4 1	SABC	
Morila	Au	14400	7.8×5.47		6000	1		6000	1	SABC	
Sierra Gorda SCM（智利）	CuMo	110000				0	7.9×13.4	17000	3		HPGR
Tropicana（澳大利亚）	Au	15000				0	7.32×13.12	7000×2	1		HPGR
Boddington（澳大利亚）	Au	100000				0	7.93×13.4	15600	4		HPGR
Cerro Verde（秘鲁）	CuMo	120000 240000				0 0	7.3×10.7 8.2×14.6	13000 22000	4 6		HPGR
Karowe Mine（博茨瓦纳）	C	8400	8.5×3.96	变速	4000	1			0	AG	金刚石矿
Kinross Paracatu（巴西）	Au	130000	11.6×6.7	变速	20000	1	7.3×12.0 8.0×12.8	6500×2 7500×2	2 2	SAB	
Penasquito（墨西哥）	PbZn	130000	11.6×6.1	变速	19300	2	7.3×11.4	6000×2	4	SABC	
Kori-Kollo（玻利维亚）		15400	8.53×4.27		5592	1	5.03×9.30	4102	2	SABC	
Mantos de Oro（智利）		12100	8.53×4.27		4847	1	4.88×7.47	2983	2	SABC	
Minera Frisco（墨西哥）		8200	7.92×3.66		3356	1	4.88×7.47	2983	2	SABC	

续附表

矿山	矿石	规模 /t·d^{-1}	半（自磨）机				球磨机			回路配置	备注
			规格（$\phi \times L$）/m×m	转速	功率 /千瓦·台$^{-1}$	数量	规格（$\phi \times L$）/m×m	功率 /千瓦·台$^{-1}$	数量		
Shore Gold Inc.（加拿大）	C	22500	10.97×7.10	变速	7224	2			0	AG	金刚石矿
Lone Tree（美国）	Au	4500	7.32×2.59		2400	1	4.88×9.75	4100	1	SAB	
Boliden Mineral AB（瑞典）	CuPbZn	4700	5.7×5.5	变速	1950	1	4.5×4.5	800	1	AP	
Codelco-Norte Division（智利）	Cu	58000	9.75×4.57	变速	8200	2	5.49×7.92	3730	4	SABC	
Sandsloot operations（南非）	PGM	12300				0	7.32×11.39	17500	2		HPGR
El Soldado（智利）	Cu	18500	10.36×5.18	变速	11185	1			0	SAC	
Empire Mine（美国）	Fe	76000	7.32×2.44 7.32×3.81 9.75×5.03		1660 2575 6340	16 5 3	3.81×7.77 4.72×7.77 4.72×9.75	1045 1790 1975	16 5 6	APC APC APC	
Mission Complex（美国）	Cu	20000	8.53×3.66	定速	4474	2	5.03×5.79	2237	4	SABC	
Collahuasi（智利）	Cu	69000	9.75×4.57	变速	4000×2	2	6.7×10.94	4850×2	2	SABC	一期
Highland Valley Copper（加拿大）	Cu	136000	9.75×4.72 10.36×4.88 10.36×4.82	定速 变速 定速	6714 9325 6565	2 1 2	5.03×7.01 5.03×8.23 5.03×8.84	3357 3357+4622 4103	4 2 2	SAB SAB ABC	最后二台为自磨机
Alumbrera（阿根廷）	Cu	80000	10.97×5.79	变速	12680	2	6.1×9.75	6340	4	SAB	
San Cristobal（玻利维亚）	PbZn	52000	10.97×5.79	变速	12680	1	6.71×9.75	9320	2		
Williams Mine（加拿大）	Au	6450	6.7×3.7		2600	2	4.9×6.4	2600	2	SAB	

续附表

矿山	矿石	规模 /t·d^{-1}	半（自磨）机				球磨机			回路配置	备注
			规格（$\phi \times L$）/m×m	转速	功率 /千瓦·台$^{-1}$	数量	规格（$\phi \times L$）/m×m	功率 /千瓦·台$^{-1}$	数量		
El Limon mine（尼加拉瓜）	Au	900	5. 33×1. 98		600	1	3. 66×4. 88	1000	1	SAB	
Kanowna Belle（澳大利亚）	Au	3800	7. 35×2. 85	变速	2800	1	4. 35×7. 59	2800	1	SABC	
Bibiani（加纳）	Au	2100	5. 49×2. 13	定速	700	1	3. 81×5. 49	1160	1	SAB	
Leeudoorn（南非）	Au	4000	5×11	变速	4000	2			0	SAG	
Newmont Mill 4（美国）	Au	7500	6. 7×2. 44	定速	1860	1	4. 42×8. 53	2240	1	SABC	
Forrestania（澳大利亚）	Ni	2160	3. 81×5. 64		600	1	4. 27×6. 2	1200	1	APC	
Tilden（美国）	Fe		8. 23×4. 42		4265	12	4. 72×9. 14 4. 72×9. 75	2015 2315	12 12	APC	
Hibbing（美国）	Fe		10. 97×4. 57		4475×2	9			0	AG	
McArthur River（澳大利亚）	PbZn	3600	6. 1×7. 32		3500	1			0	SAG	
MCCOY MILL（美国）	Au	9000	6. 4×3. 35	变速	2100	1	4. 88×7. 47	3000	2	SAB	
Ammeberg Mining AB（瑞典）	PbZn	2800	6. 5×8. 0	定速	1600 ×2	1			0	AC	
West Gold Plant（南非）	Au	6000	4. 85×9. 15	定速	3000	2	4. 85×6. 25	3000	1	SAB	
Robinson（美国）	Cu	46000	9. 75×4. 50	变速	3700×2	1	6. 1×9. 3	6500	2	SAB	
Arnandelbult（南非）	PGM	4000	4，27×4. 27	定速	1250	1			0	SAG	
Mortirner（南非）	PGM	4000	4. 27×4. 88	变速	1670	1			0	AG	

续附表

矿　山	矿石	规模 /t·d^{-1}	半（自磨）机				球磨机			回路配置	备注
			规格（$\phi\times L$）/m×m	转速	功率 /千瓦·台$^{-1}$	数量	规格（$\phi\times L$）/m×m	功率 /千瓦·台$^{-1}$	数量		
Carol Concentrator（加拿大）	Fe	37200	9.8×3.6	定速	2610×2	2			0	AG	
Mt Fisher（澳大利亚）	Au	920	4.0×6.3	定速	1000	1			0	AC	
DARLOT OPERATION（澳大利亚）	Au	1080	4.0×6.3	定速	1000	1			0	SAG	
Caribou Concentrator（加拿大）	PbZn	2000	6.71×2.13		1500	1	4.27×6.71	1865	1	AB	
Kidston（澳大利亚）	Au	11400	8.53×3.66	变速	4000	1	5.03×8.38	3730	1	SABC	
Big Bell（澳大利亚）	Au	8700	7.92×3.20	变速	2200	1	5.03×8.38	3730	1	SABC	
Dona Lake（加拿大）	Au	500	4.88×1.52		300	1		220	1	SAB	
Holt-McDermott mine（加拿大）	Au	1500	5.03×6.10		2535	1	3.96×5.50	1230	1	SAB	
David Bell Mine（美国）	Au	1200	5.5×1.8	定速	750	1	3.8×5.0	1120	1	SAB	
Yvan Vezina mill（加拿大）	Au	1000	4.0×4.9	定速	1306	1	3.5×5.2	970	1	SAB	
Les MInes Selbaie（加拿大）	ZnCu	5000	8.23×3.25	变速	3360	1			1	SAB	
Wirralie（澳大利亚）	Au	3000	6.7×2.1		1200	1	3.8×5.5	1200	1	SABC	
Martha Hill Mine（新西兰）	Au	2400	5.0×7.0		2000	1			0	SAC	
Chambishi（赞比亚）	Cu	10000	7.62×3.81		4200	1	5.5×8.0	3800	1		
归来庄金矿（中国）	Au	2000	5.5×3.5	定速	1300	1	4.0×6.0	1500	1	SAB	

注：AG 为自磨；SAG 为半自磨；AC 为自磨—顽石破碎；SAC 为半自磨—顽石破碎；AB 为自磨—球磨；SAB 为半自磨—球磨；AP 为自磨—砾磨；APC 为自磨—砾磨—顽石破碎；SABC 为半自磨—球磨—顽石破碎；ABC 为自磨—球磨—顽石破碎。